Sandra Wappelhorst

Mobilitätsmanagement in Metropolregionen

Sandra Wappelhorst

Mobilitätsmanagement in Metropolregionen

Förderung umweltverträglicher Verkehrsmittel durch Mobilitätsmarketing für Neubürger

Südwestdeutscher Verlag für Hochschulschriften

Impressum/Imprint (nur für Deutschland/only for Germany)
Bibliografische Information der Deutschen Nationalbibliothek: Die Deutsche Nationalbibliothek verzeichnet diese Publikation in der Deutschen Nationalbibliografie; detaillierte bibliografische Daten sind im Internet über http://dnb.d-nb.de abrufbar.
Alle in diesem Buch genannten Marken und Produktnamen unterliegen warenzeichen-, marken- oder patentrechtlichem Schutz bzw. sind Warenzeichen oder eingetragene Warenzeichen der jeweiligen Inhaber. Die Wiedergabe von Marken, Produktnamen, Gebrauchsnamen, Handelsnamen, Warenbezeichnungen u.s.w. in diesem Werk berechtigt auch ohne besondere Kennzeichnung nicht zu der Annahme, dass solche Namen im Sinne der Warenzeichen- und Markenschutzgesetzgebung als frei zu betrachten wären und daher von jedermann benutzt werden dürften.

Coverbild: www.ingimage.com

Verlag: Südwestdeutscher Verlag für Hochschulschriften GmbH & Co. KG
Dudweiler Landstr. 99, 66123 Saarbrücken, Deutschland
Telefon +49 681 37 20 271-1, Telefax +49 681 37 20 271-0
Email: info@svh-verlag.de

Zugl.: Neubiberg, Universität der Bundeswehr München, Diss., 2009

Herstellung in Deutschland:
Schaltungsdienst Lange o.H.G., Berlin
Books on Demand GmbH, Norderstedt
Reha GmbH, Saarbrücken
Amazon Distribution GmbH, Leipzig
ISBN: 978-3-8381-2646-3

Imprint (only for USA, GB)
Bibliographic information published by the Deutsche Nationalbibliothek: The Deutsche Nationalbibliothek lists this publication in the Deutsche Nationalbibliografie; detailed bibliographic data are available in the Internet at http://dnb.d-nb.de.
Any brand names and product names mentioned in this book are subject to trademark, brand or patent protection and are trademarks or registered trademarks of their respective holders. The use of brand names, product names, common names, trade names, product descriptions etc. even without a particular marking in this works is in no way to be construed to mean that such names may be regarded as unrestricted in respect of trademark and brand protection legislation and could thus be used by anyone.

Cover image: www.ingimage.com

Publisher: Südwestdeutscher Verlag für Hochschulschriften GmbH & Co. KG
Dudweiler Landstr. 99, 66123 Saarbrücken, Germany
Phone +49 681 37 20 271-1, Fax +49 681 37 20 271-0
Email: info@svh-verlag.de

Printed in the U.S.A.
Printed in the U.K. by (see last page)
ISBN: 978-3-8381-2646-3

Copyright © 2011 by the author and Südwestdeutscher Verlag für Hochschulschriften GmbH & Co. KG and licensors
All rights reserved. Saarbrücken 2011

Fakultät für Bauingenieur- und Vermessungswesen

Thema der Dissertation: Mobilitätsmanagement in Metropolregionen

Verfasser: Sandra Wappelhorst

Promotionsausschuss:

Vorsitzender: Prof. Dr.-Ing. Reinhard Fürmetz
Universität der Bundeswehr München
Institut für Verkehrswesen und Raumplanung
Fachgebiet für Verkehrswesen und spurgebundene Systeme

1. Berichterstatter: Prof. Dr.-Ing. Christian Jacoby
Universität der Bundeswehr München
Institut für Verkehrswesen und Raumplanung
Fachgebiet für Raumplanung und Mobilität

2. Berichterstatter: Prof. Dr.-Ing. Dirk Vallée
Rheinisch-Westfälische Technische Hochschule Aachen
Lehrstuhl und Institut für Stadtbauwesen und Stadtverkehr

Tag der mündlichen Prüfung: 12. Juli 2010

Mit der Promotion erlangter akademischer Grad: Doktor der Ingenieurwissenschaften (Dr.-Ing.)

Neubiberg, den 21. März 2011

Vorwort

Die vorliegende Dissertation entstand im Rahmen meiner Arbeit als wissenschaftliche Mitarbeiterin am Institut für Verkehrswesen und Raumplanung der Universität der Bundeswehr München. Das Thema entstammt im Wesentlichen meiner ehemaligen beruflichen Tätigkeit im Bereich der Mobilitätsforschung und der damit verbundenen Mitwirkung an Projekten zur Förderung einer nachhaltigen Mobilität.

An dieser Stelle möchte ich mich zunächst bei all denen bedanken, die mich auf vielfältige Weise bei der Fertigstellung dieser Arbeit unterstützt haben.

Besonders möchte ich mich bei meinem Betreuer Herrn Professor Dr.-Ing. Christian Jacoby bedanken, der mir jederzeit als Ansprechpartner mit wertvollen und konstruktiven Hinweisen zur Verfügung gestanden hat. Für seine Bereitschaft, mir den erforderlichen Freiraum und die wissenschaftliche Freiheit zu lassen, möchte ich mich recht herzlich bedanken.

Für die Übernahme des Zweitgutachtens und für das Interesse an meiner Arbeit möchte ich mich ferner besonders bei Herrn Professor Dr.-Ing. Dirk Vallée bedanken.

Ein großes Dankeschön gilt meinen Korrekturlesern: Meinem Bruder Dirk sowie meiner guten Freundin und ehemaligen Kollegin Şengül danke ich, dass sie sich die Zeit genommen haben, die Arbeit zu lesen. Sie konnten mir weitere wertvolle Anregungen zur inhaltlichen Ausgestaltung liefern.

Ein großer Dank geht auch an meine jetzigen und ehemaligen Kollegen, insbesondere des Instituts für Verkehrswesen und Raumplanung, des Instituts für Werkstoffe des Bauwesens sowie des Instituts für Wasserwesen, die mir während der Anfertigung der Dissertation durch fachliche Unterstützung, konstruktive Kritik, motivierende Gespräche und Ablenkung immer wieder geholfen haben, die vorliegende Arbeit fertigzustellen.

Bedanken möchte ich mich auch bei den Personen, die mich bei meinen Befragungen unterstützt haben. Mein Dank gilt den Mitarbeitern der Gemeinden Ottobrunn und Unterhaching, insbesondere Herrn Dr. Martin Thorn, Leiter des Umweltamtes und Datenschutzbeauftragter der Gemeinde Ottobrunn, und den Mitarbeitern des Ottobrunner Einwohnermeldeamtes sowie dem Leiter vom Amt für öffentliche Ordnung der Gemeindeverwaltung Unterhaching, Herrn Wolfgang Ziolkowski, und seinen Mitarbeitern. Ohne ihr Engagement wäre die Neubürgerbefragung nicht möglich gewesen.

Allen Teilnehmern der Neubürgerbefragung in den Gemeinden Ottobrunn und Unterhaching, die sich die Zeit genommen haben, mir Rede und Antwort zu stehen, und die mir das notwendige Vertrauen entgegengebracht haben, gilt mein besonderer Dank. In vielen intensiven Gesprächen konnten wichtige Ergebnisse und Impulse für die kommunale Verkehrsplanung zusammengetragen werden. Hierfür und für das entgegengebrachte Interesse möchte ich mich bei allen Befragungsteilnehmern noch einmal recht herzlich bedanken.

Besonderer Dank gilt meinen Eltern, die mir jederzeit mit Rat und Tat zur Seite gestanden haben. Insbesondere möchte ich meiner Mutter für ihre immerwährende Geduld, Aufmunterung und Motivation danken.

Gewidmet ist diese Arbeit meinem verstorbenen Vater, der stets meine Ideen und Vorhaben uneingeschränkt und selbstlos unterstützt hat und damit ein wichtiger Teil meines Weges war.

Neubiberg, im März 2011   Sandra Wappelhorst

Inhaltsverzeichnis

1	**Einleitung**	**1**
1.1	Ausgangslage und Problemstellung	2
1.2	Fragestellung, Zielsetzung und Adressaten der Arbeit	6
1.3	Aufbau der Arbeit	8
2	**Fachliche Grundlagen**	**11**
2.1	Grundlagen zur Raumstruktur und Verkehrsentwicklung	11
2.1.1	Einfluss der Raumstruktur auf das Verkehrswachstum	12
2.1.2	Raumordnerische Leitbilder zur Steuerung des Verkehrswachstums	15
2.2	Begrifflichkeiten und Begriffsabgrenzungen	16
2.2.1	Die Begriffe Mobilität und Verkehr	16
2.2.1.1	Dimensionen der Mobilität	16
2.2.1.2	Der Begriff Mobilität	18
2.2.1.3	Der Begriff Verkehr	20
2.2.2	Die Begriffe Mobilitäts- und Verkehrsverhalten	22
2.2.3	Eingrenzung des Personenverkehrs	24
2.3	Grundlagen zum Mobilitätsmanagement	25
2.3.1	Der Begriff Mobilitätsmanagement	26
2.3.2	Abgrenzung des Mobilitätsmanagements zum Verkehrsmanagement	28
2.3.3	Handlungsfelder des Mobilitätsmanagements	29
2.3.4	Akteure im Bereich des Mobilitätsmanagements	30
2.3.5	Ziele und Zielgruppen des Mobilitätsmanagements	31
2.4	Grundlagen zum Mobilitätsmarketing	32
2.4.1	Der Begriff Mobilitätsmarketing	32
2.4.2	Akteure des Mobilitätsmarketings	34

2.4.3	Ziele und Zielgruppen des Mobilitätsmarketings	34
2.4.4	Neubürgermarketing als spezielle Form des Mobilitätsmarketings	35
2.5	Grundlagen zu Metropolregionen	35
2.5.1	Der Begriff Metropolregion	36
2.5.2	Räumlicher Maßstab und Verteilung der Metropolregionen	37
2.6	Fazit	38
3	**Theoretische Grundlagen**	**39**
3.1	Theorien und Modelle zur Erklärung des Mobilitätsverhaltens	39
3.1.1	Objektive Faktoren zur Erklärung des Mobilitätsverhaltens	40
3.1.2	Subjektive Faktoren zur Erklärung des Mobilitätsverhaltens	41
3.1.2.1	Theorie des geplanten Verhaltens	42
3.1.2.2	Norm-Aktivations-Modell	42
3.1.2.3	Gewohnheiten und früheres Verhalten	43
3.1.2.4	Subjektive Wahrnehmung	45
3.2	Theorien und Modelle zur Beeinflussung des Mobilitätsverhaltens	47
3.2.1	Lebenszyklen-, Lebensstil- und Mobilitätsstilgruppen	50
3.2.2	Phasenmodelle	51
3.2.2.1	Sieben-Stufen-Modell der Verhaltensänderung	51
3.2.2.2	Transtheoretisches Modell	52
3.3	Interventionsstrategien zur Veränderung des Mobilitätsverhaltens	54
3.3.1	Anreize	55
3.3.2	Informationen	56
3.4	Fazit	57
4	**Mobilitätsmanagement in Forschung und Praxis – das Beispiel der Metropolregion München**	**59**
4.1	Mobilitätsmanagement in Forschung und Praxis	59
4.1.1	Mobilitätsmanagement in der Forschung	60
4.1.2	Mobilitätsmanagement in der Praxis	62
4.2	Neubürgermarketing in Forschung und Praxis	64
4.3	Mobilitätsmanagement in der Metropolregion München	65
4.3.1	Abgrenzung der „Region München"	65
4.3.2	Strukturelle Entwicklung der Planungsregion München	68
4.3.2.1	Bevölkerung	68
4.3.2.1	Siedlung	71

4.3.2.2	Wirtschaft	71
4.3.2.3	Verkehr	72
4.3.3	Lösungen zur Reduzierung des Verkehrs in der Planungsregion München	74
4.3.4	Regional agierende Organisationen und Institutionen	78
4.3.5	Verankerung des Mobilitätsmanagements in Plänen und Programmen	82
4.3.5.1	Formelle Instrumente	82
4.3.5.2	Informelle Instrumente	83
4.3.6	Neubürgermarketing auf städtischer und regionaler Ebene	87
4.3.6.1	Das Münchner Neubürgerpaket	87
4.3.6.2	Das Regionale Neubürgerpaket	89
4.3.6.3	Weitere Aktivitäten für Neubürger in den Kommunen der Region München	91
4.4	Fazit	92
5	**Mobilitätsmarketing für Neubürger in den Metropolregionen Deutschlands – eine Untersuchung zum Stand der Praxis**	**95**
5.1	Methodische Vorgehensweise	95
5.1	Ergebnisse der Befragungen	97
5.1.1	Maßnahmen zur Förderung des Umweltverbunds	98
5.1.2	Mobilitätsdienstleistungen zur Förderung des Umweltverbunds	100
5.1.3	Räumliche Verbreitung des Neubürgermarketings	103
5.1.4	Strategien und involvierte Stellen des Neubürgermarketings	104
5.2	Fazit	106
6	**Mobilitätsmarketing für Neubürger außerhalb der Metropolkerne – eine Untersuchung in zwei Umlandgemeinden der Metropolregion München**	**107**
6.1	Vorbereitung der Befragung	107
6.2	Auswahl der Untersuchungsgemeinden	109
6.3	Methodische Vorgehensweise	110
6.4	Strukturelle Entwicklung der Untersuchungsgemeinden	114
6.4.1	Die Gemeinde Ottobrunn	114
6.4.1.1	Bevölkerung	114
6.4.1.2	Siedlung	116
6.4.1.3	Wirtschaft	116
6.4.1.4	Verkehr	117
6.4.2	Die Gemeinde Unterhaching	120
6.4.2.1	Bevölkerung	121

6.4.2.2	Siedlung	121
6.4.2.3	Wirtschaft	121
6.4.2.4	Verkehr	122
6.4.3	Vergleich der beiden Untersuchungsgemeinden	124
6.4.4	Strukturmerkmale der Befragten	125
6.5	Analyse und Interpretation der Befragungsergebnisse	127
6.5.1	Statistische Auswertung der Daten	127
6.5.2	Analysegrundlagen	128
6.5.3	Einfluss eines Umzugs auf das Mobilitätsverhalten	129
6.5.3.1	Umzugsmotive	129
6.5.3.2	Einfluss soziodemografischer und -geografischer Faktoren	131
6.5.3.3	Einfluss mobilitätsrelevanter Kriterien	132
6.5.3.4	Hauptverkehrsmittelnutzung	136
6.5.3.5	Nutzungshäufigkeit verschiedener Verkehrsmittel	140
6.5.4	Verkehrsprobleme – Einschätzung und Handlungsbedarf	144
6.5.4.1	Einschätzung der Verkehrsprobleme	144
6.5.4.2	Beschränkung des Kfz-Verkehrs zur Lösung der Verkehrsprobleme	146
6.5.5	Mobilitätsinformationen	149
6.5.5.1	Informationsbeschaffung zu den Verkehrsmitteln und Wegezwecken	149
6.5.5.2	Informationsquellen	150
6.5.5.3	Informationsstand zu den verschiedenen Verkehrsmitteln	151
6.5.6	Zufriedenheit mit den Leistungen der ÖPNV-Verkehrsanbieter	153
6.5.7	Einführung eines Neubürgerpakets zum Thema Mobilität	154
6.5.7.1	Bekanntheitsgrad von Neubürgerpaketen	154
6.5.7.2	Wunsch zur Einführung eines Neubürgerpakets	155
6.5.7.3	Wirksamkeit eines Neubürgerpakets zur Reduzierung des Kfz-Verkehrs	156
6.5.7.4	Einfluss eines Neubürgerpakets auf die persönliche Verkehrsmittelnutzung	156
6.5.7.5	Informationswünsche für ein Neubürgerpaket	158
6.6	Fazit	160
7	**Konzeptionelle Vorschläge zur Umsetzung eines Regionalen Neubürgerpakets**	**163**
7.1	Rahmenbedingungen zur Umsetzung der Maßnahme	164
7.1.1	Projektanlass	164
7.1.2	Zielformulierung	165
7.1.3	Institutionalisierung	166
7.2	Umsetzung der Maßnahme in der Planungsregion München	167

7.2.1	Akteure auf den verschiedenen Verwaltungsebenen	167
7.2.2	Organisation	171
7.2.3	Akteursumfeld	173
7.2.4	Erstellung eines Finanzierungskonzepts	175
7.2.5	Leitfaden zur Auswahl von Gemeinden und Zielgruppen	176
7.2.5.1	Gemeindetypisierung	176
7.2.5.2	Zielgruppendefinition	182
7.3	Umsetzung von Pilotprojekten	186
7.3.1	Kampagnendesign	186
7.3.2	Inhalte und Design eines Neubürgerpakets	190
7.3.3	Ressourcen	191
7.3.4	Monitoring und Evaluation	192
7.3.5	Projektabschluss und Erweiterung auf die gesamte Region	195
7.4	Erfolgsfaktoren zur Umsetzung eines Regionalen Neubürgerpakets	196
7.5	Fazit	198
8	**Zusammenfassung und Ausblick**	**199**
Literatur		**205**
Anhang		**243**

Abbildungsverzeichnis

Abb. 1	Morgendlicher Verkehr im Münchner Umland	4
Abb. 2	Aufbau der Arbeit	9
Abb. 3	Pendlerverflechtungen in Deutschland	13
Abb. 4	Dimensionen der Mobilität	17
Abb. 5	Verkehrsmittel im Personenverkehr	25
Abb. 6	HOV Lanes in den USA	26
Abb. 7	Europäische Metropolregionen in Deutschland	37
Abb. 8	Die „Region München"	66
Abb. 9	Die Planungsregion München	67
Abb. 10	Mittlere Zuzüge in die Gemeinden der Planungsregion München 2004-2009	68
Abb. 11	Zuzüge im Jahr 2025 für Gemeinden mit mehr als 5.000 Einwohner	70
Abb. 12	Pkw-Dichte in den Gemeinden der Planungsregion München	73
Abb. 13	Ausbau von Schnellstraßen in München – Olympiagelände im Jahre 1972	76
Abb. 14	Formelle Instrumente	83
Abb. 15	Informelle Instrumente	85
Abb. 16	Informelle Instrumente (Fortsetzung)	86
Abb. 17	Neubürgerpaket für Zuzügler in die Landeshauptstadt München (Pilotphase)	88
Abb. 18	Befragungsinhalte der Untersuchung zum Neubürgermarketing	97
Abb. 19	Teilnehmer der Befragung	98
Abb. 20	Mobilitätsdienstleistungen zur Förderung des Umweltverbunds	101

Abb. 21	Neubürgermarketing zur Förderung des Umweltverbunds in den Kernstädten	103
Abb. 22	Strategien zur Umsetzung des Neubürgermarketings außerhalb der Kernstädte	105
Abb. 23	Lage der zwei Untersuchungsgemeinden Ottobrunn und Unterhaching	110
Abb. 24	Erhebungsdesign	111
Abb. 25	Inhalte der Neubürgerbefragung	113
Abb. 26	Steckbrief der Gemeinde Ottobrunn	114
Abb. 27	Mobilitätsinformationen für Neubürger der Gemeinde Ottobrunn	119
Abb. 28	Steckbrief der Gemeinde Unterhaching	120
Abb. 29	Herkunftsorte der Ottobrunner und Unterhachinger Neubürger	126
Abb. 30	Anteil von Haushalten mit verkehrstüchtigen Fahrrädern vor und nach Umzug	133
Abb. 31	ÖV-Zeitkartenbesitz vor und nach Umzug	135
Abb. 32	Gewählte Ticketform Vollzeiterwerbstätiger ÖV-Häufignutzer	136
Abb. 33	Hauptverkehrsmittelnutzung für Wege zur Arbeit	137
Abb. 34	Selbst geschätzte mittlere Wegelängen und -zeiten zur Arbeit/Ausbildung	138
Abb. 35	Entfernung zwischen Wohnung und Arbeits- bzw. Ausbildungsplatz	139
Abb. 36	Mittlere Nutzungshäufigkeit des Autos (als Fahrer)	141
Abb. 37	Mittlere Nutzungshäufigkeit des Öffentlichen Verkehrs in der Region	142
Abb. 38	Einschätzung der durch den Kfz-Verkehr verursachten Verkehrsprobleme	145
Abb. 39	Beschränkung des Kfz-Verkehrs zur Lösung der Verkehrsprobleme	147
Abb. 40	Informationsbeschaffung zu Verkehrsmitteln und -angeboten nach Umzug	149
Abb. 41	Genutzte Informationsquellen nach Umzug – offene Abfrage	151
Abb. 42	Informationsstand zu den verschiedenen Verkehrsmitteln und -angeboten	152
Abb. 43	Einfluss eines Neubürgerpakets auf die persönliche Verkehrsmittelnutzung	157
Abb. 44	Beurteilung ausgewählter Informationsmaterialien für ein Neubürgerpaket	159

Abb. 45	Projektorganisation	172
Abb. 46	Gewichtung der Bewertungskriterien	178
Abb. 47	Klassifizierungsschema zur Potenzialabschätzung eines Neubürgerpakets	180
Abb. 48	Städte und Gemeinden mit hohen Potenzialen zur Umsetzung eines Neubürgerpakets	181
Abb. 49	Kampagnendesign für Pilotprojekte	187
Abb. 50	Auslage von Mobilitätsinformationen beim Einwohnermeldeamt Ottobrunn	190
Abb. 51	Kernindikatorenkonzept – Bewertung des Neubürgerpakets	193
Abb. 52	Kernindikatorenkonzept – Bewertung des Neubürgerpakets (Fortsetzung)	194
Abb. 53	Fragebogen zur Befragung der Regionalen Planungsstellen	245
Abb. 54	Hinweisschreiben zur Neubürgerbefragung	255
Abb. 55	Fragebogen zur Neubürgerbefragung	257
Abb. 56	Soziodemografische und -geografische Merkmale der befragten Neubürger	279
Abb. 57	Soziodemografische und -geografische Merkmale der befragten Neubürger (Fortsetzung)	280

Abkürzungsverzeichnis

Abb.	Abbildung
ADAC	Allgemeiner Deutscher Automobil-Club
ADFC	Allgemeiner Deutscher Fahrrad-Club
AG	Aktiengesellschaft
Anm. d. Verf.	Anmerkung des Verfassers
ARL	Akademie für Raumforschung und Landesplanung
AST	Anruf-Sammel-Taxi
b.	bei
BauGB	Baugesetzbuch
BayLplG	Bayerisches Landesplanungsgesetz
BBR	Bundesamt für Bauwesen und Raumordnung
BBSR	Bundesinstitut für Bau-, Stadt- und Raumforschung
BMBF	Bundesministerium für Bildung und Forschung
BMJ	Bundesministerium der Justiz
BMRBS	Bundesministerium für Raumordnung, Bauwesen und Städtebau (1949-2005)
BMU	Bundesministerium für Umwelt, Naturschutz und Reaktorsicherheit
BMVBS	Bundesministerium für Verkehr, Bau und Stadtentwicklung (seit 2005)
BMVBW	Bundesministerium für Verkehr, Bau- und Wohnungswesen (1998 gebildet durch Zusammenlegung des Bundesministeriums für Verkehr und des Bundesministeriums für Raumordnung, Bauwesen und Städtebau, seit 2005 Bundesministerium für Verkehr, Bau und Stadtentwicklung)

BOB	Bayerische Oberlandbahn
BVU	Beratergruppe Verkehr + Umwelt GmbH
bzw.	beziehungsweise
ca.	circa
DB	Deutsche Bahn
d.h.	das heißt
Difu	Deutsches Institut für Urbanistik
DIW	Deutsches Institut für Wirtschaftsforschung
DLR	Deutsches Zentrum für Luft- und Raumfahrt
DTV	durchschnittliche tägliche Verkehrsstärke
ECOMM	European Conference on Mobility Management
EMM	Europäische Metropolregion München
et al.	et altera (und andere)
etc.	et cetera
EU	Europäische Union
e.V.	eingetragener Verein
f	der, die, das folgende
ff	die folgenden
FGM-AMOR	Forschungsgesellschaft Mobilität – Austrian Mobility Research
FGSV	Forschungsgesellschaft für Straßen- und Verkehrswesen
FoPS	Forschungsprogramm Stadtverkehr
GmbH	Gesellschaft mit beschränkter Haftung
GVFG	Gemeindeverkehrsfinanzierungsgesetz
HOV	High Occupancy Vehicle
Hrsg.	Herausgeber
ifmo	Institut für Mobilitätsforschung
IHK	Industrie- und Handelskammer
ILS	Institut für Landes- und Stadtentwicklungsforschung des Landes Nordrhein-Westfalen
IKM	Initiativkreis Europäische Metropolregionen in Deutschland
IMPHORMM	Information and Publicity Helping the Objective of Reducing Motorised Mobility, Europäisches Forschungsprojekt (1997-1999)

infas	Institut für angewandte Sozialwissenschaft GmbH
inkl.	inklusive
i.S.	im Sinne
ISB	Institut für Stadtbauwesen und Stadtverkehr
IV	Individualverkehr
Kap.	Kapitel
Kfz	Kraftfahrzeug
km	Kilometer
KONTIV	Kontinuierliche Erhebung zum Verkehrsverhalten
KVR	Kreisverwaltungsreferat der Landeshauptstadt München
LEP	Landesentwicklungsprogramm
LH	Landeshauptstadt
LHM	Landeshauptstadt München
Lkr.	Landkreis
Ltd	Limited (Bezeichnung für eine Kapitalgesellschaft)
m	Meter
mbH	mit beschränkter Haftung
METREX	Network of European Metropolitan Regions and Areas
MiD	Mobilität in Deutschland
MIFAZ	Mitfahrzentrale
MIV	motorisierter Individualverkehr
MKRO	Ministerkonferenz für Raumordnung
MOBINET	Mobilität im Ballungsraum München, Forschungsprojekt des BMBF (1998-2003)
MOMENTUM	Mobility Management for the Urban Environment Europäisches Forschungsprojekt (1996-1999)
MOP	Deutscher Mobilitätspanel
MORO	Modellvorhaben der Raumordnung
MOSAIC	Mobility Strategy Applications in the Community Europäisches Forschungsprojekt (1996-1998)
MOST	Mobility Management Strategies for the Next Decades, Europäisches Forschungsprojekt (2000-2003)

MVG	Münchner Verkehrsgesellschaft mbH
MVV	Münchner Verkehrs- und Tarifverbund GmbH
nMIV	nichtmotorisierter Individualverkehr
NVP	Nahverkehrsplan
o.Ä.	oder Ähnliches
o.J.	ohne Jahr
ÖPFV	Öffentlicher Personenfernverkehr
ÖPNV	Öffentlicher Personennahverkehr
ÖV	Öffentlicher Verkehr
Pkw	Personenkraftwagen
PV	Planungsverband Äußerer Wirtschaftsraum München
ROG	Raumordnungsgesetz
RPV	Regionaler Planungsverband München
RVO	Regionalverkehr Oberbayern
s.	siehe
SPFV	Schienenpersonenfernverkehr
SRU	Sachverständigenrat für Umweltfragen
Std.	Stunde
StMUGV	Bayerisches Staatsministerium für Umwelt, Gesundheit und Verbraucherschutz
StMWIVT	Bayersiches Staatsministerium für Wirtschaft, Infrastruktur, Verkehr und Technologie (seit 2004)
StMWVT	Bayerisches Staatsministerium für Wirtschaft, Verkehr und Technologie (bis 2004)
SZ	Süddeutsche Zeitung
Tab.	Tabelle
TAPESTRY	Travel Awareness Publicity and Education Supporting a Sustainable Transport Strategy in Europe, Europäisches Forschungsprojekt (2000-2003)
TPB	Theory of Planned Behaviour
u.Ä.	und Ähnliches
UBA	Umweltbundesamt
UK	United Kingdom

usw.	und so weiter
VCD	Verkehrsclub Deutschland
VDI	Verein Deutscher Ingenieure
VDV	Verband Deutscher Verkehrsunternehmen
VEP	Verkehrsentwicklungsplan
vgl.	vergleiche
VMP	Verkehrs- und Mobilitätsmanagementplan
z.B.	zum Beispiel

1 Einleitung

Starke Bevölkerungs- und Arbeitsplatzzuwächse tragen in den prosperierenden Metropolregionen Deutschlands maßgeblich zu den zunehmenden Verkehrsproblemen bei, die vor allem durch den motorisierten Individualverkehr[1] verursacht werden. Von diesen Entwicklungen sind in besonderem Maße die Metropolkerne betroffen, zunehmend aber auch deren Umlandbereiche. Neben unerwünschten ökonomischen Folgen, wie Unfall- oder Zeitkosten, führt das Verkehrswachstums in den Metropolregionen auch zu tief greifenden ökologischen Folgen (z.B. Luftverschmutzung, Lärmbelästigung oder Flächeninanspruchnahme).

Lösungen zur Bewältigung der Verkehrsprobleme im städtischen und regionalen Kontext werden neben der Verkehrsvermeidung und Verkehrsminderung auch darin gesehen, den Verkehr auf umweltverträgliche Verkehrsmittel[2] zu verlagern. Zu den jüngeren Ansätzen zählt in diesem Zusammenhang das sogenannte Mobilitätsmanagement, das darauf abzielt, den Modal Split[3] im Personenverkehr in Richtung des Umweltverbunds zu verändern, beispielsweise durch individuelle Beratungsangebote oder Information der Verkehrsteilnehmer zum Thema Mobilität.

---

[1] Zum motorisierten Individualverkehr (MIV) zählen Kraftfahrzeuge (Kfz) zur individuellen Nutzung (z.B. Personenkraftwagen (Pkw) und Motorrad). Der Individualverkehr (IV) umfasst neben dem MIV auch den nichtmotorisierten Individualverkehr (nMIV), zu dem im Wesentlichen der Fuß- und Fahrradverkehr zählen. Daneben existiert der Öffentliche Verkehr (ÖV), zu dem der Öffentliche Personennahverkehr (ÖPNV) und der Öffentliche Personenfernverkehr (ÖPFV) zählt (s. Abb. 5).

[2] Zu den umweltfreundlichen Verkehrsmitteln zählen im engeren Sinne der Öffentliche Verkehr sowie der Fuß- und Fahrradverkehr. Man spricht auch vom sogenannten Umweltverbund. Im weiteren Sinne wird auch das Car Sharing dem Umweltverbund zugerechnet.

[3] Der Modal Split bezeichnet die Verteilung des Gesamtverkehrs (Verkehrsaufkommen bzw. Verkehrsleistung) auf die einzelnen Verkehrsbereiche bzw. Verkehrsmittel.

1.1 Ausgangslage und Problemstellung

Verschiedene Untersuchungen für Gesamtdeutschland wie die Studien „Mobilität in Deutschland" (MiD) aus den Jahren 2002 und 2008 (infas/DIW 2004: V; infas/DLR 2008: 22), das „Deutsche Mobilitätspanel" (MOP) (Zumkeller et al. 2008: 3f, 53ff), die Studie „Verkehr in Deutschland 2006" (Statistisches Bundesamt 2006) oder die „Gleitende Mittelfristprognose für den Güter- und Personenverkehr 2009" (Intraplan Consult GmbH/ Ratzenberger 2009: 43ff) zeigen, dass der Personenverkehr in der Vergangenheit kontinuierlich gestiegen ist. Insbesondere die Motorisierung der privaten Haushalte hat weiter zugenommen, aber auch bei den mittleren Wegelängen sind starke Zuwächse zu beobachten, vor allem bei Wegen zur Arbeit und im Freizeitverkehr.

Prognosen und Szenarien zur Verkehrsentwicklung in Deutschland gehen ebenfalls davon aus, dass die geschilderten Trends nicht abbrechen werden und der Verkehr in den nächsten Jahren sein stetiges Wachstum fortsetzen wird. Auch wenn die Zahlen je nach methodischem Ansatz und unterschiedlichen Zeithorizonten variieren, so lassen sich grundsätzlich folgende Trends erkennen: Das Verkehrsaufkommen[4] im Personenverkehr wird weiterhin steigen, gleiches gilt für die Verkehrsleistung[5] (Intraplan Consult GmbH/ Ratzenberger 2009: 44ff; BVU/Intraplan Consult GmbH 2007: 3; ifmo 2005: 32ff). Räumlich betrachtet wird das Verkehrswachstum je nach den regionalen Strukturbedingungen (z.B. Wachstums- oder Schrumpfungsregion) stark schwanken. So geht das Bundesministerium für Verkehr, Bau und Stadtentwicklung (BMVBS) in seinem Forschungsprojekt „Szenarien der Mobilitätsentwicklung unter Berücksichtigung der Siedlungsstrukturen bis 2050" davon aus, dass in den wachsenden Regionen das Verkehrsaufkommen im motorisierten Individualverkehr (MIV) bis zum Jahr 2050 weiterhin steigen wird, ausgelöst durch zunehmende Bevölkerungszahlen und der damit einhergehenden steigenden Motorisierung. Für das Verkehrsaufkommen im Öffentlichen Verkehr (ÖV) werden dagegen rückläufige Entwicklungen vorausgesagt (Oeltze et al. 2007: 175ff). Zu ähnlichen Ergebnissen kommt ein Verkehrszenario für das Jahr 2020 (acatech 2006), das für die Wachstumsregionen Deutschlands (Hamburg, Ruhrgebiet, Frankfurt Rhein/Main, Mannheim, Stuttgart/Karlsruhe, München und Berlin) von einer besonders starken Gesamtzunahme des Verkehrs ausgeht.

Die Gründe zur Erklärung des Verkehrswachstums sind vielfältig. Als Ursachen werden beispielsweise die Erhöhung des gesellschaftlichen Wohlstandsniveaus, die Veränderung der Lebensstile oder die Individualisierung der Gesellschaft genannt (z.B. SRU 2005: 71ff;

---

[4] Das Verkehrsaufkommen beschreibt die Anzahl der Personenwege je Zeiteinheit.
[5] Die Verkehrsleistung (oder auch der Verkehrsaufwand) beschreibt die zurückgelegten Entfernungen (Personenkilometer) je Zeiteinheit.

Kolks/Fiedler 2003: 566; SCI Verkehr GmbH 2002: 5). Aus Sicht der Raumplanung werden neben gesellschaftlichen Rahmenbedingungen vor allem raum- und siedlungsstrukturelle Veränderungen als Ursache der Verkehrszunahme in den Mittelpunkt gestellt. Insbesondere das anhaltende Siedlungswachstum im Umland der Städte und die damit einhergehende Zersiedlung tragen im hohen Maße zu einer „erzwungenen" Mobilität bei, die wiederum für die Zunahme der Wegelängen und die wachsende Motorisierung verantwortlich gemacht wird (Einig/Siedentop 2007; BBR 2005: 73; Kolks/Fiedler 2003: 566; Beckmann 2000: 127ff).

Die Auswirkungen des Verkehrs und insbesondere des MIV auf Umwelt und Gesellschaft sind vielfältig. Wesentliche Aspekte sind Lärmbelästigungen, Schadstoffausstöße, Flächenverbrauch oder die Zerschneidung zusammenhängender Lebensräume. Eine Studie des Umweltbundesamtes (UBA) aus dem Jahr 2009 (UBA 2009a) zeigt beispielsweise, dass sich 59% der Bevölkerung durch Straßenverkehrslärm in ihrem Wohnumfeld belästigt fühlen. Daneben geht die Benutzung der Verkehrsinfrastruktur auch mit Unfallrisiken einher, deren Vermeidung bzw. Folgen als externe Kosten von der Allgemeinheit getragen werden müssen (Koch/Ziem 2005: 406ff). Die dargestellten Verkehrsfolgen können dabei zu unterschiedlichen Zeitpunkten auftreten: unmittelbare Effekte (Lärm, Flächenbeanspruchungen, Landschaftsbeeinträchtigungen etc.) und mittel- bis langfristige Effekte wie der Anstieg von Schadstoffkonzentrationen in der Luft und deren Auswirkungen auf das Klima (Beckmann 2000: 127ff). Vor dem Hintergrund der Diskussion um den Klimawandel einerseits und den Richtlinien und Rechtssetzungen auf europäischer und Bundesebene andererseits, unter anderem im Bereich der Luftreinhaltung (Europäisches Parlament/Rat der Europäischen Union 2008) oder des Lärmschutzes (Bundesrat 2005), ist gerade auch die Siedlungs- und Verkehrspolitik gefragt, innovative Konzepte zur Reduzierung des Verkehrswachstums zu entwickeln und deren Umsetzung zu unterstützen.[6]

Besonders in den prosperierenden Metropolregionen zeigen sich aufgrund steigender Bevölkerungs- und Arbeitsplatzzahlen die Verkehrsprobleme, z.B. in Überlastungen der Straßeninfrastruktur, auch in den städtischen Umlandgemeinden (s. Abb. 1). Betroffen sind hiervon nicht nur die auf die Metropolkerne ausgerichteten radialen Verkehre, sondern verstärkt auch die tangentialen Verkehrsnetze des Umlandes, die ebenfalls für die Verkehrsabwicklung von Bedeutung sind. Daneben spielt bei der Verkehrsabwicklung auch das weiterhin wachsende Auspendeln aus den Metropolkernen in deren Umland zu Arbeitsplätzen, Einkaufsstätten oder Freizeiteinrichtungen eine bedeutende Rolle (z.B. Topp 2006a: 6ff; Vallée 2005: 1f; Holz-Rau/Scheiner 2005: 70ff; Kutter 2005: 3ff; Motzkus 2001: 192f).

---

[6] Auf eine ausführliche Diskussion zu den Auswirkungen des Verkehrs wird aufgrund der umfassenden Auseinandersetzung in der Fachliteratur (z.B. SRU 2005: 32ff) im Weiteren verzichtet.

Abb. 1 Morgendlicher Verkehr im Münchner Umland

In der Vergangenheit wurde die Lösung der Verkehrsprobleme, insbesondere seit den 1960er Jahren, vor allem im Ausbau der Straßeninfrastruktur hin zu einer „autogerechten Stadt" gesehen. Daneben spielte aber auch der Ausbau des Öffentlichen Verkehrs bis in die Umlandbereiche der Großstädte eine wichtige Rolle. Trotz dieser Bemühungen konnten die Verkehrsprobleme nicht vollständig gelöst werden. So bemerkt Gorz (1977: 96) bereits in den 1970er Jahren: „Denn damit die Leute auf ihr Auto verzichten können, genügt es ganz und gar nicht, ihnen bequemere Massenverkehrsmittel anzubieten: Ihnen muß der Zwang zum Verkehr ganz und gar genommen werden, indem sie sich in ihrem Stadtviertel, ihrer Gemeinde, ihrer Stadt auf menschlicher Ebene zu Hause fühlen und von ihrer Arbeit mit Vergnügen zu Fuß nach Hause gehen – zu Fuß oder allenfalls ihr Fahrrad besteigen." Aufgrund der zunehmenden Verlagerung von Wohn- und Arbeitsstandorten ins Umland der Städte wurde in dieser Zeit nicht nur nach Lösungen auf städtischer, sondern auch auf regionaler Ebene gesucht. So formuliert beispielsweise Lehner (1966: 36) bereits Mitte der 1960er Jahre: „Bei der engen wirtschaftlichen und gesellschaftlichen Verzahnung zwischen Stadt und Umland können die städtebaulichen, siedlungspolitischen und insbesondere die verkehrlichen Probleme heute nicht mehr allein aus der Sicht der zentralen Stadt oder des Umlandes, sondern nur aus der Sicht des Gesamtraumes gesehen werden." Bis heute spielt der regionale Betrachtungszusammenhang zur Lösung der Verkehrsprobleme eine entscheidende Rolle. So fordert beispielsweise die Ministerkonferenz für Raumordnung (MKRO), für die engeren Verflechtungsräume der Metropolregionen integrierte Verkehrskonzepte zu erstellen, um eine nachhaltige regionale Mobilität zu gewährleisten und das Verkehrswachstum zu begrenzen (Geschäftsstelle der MKRO im BMVBS 2006: 15; BMRBS 1995: 37).

Konkrete Lösungsstrategien zur Minderung des regionalen Verkehrswachstums setzen je nach strategischer Ausrichtung siedlungsstrukturelle, technische, finanzielle, ordnungspolitische, organisatorische oder informatorische Maßnahmen ein (Schellhase 2000: 59). Seit den 1990er Jahren gewinnen in der Verkehrsplanung auch informatorische Maßnahmen an Bedeutung, die insbesondere im Bereich des Mobilitätsmanagements eingesetzt werden. Dieses erst junge Handlungsfeld zielt im Wesentlichen darauf ab, den Modal Split in Richtung des Umweltverbunds durch eine gezielte Ansprache der Verkehrsteilnehmer zu verändern, um dadurch einen Beitrag zur umweltverträglichen Verkehrsabwicklung zu leisten. Dabei ist das Mobilitätsmanagement nicht losgelöst von anderen verkehrlichen Maßnahmen zu sehen, sondern in Abstimmung mit diesen (Müller 2004: 371; Thiesies 1998: 13).

Die Vermarktung von Dienstleistungen des Mobilitätsmanagements stellt in diesem Zusammenhang einen wesentlichen Aspekt zur Förderung umweltverträglicher Verkehrsmittel dar. In dieser Hinsicht spricht man auch vom sogenannten Mobilitätsmarketing. Abgestimmte Vermarktungsstrategien für den gesamten Umweltverbund existieren allerdings in der Regel nicht, vielmehr werden diese Marketingaktivitäten mehrheitlich von den einzelnen Verkehrsträgern in Eigenregie durchgeführt (Hunecke/Langweg/Beckmann 2007: 14ff; Aurich/Konietzka 2000: 203). Insbesondere die Verkehrsverbünde und -unternehmen setzen vielfältige Marketingmaßnahmen ein, um die Verkehrsteilnehmer langfristig an den Öffentlichen Verkehr zu binden (Brög/Lorenzen 1998). Aber auch im Bereich des Fahrrad- und Fußverkehrs wird versucht, für deren vermehrte Nutzung zu werben, z.B. mit hilfe von Fahrradmarketingkampagnen. Die Marketingmaßnahmen richten sich dabei häufig an bestimmte Zielgruppen, zu denen oft Kinder, Jugendliche, Berufstätige, Senioren oder Neubürger[7] zählen. Umzügler sind im Rahmen von Aktivitäten des Neubürgermarketings (s. Kap. 2.4.4) von Interesse, da davon ausgegangen wird, dass Maßnahmen zur Veränderung des individuellen Mobilitätsverhaltens gerade dann Erfolg versprechend sind, wenn

---

[7] Unter Neubürger werden in dieser Arbeit Personen verstanden, die im Rahmen eines Wohnstandortwechsels über eine Gemeindegrenze hinweg ziehen. Dabei spielt es keine Rolle, ob die Personen bereits in der Vergangenheit in diesem Ort gelebt haben. Auch ist es nebensächlich, ob es sich beim neuen Wohnort um einen Haupt- oder Nebenwohnsitz handelt; entscheidend ist, dass die Personen ihren Lebensmittelpunkt in der neuen Heimatgemeinde haben.

routinegeprägte Mobilitätsmuster durch eine Veränderung der Lebenssituation neu überdacht bzw. reorganisiert werden müssen, wie nach einem Wohnungsumzug. In dieser Situation sind Personen besonders empfänglich für eine andere Verkehrsmittelwahl (Klöckner 2005a, 2005b: 28ff; Beckmann 2002: 39; Rölle/Weber/Bamberg 2002a: 134ff). „Ein neues Verkehrsmittelangebot am neuen Wohnort wird jedoch meist nur dann als solches wahrgenommen, wenn sich der Umzügler über das neue Angebot ausreichend informiert fühlt bzw. informiert wird oder das Angebot des örtlichen ÖPNV probeweise nutzen kann" (Rölle/Weber/Bamberg 2003: 389).

1.2 Fragestellung, Zielsetzung und Adressaten der Arbeit

Zur Lösung der regionalen Verkehrsprobleme wird im Rahmen der vorliegenden Arbeit das Handlungsfeld Mobilitätsmanagement mit seinen auf Information und Beratung ausgerichteten Dienstleistungen fokussiert. Mobilitätsmanagement lässt sich dabei grundsätzlich im Personen- und Güterverkehr anwenden. Die vorliegende Arbeit konzentriert sich auf die Veränderung des Modal Split im Bereich des Personenverkehrs und behandelt nicht das Themenfeld Güterverkehr, da hier andere Maßnahmen und Ansätze im Bereich der Logistik und des Managements seit vielen Jahren erfolgreich angewendet werden (z.B. BMVBS 2010).

Wichtiger Teilaspekt des Mobilitätsmanagements ist die zielgruppenspezifische, individuelle Ansprache und Information bzw. Beratung der Verkehrsteilnehmer mittels spezieller Marketinginstrumente. Als Zielgruppe werden im Rahmen dieser Arbeit Neubürger fokussiert, da aufgrund ihrer veränderten Lebensumstände davon ausgegangen werden kann, dass sie besonders offen für eine neue Verkehrsmittelwahl in ihrem neuen Mobilitätskontext sind und damit Informations- und Anreizinstrumente zur Stabilisierung und Förderung einer umweltverträglichen Mobilität besonders erfolgversprechend eingesetzt werden können.

Vor dem Hintergrund des weiterhin zunehmenden regionalen Verkehrs, von dem insbesondere die prosperierenden Metropolregionen betroffen sind, konzentriert sich die vorliegende Arbeit aus räumlicher Sicht auf die Umlandbereiche der Metropolkerne, da diese einerseits in besonderem Maße zu den geschilderten Verkehrsproblemen beitragen und andererseits selbst von diesen betroffen sind. Als Beispielraum wird dazu die Metropolregion München als Wachstumsraum herausgegriffen.

Ferner hat sich die Landeshauptstadt München in den letzten Jahren intensiv im Bereich des Mobilitätsmanagements engagiert und als einen festen Bestandteil in ihrer Stadt- und Verkehrspolitik integriert und institutionalisiert (s. Kap. 4.3). Dabei spielt die Vermarktung alternativer Mobilitätsdienstleistungen eine zentrale Rolle. Ein Leitprojekt der Landeshauptstadt München ist in diesem Zusammenhang das sogenannte Münchner Neubürgerpaket, das nach erfolgreicher Pilotanwendung seit Ende 2007 allen Zuzüglern in die Landeshauptstadt München individuelle Informationen zu den verschiedenen Mobilitätsangeboten bietet (s. Kap. 4.3.6.1). Erste Schritte in Richtung eines regionalen Ansatzes im Sinne eines „Regionalen Neubürgerpakets" sind bereits von seiten der Münchner Verkehrs- und Tarifverbund GmbH (MVV) unternommen worden, um die Verlagerungspotenziale vom Autoverkehr auf umweltverträgliche Verkehrsmittel räumlich auf die Region zu erweitern (s. Kap. 4.3.6.2).

Bisher fehlt es allerdings an institutionellen Strukturen und der flächendeckenden Umsetzung eines Regionalen Neubürgerpakets. Vor diesem Hintergrund konzentriert sich die Arbeit auf diesen Maßnahmenbereich als ein Handlungsfeld zur Lösung der regionalen Verkehrsprobleme. Dazu werden Möglichkeiten der institutionellen und organisatorischen Verankerung eines Regionalen Neubürgerpakets geprüft und Potenziale zur konkreten Umsetzung in den Umlandgemeinden näher untersucht. Aufgrund der räumlichen Nähe zur Kernstadt sowie der zumeist guten Anbindungsqualität an den Öffentlichen Verkehr bieten sich in den Umlandgemeinden auch gute Chancen, nach einem Umzug bzw. am neuen Wohnort im Sinne einer nachhaltigen Mobilität auf Neubürger einzuwirken.

Vor dem geschilderten Problemhintergrund lassen sich für die vorliegende Arbeit nachfolgende Forschungshypothesen ableiten:

▶ Mobilitätsmanagement im Allgemeinen und Mobilitätsmarketing bzw. Neubürgermarketing im Speziellen liefern wichtige Beiträge zu einer nachhaltigen regionalen Verkehrs- und Siedlungsentwicklung, vor allem im Hinblick auf die Förderung umweltverträglicher Verkehrsmittel wie den Öffentlichen Verkehr, Fahrrad- und Fußverkehr.

▶ Zur Stabilisierung und Förderung einer nachhaltigen Mobilität sind zielgruppenspezifische, auf die einzelnen Verkehrsteilnehmer ausgerichtete Maßnahmen besonders Erfolg versprechend. Insbesondere räumliche Kontextänderungen, wie sie z.B. Wohnungsumzüge darstellen, verändern individuelle Verkehrsmittelnutzungsgewohnheiten und bieten gute Anknüpfungsmöglichkeiten zur Umsetzung wirkungsvoller Interventionsmaßnahmen zur Förderung des Umweltverbunds.

▶ Die Raumplanung mit ihren formellen und informellen Instrumenten hat sich im Rahmen einer integrierten Siedlungs- und Verkehrsentwicklung bisher allerdings noch nicht ausreichend dem Handlungsfeld Mobilitätsmanagement angenommen, um auf regionaler Ebene eine nachhaltige, auf den Umweltverbund gerichtete Mobilitätsentwicklung zu fördern.

Zur Überprüfung der Hypothesen werden neben allgemeinen Literaturauswertungen sowie Erkenntnissen zum Stand von Forschung und Praxis eigene Erhebungen herangezogen, die im Rahmen der vorliegenden Arbeit durchgeführt wurden.

Zur Bewältigung der regionalen Verkehrsprobleme wird dazu ein konkreter Maßnahmenbereich als einer von vielen herausgegriffen: Anhand des Handlungsfeldes Regionales Neubürgerpaket wird ein Konzept zur integrierten Vermarktung umweltfreundlicher Mobilitätsdienstleistungen erarbeitet, das im Wesentlichen die Organisation und Umsetzungsschritte für eine regionale Strategie zur Beeinflussung des Mobilitätsverhaltens von Neubürgern beinhaltet. Für die Gemeindeebene werden konkrete Schritte zur Implementierung eines gemeindlichen Neubürgerpakets entwickelt. Ein Neubürgerpaket zur Beeinflussung des Mobilitätsverhaltens von Umzüglern in Richtung umweltverträglicher Verkehrsmittel soll vor allem von seiten der Gemeinden umgesetzt werden können. Aber auch den Verkehrsdienstleistern (z.B. Verkehrsverbünden und -unternehmen, Car Sharing-Unternehmen), anderen mobilitätsbezogenen Institutionen (Allgemeinen Deutscher Fahrrad-Club (ADFC), Fußgängerschutzverein FUSS e.V.) sowie der Verwaltung auf den unterschiedlichen räumlichen Ebenen (Land, Region, Landkreis, Gemeinde) sollen die strategischen und konzeptionellen Vorschläge zur Umsetzung eines Regionalen Neubürgerpakets als Hilfestellung bzw. Handlungsempfehlung dienen.

Insgesamt soll die Arbeit einen Beitrag dazu leisten, Forschungslücken zu schließen und in der Praxis die Diskussion in Bezug auf ein Regionales Neubürgerpaket weiter fortzuführen und zu vertiefen.

1.3 Aufbau der Arbeit

Abbildung 2 gibt einen Überblick über den Aufbau der Arbeit. Im Anschluss an diese Ausführungen erfolgt in Kapitel 2 eine Diskussion der für diese Arbeit zentralen Begrifflichkeiten. Daran anknüpfend, wird das Handlungsfeld Mobilitätsmanagement in den historischen und inhaltlichen Gesamtzusammenhang verkehrlicher Lösungsstrategien zur Reduzierung der Verkehrsprobleme eingeordnet. Als Letztes wird das Mobilitätsmarketing sowie das Neubürgermarketing begrifflich eingegrenzt sowie auf den räumlichen Bezugsrahmen der vorliegenden Arbeit, d.h. die Ebene der Metropolregionen, kurz eingegangen.

In Kapitel 3 werden zur Erklärung des Verkehrsverhaltens sowie zur Beeinflussung der Verkehrsmittelwahl in Richtung umweltverträglicher Verkehrsmittel theoretische und modellbezogene Erkenntnisse zusammengestellt, die als Grundlage für die Folgekapitel dienen sowie Forschungslücken vor dem geschilderten Problemhintergrund aufzeigen.

Abb. 2 Aufbau der Arbeit

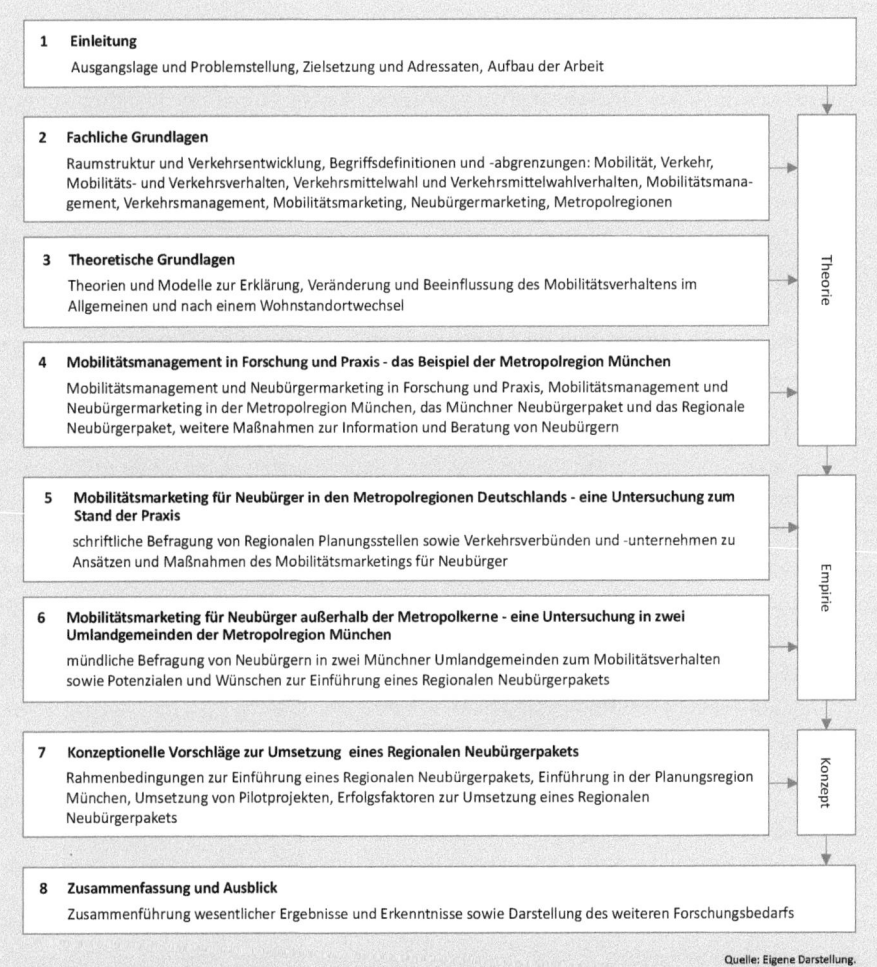

Quelle: Eigene Darstellung.

In Kapitel 4 wird ein Überblick über das Mobilitätsmanagement und das Neubürgermarketing in Forschung und Praxis gegeben. Darauf aufbauend, werden am Beispiel der Metropolregion München Ansätze zur Lösung der regionalen Verkehrsprobleme historisch betrachtet und in Zusammenhang mit heutigen Lösungsmaßnahmen gesetzt. Konkret wird dazu das Handlungsfeld Mobilitätsmanagement dargestellt und das Münchner Neubürgerpaket vom Pilotprojekt bis zum strategischen Ansatz der Münchner Verkehrsplanung vorgestellt. Darauf folgt ein Ausblick auf den Ansatz eines Regionalen Neubürgerpakets, um auf dieser Grundlage Anknüpfungspunkte bzw. Modifizierungsmöglichkeiten einer regionalen Anwendung herauszuarbeiten.

Das folgende Kapitel 5 fasst die Ergebnisse zweier schriftlicher Befragungen zusammen, die zum Praxisstand von Mobilitätsmarketingansätzen für Neubürger durchgeführt wurden. Befragt wurden dazu die Regionalen Planungsstellen sowie die Verkehrsverbünde und Verkehrsunternehmen in den Metropolregionen Deutschlands. Die Ergebnisse dienen dazu, die Erkenntnisse aus den vorangegangenen Kapiteln sowie die Forschungshypothesen zu untermauern, insbesondere im Hinblick auf die Einbindung der Organisationen in konkrete Marketingaktivitäten für Neubürger zur Stabilisierung und Förderung eines umweltverträglichen Mobilitätsverhaltens. Auch dienen die Erkenntnisse der Befragungen dazu, den weiteren Handlungs- und Forschungsbedarf in Bezug auf ein Regionales Neubürgerpaket aufzudecken.

Aufbauend auf diesen Erkenntnissen werden die Ergebnisse einer mündlichen Befragung von Neubürgern in zwei Umlandgemeinden der Landeshauptstadt München in Kapitel 6 näher dokumentiert. Fragen zum Verkehrsmittelwahlverhalten aus retrospektiver Sicht der Befragten dienen zur Überprüfung der These, ob ein Umzug tatsächlich Auswirkungen auf das routinegeprägte Mobilitätsverhalten hat und Mobilitätsgewohnheiten durch einen Wohnstandortwechsel aufgebrochen werden können. Die Einschätzung von Verkehrsproblemen im städtischen, regionalen und lokalen Zusammenhang liefern wichtige Hinweise zur Abschätzung individueller Verkehrsmittelwahländerungen am neuen Wohnort und damit zu den konzeptionellen Überlegungen im Folgekapitel. Gleiches gilt für die inhaltlichen Wünsche der Befragten zur Gestaltung eines Neubürgerpakets zum Thema Mobilität.

In Kapitel 7 werden die Erkenntnisse aus den vorangegangenen Kapiteln zusammengeführt und ein Umsetzungskonzept für ein Regionales Neubürgerpaket sowie dessen inhaltliche und organisatorische Einbindung auf gemeindlicher und regionaler Ebene dargestellt.

Zum Abschluss der Arbeit werden die wesentlichen Ergebnisse in Kapitel 8 zusammengefasst und die Forschungshypothesen überprüft. Daran anknüpfend, wird der weitere Handlungs- und Forschungsbedarf in Bezug auf ein Regionales Neubürgerpaket aufgezeigt und ein Ausblick auf künftige Entwicklungen gegeben.

2 Fachliche Grundlagen

Verkehrliche Entwicklungen und siedlungsstrukturelle Gegebenheiten sind eng miteinander verknüpft und unterliegen vielfältigen, sich gegenseitig bedingenden, komplexen Wirkungszusammenhängen. Aus siedlungsstruktureller Sicht haben in der Vergangenheit vor allem das Siedlungswachstum im Umland der Städte und aus verkehrlicher Sicht die zunehmende private Motorisierung zu einer Zunahme der Wegelängen und damit insgesamt zu einer Steigerung der regionalen Verkehrsleistungen beigetragen. Beide Faktoren haben einen wesentlichen Einfluss auf die bis heute anhaltende Verkehrsproblematik, die insbesondere in den prosperierenden Metropolregionen zu beobachten sind.

Zur Darstellung der fachlichen Diskussion werden vor diesem Hintergrund zentrale Aspekte einer nachhaltigen Siedlungs- und Verkehrsentwicklung herausgearbeitet. Dabei geht es zum einen um die Wechselwirkungen zwischen Raumstruktur und Verkehrsentwicklung, ihre Auswirkungen auf das Verkehrswachstum sowie um Maßnahmen des Mobilitätsmanagements im Allgemeinen und zielgruppenorientierte Mobilitätsmarketingmaßnahmen im Speziellen zur Reduzierung des Verkehrswachstums, insbesondere in den prosperierenden Metropolregionen. Die Abgrenzung wesentlicher Begrifflichkeiten soll zum anderen eine einheitliche Begriffsgrundlage schaffen und damit zu einem besseren Verständnis der dargestellten Thematik beitragen. Die Auseinandersetzung mit den fachlichen Grundlagen soll insgesamt auch Hinweise für die späteren konzeptionellen Überlegungen zur Umsetzung eines Regionalen Neubürgerpakets liefern.

2.1 Grundlagen zur Raumstruktur und Verkehrsentwicklung

Die heutige Raumstruktur ist Folge komplexer gesellschaftlicher und wirtschaftlicher Entwicklungen und eng mit der Verbreitung neuer Verkehrstechnologien verbunden, die insgesamt zu einer Reduktion der Reisezeiten und gleichzeitig zu einer Veränderung des siedlungsstrukturellen Gefüges geführt haben (Lehner 1966: 10). Während sich in der Vergangenheit die Siedlungsentwicklung in den Städten zunächst hauptsächlich entlang der radialen Schienenverbindungen vollzog, änderte sich dies mit der massenhaften Einführung des Autos ab den 1950er Jahren. Mit der wachsenden privaten Motorisierung nahm ebenfalls das Siedlungswachstum im Umland der Städte zu. Gefördert wurde dieser Prozess unter anderem durch den Ausbau der Straßenverkehrswegenetze unter dem Leitbild der „autogerechten Stadt" sowie den Ausbau des Öffentlichen Personennahverkehrs bis in die Umlandbereiche der Großstädte. Diese Faktoren haben bis heute im Wesentlichen zum regionalen Siedlungswachstum sowie zur Ausdifferenzierung der Raumstrukturen geführt. Eine Folge ist die bis heute zu beobachtende Trennung der Grunddaseinsfunktionen (Wohnen, Arbeit, Versorgung, Bildung, Erholung), die zu einer Zunahme der Verkehrsströme geführt hat (UBA 2005: 9ff; Beckmann 2000: 127ff). Als weitere Folge der geschilderten Entwicklungen finden sich heutzutage in den unmittelbaren Umlandbereichen der Städte (aber auch in den ländlichen Räumen) die höchsten Pkw-Dichten im Vergleich zu den Kernstädten und größeren Städten (BBSR 2009).

Gründe für die Verlagerung von Wohn- und Arbeitsstandorten in die Stadtumlandbereiche sind vor allem die im Vergleich zu den Kernstädten niedrigeren Bodenpreise und die größere Verfügbarkeit von Bauland. Daneben existiert eine Vielzahl weiterer Determinanten, die das städtische und regionale Verkehrswachstum begünstigen bzw. begünstigt haben, wie veränderte Lebensbedingungen oder steuerliche Vergünstigungen (Eigenheimzulage, Entfernungspauschale); alle Faktoren sind zugleich Ursache und Folge der Verkehrsentwicklung, die sich gegenseitig bedingen (z.B. UBA 2005: 9ff).

2.1.1 Einfluss der Raumstruktur auf das Verkehrswachstum

Um auf das Verkehrswachstum im regionalen Kontext vor dem Hintergrund siedlungsstruktureller Gegebenheiten einwirken zu können, bedarf es zunächst einer Auseinandersetzung mit den wesentlichen räumlichen Einflussfaktoren mit Relevanz für die Verkehrsentstehung einerseits sowie räumlichen Leitbildern zur Steuerung des Verkehrswachstums andererseits.

Bei der Diskussion um verkehrssparsame Siedlungsstrukturen spielt vor allem die Raumstruktur in Deutschland eine wesentliche Rolle, die im Wesentlichen durch monozentrische und polyzentrische Strukturen geprägt wird. Während in monozentrischen Regionen wichtige Einrichtungen auf ein Zentrum ausgerichtet sind, konzentrieren sich diese in polyzentrischen Regionen auf mehrere Standorte. Dieser Sachverhalt lässt sich beispielsweise anhand der Pendlerströme[8] erkennen (s. Abb. 3). In monozentrisch geprägten Räumen sind die Pendlerströme vorwiegend auf das Zentrum ausgerichtet, weil sich hier in der Regel die Arbeitsplätze konzentrieren. Regionen wie München, Hamburg oder Berlin zeichnen

Abb. 3   Pendlerverflechtungen in Deutschland

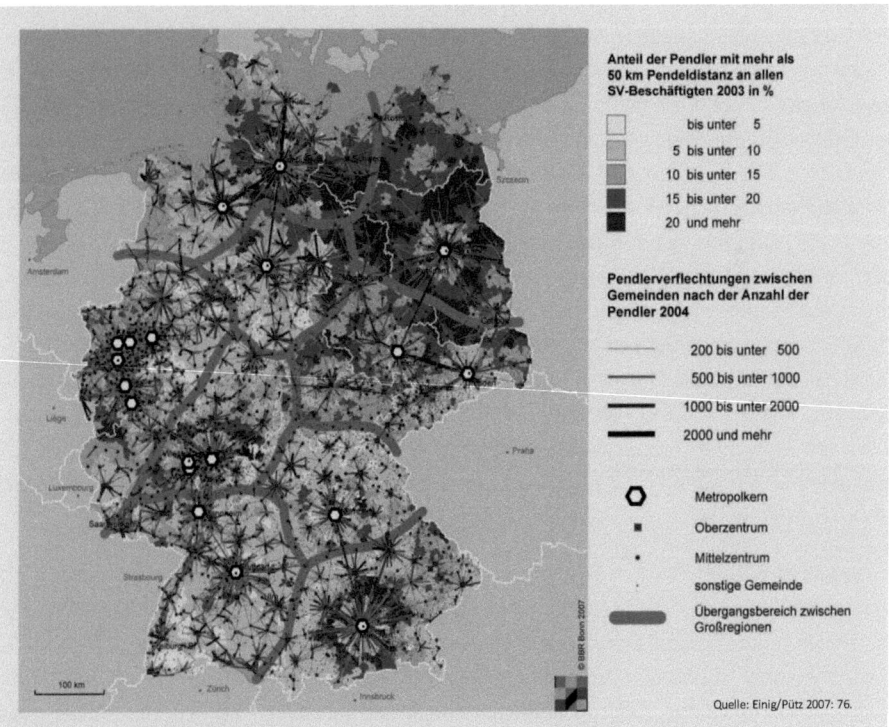

sich vor diesem Hintergrund auch durch weitreichende Stadt-Umland-Verflechtungen aus. In polyzentrischen Räumen (z.B. Region Rhein-Ruhr, Rhein-Main) sind die Pendeldistanzen dagegen vergleichsweise kürzer, allerdings finden sich hier vermehrt tangentiale Verkehrsverflechtungen (Gather/Kagermeier/Lanzendorf 2008: 146; BBR 2005: 78ff).

---

[8]   Unter Pendler werden Personen zusammengefasst, deren Arbeits- bzw. Ausbildungsplatz in einer anderen Gemeinde als dem Wohnsitz liegt.

In der Diskussion um verkehrssparsame Siedlungsstrukturen spielt aber auch der Aspekt der Nutzungsmischung[9] eine wichtige Rolle. So weisen verschiedene Studien nach, dass nutzungsgemischte Siedlungsstrukturen den Verkehrsaufwand mindern (z.B. Gwiasda 1999: 25). Nutzungsgemischte Quartiere finden sich demnach häufig in innerstädtischen Lagen, während beispielsweise Wohnsiedlungen und Gewerbegebiete am Stadtrand oder im Stadtumland oftmals durch eine monofunktionale Struktur geprägt sind. Die Verteilung der Grunddaseinsfunktionen im Raum hat dabei auch Auswirkungen auf die Verkehrsmittelnutzung: In nutzungsgemischten Stadtquartieren werden Wege für bestimmte Wegezwecke bevorzugt mit nichtmotorisierten Verkehrsmitteln zurückgelegt, während in anderen Siedlungsbereichen aufgrund der Trennung der Grunddaseinsfunktionen vermehrt auf das Auto zurückgegriffen wird (Gather/Kagermeier/Lanzendorf 2008). Andere Studien und Untersuchungen stützen ebenfalls diese These: So weisen Frehn und Holz-Rau (z.B. 1999: 10ff) in ihren Forschungen nach, dass sich die durchschnittlichen Pkw-Distanzen in den Teilräumen einer Großstadtregion deutlich unterscheiden und in Stadtquartieren, meist nutzungsgemischten Gründerzeitquartieren, die kürzesten Pkw-Distanzen von den Bewohnern zurückgelegt werden. Sie stellen ebenfalls fest, dass mit zunehmender Entfernung der Umlandgemeinden zur Kernstadt die zurückgelegten Distanzen mit dem Auto zunehmen. Weitere Studien (Gwiasda 1999: 33) belegen ebenfalls, dass bei einem ausgewogenen Einwohner-Arbeitsplatz-Verhältnis in einer städtischen Umlandgemeinde die zurückgelegten Distanzen für den Arbeitsweg geringer ausfallen als in Gemeinden, in denen dies nicht der Fall ist.

Einige Autoren gehen allerdings davon aus, dass die Pkw-Nutzung nicht nur durch die Raumstruktur geprägt wird, sondern Ausdruck individueller Wohnstandortentscheidungen ist. Sie vermuten, dass Personen mit bestimmten Mobilitätsorientierungen, z.B. Pkw-affine Personen, eher gut an den Autoverkehr angeschlossene Standorte im Umland der Städte wählen, während ÖPNV-affine Personen Standorte aussuchen, die sich durch eine gute ÖPNV-Anbindung auszeichnen, und sich deshalb tendenziell in den Kernstädten ansiedeln. Sie schließen aus ihren Erkenntnissen, dass demografische Merkmale oder der individuelle Lebensentwurf einen größeren Einfluss auf die private Motorisierung haben als räumliche Strukturen (z.B. Scheiner 2005; Frehn/Holz-Rau 1999: 12f, Gwiasda 1999: 25ff). Ferner belegen verschiedene Studien, dass soziale Bindungen und bestimmte Einrichtungen (z.B. Friseur, Ärzte) nach einem Wohnstandortwechsel ins Umland für eine bestimmte

---

[9] Man spricht in diesem Zusammenhang auch von der „Stadt der kurzen Wege", was zum Ausdruck bringt, dass sich die verschiedenen Nutzungen bzw. Grunddaseinsfunktionen in räumlicher Nähe zueinander befinden. Aufgrund der angesprochenen Ausweitung der Aktionsräume wird im regionalen Zusammenhang in Anlehnung an die „Stadt der kurzen Wege" auch von der „Region der kurzen Wege" gesprochen.

Zeit beibehalten werden, was für die vergleichsweise hohen Verkehrsleistungen im Umland verantwortlich gemacht wird (Bauer/Holz-Rau/Scheiner 2005: 276; Scheiner 2005; Geier/Holz-Rau/Krafft-Neuhäuser 2001: 22ff).

2.1.2 Raumordnerische Leitbilder zur Steuerung des Verkehrswachstums

Auf Ebene des Bundes sowie der Länder und Regionen wird durch die Festlegung siedlungsstruktureller und verkehrlicher Ziele und Grundsätze versucht, der Zersiedlung entgegenzuwirken und damit die Verkehrsaufwände zu mindern. Im Mittelpunkt stehen die raumordnerischen Konzeptionen der „Zentralen Orte", das „Achsenkonzept" und das Modell der „Dezentralen Konzentration".

Das Konzept der Zentralen Orte zielt im Wesentlichen darauf ab, durch die Konzentration bestimmter Funktionen an bestimmten Standorten die siedlungsstrukturelle Zersiedlung zu verhindern und damit verkehrsvermindernd zu wirken. Sie zeichnen sich dadurch aus, dass sich dort Verwaltungs-, Dienstleistungs-, Verkehrs-, Kultur-, Bildungs- und Wirtschaftsfunktionen konzentrieren und damit eine „zentrale" Stellung gegenüber dem Umland wahrnehmen (ARL 2005: 1307ff).

Das Achsenkonzept ist darauf angelegt, die Siedlungs-, Verkehrs- und Wirtschaftsentwicklung entlang überregionaler und regionaler Schienenverkehrsachsen zu konzentrieren, um dadurch einzelne Zentren an den Haltepunkten zu stärken, der Zersiedlung entgegenzuwirken und eine optimale Ausnutzung der Verkehrsachsen zu erzielen. Allerdings hat die Lagegunst an den Haltepunkten der überregionalen und regionalen Schienenverkehrsachsen und den damit verbundenen hohen Bodenpreisen bereits in der Vergangenheit dazu geführt, dass entgegen der Ziele des Achsenkonzepts der Siedlungsdruck in den Zwischenräumen fernab der Schienenachsen zugenommen hat (ARL 2005: 18ff).

Das raumordnerische Leitbild der Dezentralen Konzentration versucht, eine „Region der kurzen Wege" umzusetzen: Die disperse Siedlungsentwicklung im Umland der Städte soll dabei durch eine räumliche Bündelung des Wachstums auf ausgewiesene Subzentren gesteuert werden. Das Konzept richtet sich vor allem an Wachstums- und Großstadtregionen: Großräumig wird eine Dezentralisierung angestrebt, kleinräumig dagegen eine Konzentration durch Nutzungsmischung, Dichte und Polyzentralität. Dadurch soll der Siedlungsdruck der großen Verdichtungsräume kontrolliert auf Entlastungsorte umgelenkt werden (ARL 2005: 604).

Trotz der rechtlichen Verankerung des Zentrale-Orte-Konzepts und des Achsenkonzepts im Raumordnungsgesetz (ROG) (BMJ 2009a) zeigt die Planungspraxis, dass es nach wie vor an der konsequenten Umsetzung dieser Leitbilder mangelt. Dies hängt vor allem mit der kommunalen Planungshoheit zusammen, aber auch die Städtebau- und Wohnbaupolitik begünstigt gegenläufige siedlungsstrukturelle Entwicklungen und wirkt damit verkehrsfördernd (z.B. SRU 2005: 288).

2.2 Begrifflichkeiten und Begriffsabgrenzungen

Neben raumordnerischen Bemühungen zur Förderung verkehrsarmer Siedlungsstrukturen wird aus verkehrlicher Sicht unter anderem durch Maßnahmen aus dem Bereich des Mobilitätsmanagements versucht, eine umweltverträgliche Mobilität durch die gezielte Ansprache der Verkehrsteilnehmer zu fördern. Damit wird dem Aspekt Rechnung getragen, dass nicht nur siedlungsstrukturelle Aspekte, sondern auch individuelle Möglichkeiten und Präferenzen bei der Gestaltung einer nachhaltigen Mobilitätskultur bedeutsam sind.

Nachfolgend werden dazu zunächst wesentliche Begrifflichkeiten aus dem Handlungsfeld Mobilitätsmanagement beschrieben und definitorisch abgegrenzt, bevor näher auf den Maßnahmenbereich selbst eingegangen wird. Wichtig ist dabei vorab die Unterscheidung zwischen den beiden Begrifflichkeiten Mobilität und Verkehr.

2.2.1 Die Begriffe Mobilität und Verkehr

Während im alltäglichen Gebrauch die Begriffe Mobilität und Verkehr aufgrund ihrer engen Beziehung zueinander oftmals gleichbedeutend verwendet werden, werden sie in der wissenschaftlichen Diskussion klar voneinander abgegrenzt (Diewitz/Klippel/Verron 1998: 72). Hier sind in der Vergangenheit eine Reihe unterschiedlicher Definitionen entstanden, denen häufig gemeinsam ist, dass mit Mobilität in der Regel positive und mit Verkehr eher negative Assoziationen verbunden werden (Gather/Kagermeier/Lanzendorf 2008: 23).

2.2.1.1 Dimensionen der Mobilität

Eine Annäherung an den Mobilitätsbegriff lässt sich anhand der verschiedenen Dimensionen der Mobilität vornehmen (s. Abb. 4). Im Wesentlichen wird dabei in der Fachliteratur zwischen räumlicher und sozialer Mobilität unterschieden.

Abb. 4 Dimensionen der Mobilität

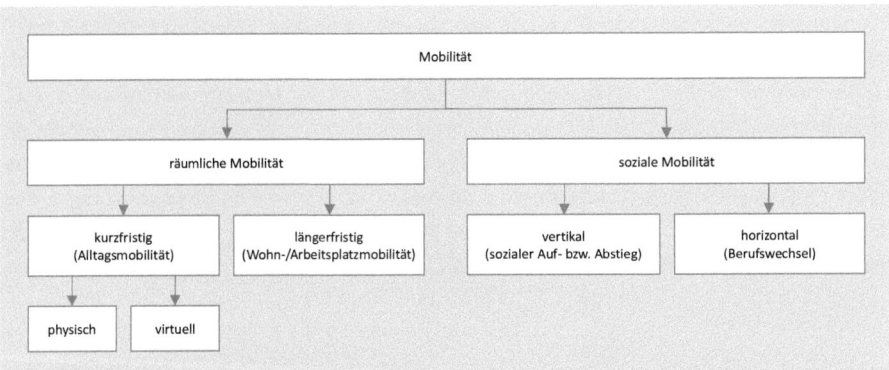

Quelle: Eigene Darstellung. In Anlehnung an Gather/Kagermeier/Lanzendorf 2008.

Die soziale Mobilität beschreibt die Bewegung von Individuen zwischen den Positionen einer Gesellschaft. Sie kann differenziert werden in vertikale Mobilität zwischen gesellschaftlichen Schichten und horizontale Mobilität zwischen den Positionen innerhalb einer Schicht (ARL 2005: 654). Die soziale Mobilität spielt im Rahmen dieser Arbeit insofern eine Rolle, als der soziale Auf- oder Abstieg beispielsweise in der Wohnstandortwahl (und damit in einem besseren oder schlechteren Mobilitätsangebot am neuen Wohnort) zum Ausdruck kommen kann.

Die räumliche Mobilität beschreibt Positionsveränderungen von Personen innerhalb eines räumlichen Systems. Sie kann differenziert werden nach ihrer zeitlichen Dimension: zum einen kurzfristige Mobilität im Sinne von Alltagswegen und zum anderen langfristige Mobilität im Sinne der Wanderungsmobilität von Personen (z.B. Thiesies 1998: 21). Während unter Wanderungsmobilität der dauerhafte Wechsel des Wohn- oder Arbeitsplatzstandortes verstanden wird, sind unter kurzfristiger Mobilität täglich wiederkehrende Ortsveränderungen zu verstehen (Groß 2005: 37). Aufgrund des Wiederholungscharakters wird diese Form der Mobilität dem Alltagsverhalten zugerechnet und deshalb auch als Alltagsmobilität bezeichnet (Thiesies 1998: 21). Die Wohn- und Arbeitsplatzmobilität ist deshalb von Bedeutung, da die Motive von Wanderungsentscheidungen (mit den entsprechenden Auswirkungen der Wohnstandortwahl bzw. des Arbeitsplatzes auf das Verkehrsmittelwahlverhalten) im Rahmen dieser Arbeit betrachtet werden. Vor allem wird aber auf die Alltagsmobilität von Neubürgern eingegangen, wobei es nicht um die Ermittlung einzelner Wegeketten (beispielsweise in Form von Wegeprotokollen) geht, sondern vielmehr um die generelle Verkehrsmittelnutzung vor und nach einem Umzug vor dem Hintergrund veränderter räumlicher und infrastruktureller Gegebenheiten.

Die Alltagsmobilität umfasst neben physischen Ortsveränderungen auch die virtuelle Mobilität, die den mediengebundenen Austausch von Informationen zwischen Personen beinhaltet. Gerade wenn es um die Substitution bzw. Reduktion des physischen Verkehrs geht, z.b. im Bereich von Telematikanwendungen, ist diese Art der Mobilität von Interesse (z.B. Vallée/Köhler 2000: 331f). Auf eine ausführliche Diskussion, inwieweit die virtuelle Mobilität zu einer Substitution des physischen Verkehrs führt oder ihn vielmehr induziert, soll an dieser Stelle allerdings verzichtet werden, da dieser Aspekt nicht im Mittelpunkt der Arbeit steht. Ein Hinweis auf die unterschiedlichen Auffassungen in der Forschungslandschaft soll an dieser Stelle genügen (z.b. Zoche 2002).

2.2.1.2 Der Begriff Mobilität

Vom Wortursprung her leitet sich der Begriff Mobilität vom lateinischen Wort mobilitas ab, was Beweglichkeit bedeutet. Der Begriff wurde zunächst in den Sozialwissenschaften verwendet, hat aber mittlerweile auch Eingang in andere Fachdisziplinen gefunden, wie in die Verkehrswissenschaft, Städteplanung, Informatik, Psychologie oder Volkswirtschaftslehre (Brockhaus 1998: 746).

In der Verkehrsforschung und -praxis wird der Mobilitätsbegriff unterschiedlich eingegrenzt. So wird von einigen Autoren die Zielerreichung als Definitionsabgrenzung herangezogen. Hier wird unterschieden zwischen der möglichen, „potenziellen Mobilität" und der tatsächlich verkehrserzeugenden Bewegung, der „realisierten Mobilität", die jeweils auf ein bestimmtes Aktivitätsziel ausgerichtet ist. Die potenzielle Mobilität ist dabei abhängig von der Dichte des Aktivitätsangebots, die realisierte Mobilität von der Zahl der tatsächlich aufgesuchten Aktivitätsziele. Topp (1994b: 488) spricht in diesem Zusammenhang von der Fähigkeit oder Freiheit zur Bewegung einerseits und der tatsächlich realisierten Bewegung andererseits. Nicht die Wegelänge oder die Wegehäufigkeit sind demnach mobilitätsbestimmend, sondern die Zielerreichung, d.h., je mehr Aktivitätsziele in einer bestimmten Zeit erreicht werden können, um so höher ist die potenzielle Mobilität, je mehr tatsächlich erreicht werden, um so höher ist die realisierte Mobilität (z.B. UBA 2009b; Diewitz/Klippel/ Verron 1998: 72f; Topp 1994b: 488).

Andere Autoren nähern sich dem Begriff über den Mobilitätszweck. Nach ihrer Auffassung ist Mobilität entweder Mittel zum Zweck (z.B. Fahrt zur Arbeit, zum Einkaufen) oder dient dem reinen Selbstzweck (z.B. Radfahren als Sport, Joggen). Die Vertreter dieser Denkrichtung argumentieren, dass beide Aspekte unterschiedlichen Gesetzmäßigkeiten unterliegen und ihre Beeinflussung jeweils andere Maßnahmen erfordert (Diewitz/Klippel/Verron 1998: 72). Der ADAC (1987: 6ff) spricht in diesem Zusammenhang auch von Zweckmobilität einerseits und Erlebnismobilität andererseits. Auf der anderen Seite wird von einigen Autoren die Auffassung vertreten, dass der Begriff Mobilität beide Aspekte vereint und eine Unterscheidung nicht notwendig ist. So betrachtet beispielsweise Vogt (2002: 120f) die Erlebnismobilität auch als zweckgebundene Mobilität.

Ein weiterer Aspekt der Mobilitätsabgrenzung deckt die Differenzierung nach der Art der zu transportierenden Einheiten ab. So erweitert Flade (1998: 345) die Begriffsbestimmungen um die individuelle Betrachtungsebene und verknüpft damit den Aspekt der tatsächlichen mit der potenziellen Zielerreichung. Die individuelle Ebene der Mobilität, sprich das Individuum als Handlungsträger, arbeitet auch Franz (1984: 23f) in seinen Ausführungen heraus. Damit wird impliziert, dass der Begriff vor allem im Personenverkehr Anwendung findet, während er im Güterverkehr im Allgemeinen nicht gebräuchlich ist, da Mobilität nach Auffassung einiger Autoren die Fähigkeit zur selbständigen Fortbewegung voraussetzt (Gather/Kagermeier/Lanzendorf 2008: 25).

Aufgrund der dargestellten qualitativen Vielschichtigkeit des Mobilitätsbegriffs lässt sich Mobilität als Ganzes nicht ohne Weiteres quantitativ erfassen. In der Fachliteratur finden sich zur Quantifizierung von Mobilität vor allem die drei folgenden Kennziffern (Cerwenka 1999: 35f, 1989: 341; VDI 1991: 2f; FGSV 1989; Gottardi/Hautzinger/Tassaux 1989: 10ff), die der Ausrichtung der Arbeit entsprechend den Personenverkehr fokussieren:

(1) Mobilitätsrate   Die Mobilitätsrate (= Wegehäufigkeit) ist die Anzahl der außerhäuslichen Wege je Person und Zeiteinheit Δt:

$$\text{Mobilitätsrate} = \frac{\text{Anzahl außerhäuslicher Personenwege}}{\Delta t}$$

(2) Mobilitätsstreckenbudget   Das Mobilitätsstreckenbudget umfasst die zurückgelegte Wegstrecke je Person und Zeiteinheit:

$$\text{Mobilitätsstreckenbudget} = \frac{\text{Wegstrecke je Person}}{\Delta t}$$

(3) Mobilitätszeitbudget   Das Mobilitätszeitbudget beschreibt die für eine Ortsveränderung aufgewendete Zeit je Person und Zeiteinheit:

$$\text{Mobilitätszeitbudget} = \frac{\text{aufgewendete Zeit je Person}}{\Delta t}$$

Da die vorangegangenen Ausführungen keine allgemeingültige Definition liefern, werden nachfolgend die verschiedenen „Ansätze" zu einem Begriffsverständnis zusammengeführt.

Dabei werden unter Mobilität sowohl potenzielle als auch realisierte Ortsveränderungen verstanden. Eine quantitative Eingrenzung erfolgt über die Anzahl der zurückgelegten Wege. Mobilität umfasst dabei nicht nur zweck-, sondern auch erlebnisorientierte Wege. Ferner wird die Ansicht unterstützt, dass Mobilität individuelle Bewegungsabläufe beschreibt und nicht auf Güter zu übertragen ist. Aus diesen Überlegungen wird der Arbeit folgendes Begriffsverständnis zugrunde gelegt:

▶ **Mobilität ist die potenzielle oder tatsächliche Ortsveränderung von Personen eines geografischen Raums innerhalb einer zeitlichen Periode nach Anzahl der zurückgelegten Wege bzw. erreichten Aktivitätsziele. Dazu zählen sowohl zweck- als auch erlebnisorientierte Wege im Bereich des Personenverkehrs.**

2.2.1.3 Der Begriff Verkehr

Wie der Mobilitätsbegriff wird auch der Begriff Verkehr in den verschiedenen Disziplinen unterschiedlich verwendet. Aus verkehrswissenschaftlicher Sicht wird darunter im Allgemeinen die Ortsveränderung von Personen, Gütern und Nachrichten verstanden (Cerwenka 1999: 36). Im engeren Sinne wird unter Verkehr die meist zielgerichtete oder zweckbestimmte Bewegung von Personen und Gütern in einem örtlich oder zeitlich bestimmten Raum, in der Regel unter Zuhilfenahme eines Verkehrsmittels, verstanden. Wie Cerwenka rückt auch Becker (2004: 149ff) in seiner Verkehrsdefinition die Umsetzungsseite in den Vordergrund, für die Ressourcen, Instrumente und Hilfsmittel notwendig sind. Ebenso spricht Harloff (1994: 26) dann von Verkehr, wenn beim Transport von Menschen, Gütern oder Nachrichten Hilfsmittel benutzt werden. Wie auch andere Autoren erweitert er seine Ausführungen um die Distanzkomponente: „Verkehr entsteht, wenn ich das Fahrrad oder Auto nehme, um Distanzen zu überbrücken."

Neben der qualitativen Eingrenzung haben sich zur Quantifizierung des Verkehrsbegriffs in der Verkehrsplanung folgende Indikatoren herausgebildet (Cerwenka 1999: 35f, 1989: 341):

(1) Verkehrsaufkommen   Das Verkehrsaufkommen ist die Anzahl der Personenwege je Zeiteinheit an einem bestimmten Verkehrswegequerschnitt oder in einem definierten Gebiet:

$$\text{Verkehrsaufkommen} = \frac{\text{Anzahl der Personenwege}}{\Delta t}$$

(2) Fahrzeugaufkommen Das Fahrzeugaufkommen ist die Anzahl der Fahrzeugfahrten je Zeiteinheit an einem bestimmten Verkehrswegequerschnitt oder in einem definierten Gebiet:

$$\text{Fahrzeugaufkommen} = \frac{\text{Anzahl der Fahrzeugfahrten}}{\Delta t}$$

(3) Verkehrsleistung Die Verkehrsleistung (= Verkehrsaufwand) umfasst die Personenkilometer je Zeiteinheit an einem bestimmten Verkehrswegequerschnitt oder in einem definierten Gebiet:

$$\text{Verkehrsleistung} = \frac{\text{Personenkilometer}}{\Delta t}$$

(4) Fahrleistung Die Fahrleistung beschreibt die Fahrzeugkilometer je Zeiteinheit an einem bestimmten Verkehrswegequerschnitt oder in einem definierten Gebiet:

$$\text{Fahrleistung} = \frac{\text{Fahrzeugkilometer}}{\Delta t}$$

Darüber hinaus zählen zu den Indikatoren des Verkehrsablaufs in Anlehnung an die Forschungsgesellschaft für Straßen- und Verkehrswesen (FGSV 2005):

(5) Verkehrsstärke Die Verkehrsstärke ist die Anzahl der Verkehrselemente eines Verkehrsstroms je Zeiteinheit an einem bestimmten Verkehrswegequerschnitt. Für die Verkehrsstärke q als Anzahl von Verkehrselementen M je Zeitintervall Δt gilt:

$$q = \frac{M}{\Delta t}$$

(6) Verkehrsdichte Die Verkehrsdichte ist die Anzahl der Verkehrselemente eines Verkehrsstroms je Wegeeinheit zu einem bestimmten Zeitpunkt. Die Verkehrsdichte k kann als Quotient aus der Verkehrsstärke q und der mittleren Reisegeschwindigkeit V_R beschrieben werden:

$$k = \frac{q}{V_R}$$

k = Verkehrsdichte [Verkehrselemente/Wegeinheit]

M = Anzahl der Verkehrselemente [Pkw], [Kfz], [Rad], [Personen]

q = Verkehrsstärke [Verkehrselemente/Zeiteinheit]

Δt = Zeitintervall [Zeiteinheit]

V_R = Reisegeschwindigkeit [Wegeeinheit/Zeiteinheit]

Für die vorliegende Arbeit werden die oben dargestellten Begriffsverständnisse übernommen, wobei die Zuhilfenahme eines Verkehrsmittels (abgesehen vom Fußverkehr) und die zurückgelegten Distanzen (Verkehrsleistung/Fahrleistung) zentrale Aspekte der Begriffsbestimmung sind. In Anlehnung an das Mobilitätsverständnis werden unter dem Personenverkehr sowohl zweckgebundene als auch erlebnisorientierte Wege subsummiert. Entsprechend wird für die weiteren Ausführungen nachfolgendes Begriffsverständnis gewählt:

▶ **Verkehr ist die tatsächliche Ortsveränderung von Personen, Gütern oder Nachrichten eines geografischen Raums innerhalb einer zeitlichen Periode nach Distanz der Wege. Dies geschieht in der Regel unter Zuhilfenahme eines Verkehrsmittels und umfasst zweck- und erlebnisorientierte Wege des Personenverkehrs sowie zweckgebundene Wege des Güterverkehrs.**

2.2.2 Die Begriffe Mobilitäts- und Verkehrsverhalten

Für die Lösung von Verkehrsproblemen spielt das individuelle Mobilitätsverhalten der Verkehrsteilnehmer eine wesentliche Rolle. Unter dem Begriff Verhalten werden im Allgemeinen alle Aktivitäten eines Organismus zusammengefasst (Wiswede 2004: 583). Übertragen auf das Mobilitäts- bzw. Verkehrsverhalten bedeutet dies, dass hierunter alle Aktivitäten der Verkehrsteilnehmer im Rahmen ihrer Verkehrsabwicklung verstanden werden können.

Die Begriffe Mobilitätsverhalten und Verkehrsverhalten werden in der Regel synonym verwendet. So versteht beispielsweise Kalwitzki (1994: 16) unter Verkehrsverhalten die räumlich-zeitlich orientierte Fortbewegung von Menschen, die sowohl die Verkehrsmittelwahl als auch die Verkehrsteilnahme umfasst. Vallée (1995: 99, 1994: 255f) versteht unter dem Begriff Verkehrsverhalten die „Reaktion auf die von den Verkehrsmitteln ausgeübten Reize, nämlich deren Angebot", das neben der Verkehrsmittelwahl und der Verkehrsteilnahme zusätzlich aus den Komponenten Ziel- und Routenwahl besteht. Nach dem Verständnis von Brög und Erl (z.B. 2004: 4) ist das Mobilitätsverhalten die Resultante aus „Können", das bestimmt wird durch individuelle Zwänge und vorhandene Angebote, sowie „Wollen", das durch Information und subjektive Präferenzen bestimmt wird.

Das Mobilitäts- bzw. Verkehrsverhalten selbst wird durch eine Vielzahl von Faktoren beeinflusst (Hunecke 2006: 31ff; SRU 2005: 1), die insbesondere vor dem Hintergrund verhaltensbeeinflussender Maßnahmen von Bedeutung sind. Zu den wesentlichen Einflussgrößen zählen dabei:

▶ soziodemografische Faktoren (z.B. Geschlecht, Alter, Staatsangehörigkeit, Bildungsstand, Berufsstatus, Einkommen, Lebensform, Haushaltsgröße),

▶ soziogeografische Faktoren (z.B. Wohnort, Größe des Wohnortes, Wohngegend, Wohnform),

▶ verkehrsbezogene Merkmale (z.B. Ausstattung der Haushalte mit Verkehrsmitteln, Pkw-Verfügbarkeit, ÖV-Zeitkartenbesitz, Nähe zur Haltestelle des Öffentlichen Verkehrs, Abfahrtshäufigkeit öffentlicher Verkehrsmittel, Qualität von Fuß- und Radwegeverbindungen),

▶ individuelle Einstellungen und Werte (z.B. soziale Anerkennung, Spaßfaktor, Erfahrungen, Umweltbewusstsein, Einstellungen, Gewohnheiten, Lebensstil, Problembewusstsein),

▶ verhaltensorientierte Merkmale (z.B. Preisorientierung, Wahl der Einkaufsstätte),

▶ Informiertheit (z.B. über Kosten, Zeitaufwand, Mobilitätsalternativen),

▶ Wegezweck (Arbeit, dienstlich/geschäftlich, Ausbildung, Einkauf, Holen/Bringen von Personen, Freizeit, sonstige private Erledigungen),

▶ Verkehrsangebot (z.B. Reisezeit, Taktzeit, Fahrtkosten/Fahrpreise, Bequemlichkeit/ Komfort) oder

▶ Wahrnehmung und Bewertung (z.B. Kosten, Zeitaufwand, Sachzwänge, Saisonalität).

Die Vielzahl der Faktoren, die sich teilweise überlagern und gegenseitig bedingen, macht deutlich, dass menschliche Verhaltensmuster komplexe Vorgänge sind und Maßnahmen, die darauf abzielen, Verhaltensänderungen bzw. -stabilisierungen zugunsten umweltfreundlicher Verkehrsmittel zu erreichen, eine umfassende Problemsicht verlangen.

Zur Beschreibung des Verkehrsverhaltens finden sich in Anlehnung an die Studie Mobilität in Deutschland 2002 (infas/DIW 2003: 29ff) in Ergänzung zu den Mobilitätsindikatoren weitere Mobilitätskennziffern:

(1) Verkehrsmittelwahl	Die Verkehrsmittelwahl (= Modal Split) beschreibt den Anteil der jeweiligen Verkehrsmittel am Gesamtverkehrsaufkommen:

$$\text{Verkehrsmittelwahl} = \frac{\text{Anteil der Verkehrsmittel}}{\text{Gesamtverkehrsaufkommen}}$$

(2) Fahrzeugverfügbarkeit	Die Fahrzeugverfügbarkeit beschreibt die Verfügbarkeit von Verkehrsmitteln (Pkw, Fahrrad oder Motorrad). Dabei wird unterschieden zwischen wahlfreien Verkehrsteilnehmern („choice riders") und Verkehrsteilnehmern, die auf ein bestimmtes Verkehrsmittel angewiesen sind („captive riders").
(3) Hauptverkehrsmittel	Das Hauptverkehrsmittel ist das Verkehrsmittel, mit dem die längste Wegstrecke zurückgelegt wird. Voraussetzung ist, dass ein Weg aus mehreren Etappen besteht und für jede Etappe ein anderes Fortbewegungsmittel verwendet wird. Besteht ein Weg nur aus einer Etappe, so ist das hierfür verwendete Verkehrsmittel gleichzeitig das Hauptverkehrsmittel.
(4) Wegezweck	Der Wegezweck beschreibt den Grund einer Fahrt. Unterschieden werden Fahrten zur Arbeit oder zur Ausbildung, dienstliche/geschäftliche Wege, Fahrten zum Einkauf, Holen/Bringen von Personen oder Fahrten für Freizeitwege sowie Wege für sonstige private Erledigungen.

Im Rahmen der Arbeit werden die Begriffe Mobilitätsverhalten und Verkehrsverhalten synonym verwendet, auch wenn die Auseinandersetzung mit den Begriffen Mobilität und Verkehr gezeigt hat, dass beide Begriffe unterschiedliche Sachverhalte beschreiben:

▶ **Unter Mobilitätsverhalten bzw. Verkehrsverhalten werden alle Handlungen von Personen im Rahmen ihrer Verkehrsabwicklung verstanden.**

2.2.3 Eingrenzung des Personenverkehrs

Da sich die vorliegende Arbeit auf den Personenverkehr konzentriert, wird nachfolgend zur inhaltlichen Einordnung ein kurzer Überblick über die verschiedenen Verkehrsmittel im Bereich des Personenverkehrs gegeben (s. Abb. 5).

Der Personenverkehr unterteilt sich in den Individualverkehr (IV) und den Öffentlichen Verkehr (ÖV). Im Gegensatz zum ÖV kann der Verkehrsteilnehmer beim Individualverkehr frei über Verkehrsmittel, Zeiten und Wege verfügen. Der IV gliedert sich wiederum in den motorisierten Individualverkehr (MIV) und nichtmotorisierten Individualverkehr (nMIV). Zum Ersteren zählen z.B. Pkws und Motorräder, unabhängig davon, ob man selbst fährt oder nur mitfährt. Zum nMIV zählen im Wesentlichen der Fuß- und Fahrradverkehr. Der ÖV untergliedert sich in den Öffentlichen Personennahverkehr (ÖPNV) mit Reiseweiten bzw. -zeiten, die nach dem Regionalisierungsgesetz 50 km bzw. 1 Stunde (einfache Entfernung) nicht überschreiten (BMJ 2009b: § 2), ansonsten spricht man vom Öffentlichen Personenfernverkehr (ÖPFV) (Gather/Kagermeier/Lanzendorf 2008: 27f; Kummer 2006: 310).

Abb. 5   Verkehrsmittel im Personenverkehr

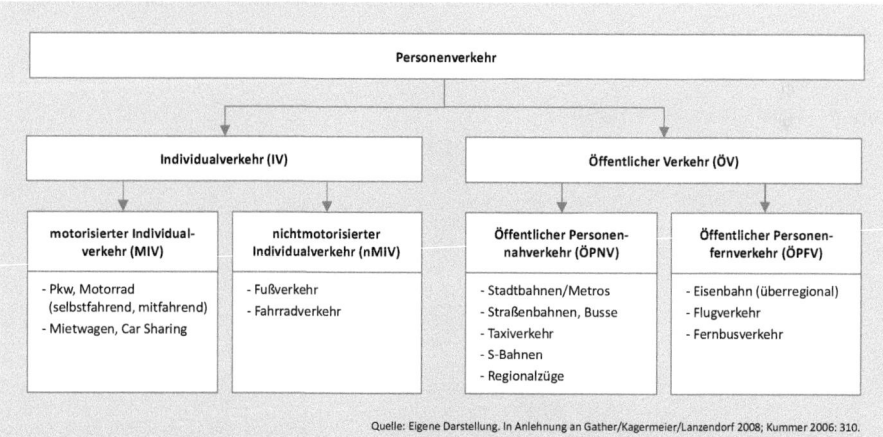

Quelle: Eigene Darstellung. In Anlehnung an Gather/Kagermeier/Lanzendorf 2008; Kummer 2006: 310.

2.3   Grundlagen zum Mobilitätsmanagement

Zur Reduzierung der dargestellten Verkehrsprobleme und zur Verbesserung der Verkehrsverhältnisse haben sich in der Vergangenheit sehr unterschiedliche Strategien zur Beeinflussung des Personenverkehrs herausgebildet. Zu ihnen zählen sogenannte Managementansätze, die ihren Ursprung in den USA haben. Hier wird bereits seit den 1970er Jahren versucht, Verkehrsprobleme durch verbesserte Managementprozesse zu lösen, insbesondere im Bereich des Berufsverkehrs. In den USA beziehen sich Lösungsstrategien bis heute schwerpunktmäßig auf das Management und die Beseitigung von Staus. Dabei geht es einerseits um die Steuerung des Verkehrsablaufs durch technische Systeme (z.B. Zufahrtskontrolle an Autobahnauffahrten) und andererseits um eine Bevorrechtigung von öffentlichen Verkehrsmitteln an Lichtsignalanlagen sowie von Fahrzeugen mit hoher Fahrgastbelegung auf sogenannten High Occupancy Vehicle (HOV) Lanes (s. Abb. 6) (Topp 1993: 13).

2.3.1 Der Begriff Mobilitätsmanagement

Der Begriff Management ist wie der Mobilitätsbegriff mit verschiedenen Bedeutungen belegt. Verstanden wird darunter grundsätzlich „eine zielgerichtete und nach ökonomischen Prinzipien ausgerichtete Handlungsweise in allen Bereichen des menschlichen Lebens" (Neske/Wiener 1985: 760). In den Verkehrsbereich wurde der Begriff ebenfalls übernommen: Wesentliche Handlungsfelder sind hier das Mobilitäts- und das Verkehrsmanagement.

Abb. 6 HOV Lanes in den USA

Auch für das Wort Mobilitätsmanagement existiert kein einheitliches Begriffsverständnis. In der Vergangenheit haben sich allerdings zwei Ansätze herausgebildet: Zum einen der Ansatz der FGSV (1995), dessen Arbeitskreis Mobilitätsmanagement Mitte der 1990er Jahre das Arbeitspapier „Mobilitätsmanagement – ein neuer Ansatz zur umweltschonenden Bewältigung der Verkehrsprobleme" erstellt und im Jahre 2001 unter dem Titel „Mobilitätsmanagement – Checklisten-Sammlung" (2001) fortgeschrieben hat. Auf der anderen Seite existiert der Ansatz auf Grundlage der EU-Projekte MOSAIC[10] und MOMENTUM[11], deren Begriffsverständnis auf den amerikanischen Managementansätzen basiert (ILS/ISB 2000).

Der FGSV-Ansatz betont vor allem die Koordination der Verfahrensabläufe zwischen den beteiligten Akteuren: Mobilitätsmanagement soll es den Verkehrsteilnehmern erleichtern, sich durch „ein breitgefächertes Angebotsspektrum alternativer Beförderungsangelegenheiten einschließlich der notwendigen Informationen [...] von Fall zu Fall für oder wider die Benutzung des eigenen Autos zu entscheiden." Mobilitätsmanagement soll „die zum Teil unabgestimmten Aktivitäten der verschiedensten Institutionen zur besseren Beherrschung des starken Verkehrsaufkommens und zur Veränderung des Verkehrsverhaltens [...] koordinieren" (FGSV 1995: 6). Mobilitätsmanagement initiiert und fördert Ansätze, „um die neuen Perspektiven einer nachhaltigen Verkehrsentwicklung verwirklichen zu können. Es ist dabei als strukturierter, kontinuierlicher Abstimmungs- und Entscheidungsprozess mit allen Beteiligten (Verwaltung, Politik, Straßenbaulastträger, Verkehrsunternehmen, Interessenvertretungen usw.) zu begreifen [...]" (UBA 2001: 15). Als kommunikatives, ressortübergreifendes Mittel soll Mobilitätsmanagement „komplexe Aufgabenstellungen, die sich aus den Mobilitätsansprüchen [...] ergeben, schnell und effizient" lösen. „Es beinhaltet [...] die verpflichtende Kommunikation zwischen all denen, die von dem anstehenden Projekt auch nur tangiert sind (Betroffene, Beteiligte, Nutznießer). Wesentliche Merkmale sind die kommunizierende Planung und Umsetzung sowie das politische Marketing" (FGSV 2001; 1995: 6).

Der MOSAIC-/MOMENTUM-Ansatz beinhaltet zwar im Wesentlichen auch die im FGSV-Ansatz aufgeführten Aspekte, betont in diesem Zusammenhang aber die Nachfrage- und Angebotsseite: „Mobilitätsmanagement ist ein nachfrageorientierter Ansatz im Bereich des Personen- und Güterverkehrs, der neue Kooperationen initiiert und ein Maßnahmenpaket bereitstellt, um eine effiziente, umwelt- und sozialverträgliche Mobilität (nachhaltige Mobilität) anzuregen und zu fördern. Die Maßnahmen basieren im Wesentlichen auf den Handlungsfeldern Information, Kommunikation, Organisation und Koordination und bedürfen des Marketings" (ILS/ISB 2000: 15). Eine Neudefinition dieses Ansatzes wurde auf der ECOMM[12] vorgenommen, die in stärkerem Maße auch auf die Angebotsplanung eingeht:

---

[10] MOSAIC = Mobility Strategy Applications in the Community. Europäisches Forschungsprojekt. Laufzeit 1996-1998.
[11] MOMENTUM = Mobility Management for the Urban Environment. Europäisches Forschungsprojekt. Laufzeit 1996-1999.
[12] ECOMM = European Conference on Mobility Management.

„Mobilitätsmanagement ermöglicht die Interaktion zwischen der Nachfrage- („Partnerschaftsebene") und der Angebotsseite in einem kooperativen, nachhaltigen Politik- und Planungsprozess. Mobilitätsmanagement fördert die effektive Koordination von Akteuren und macht Gebrauch von entsprechenden Management-, Kommunikations- und Vermarktungstechniken" (Zuallaert/Jones 2002: 14).

Auch wenn sich der Fokus der Ansätze leicht unterscheidet, so verfolgen beide das Ziel, durch bessere Koordination und Information der Verkehrsteilnehmer die Zahl der Fahrten im motorisierten Individualverkehr zu verringern und gleichzeitig den Fuß- und Radverkehr sowie die Nutzung des ÖPNV zu fördern.

Die Auseinandersetzung mit dem Begriff deutet darauf hin, dass aufgrund der Komplexität des Ausdrucks Mobilität und des vielfältig verwendeten Wortes Management ein einheitliches Begriffsverständnis in seiner Zusammensetzung unmöglich erscheint. Insofern muss eine klare Definition stets scheitern – und damit auch der Anspruch nach Langweg (2007: 46), durch eine Neudefinition zu einer schärferen Profilierung und breiteren Anerkennung des Mobilitätsmanagements beizutragen. Für die vorliegende Arbeit wird deshalb unter Verwendung der vorangegangenen Ausführungen eine Definition entwickelt, die aber nicht im Gegensatz zum bisherigen Begriffsverständnis steht, sondern versucht, die gängigen Begriffsbestimmungen zusammenzuführen:

▶ **Mobilitätsmanagement ist eine übergeordnete Strategie vor allem im Bereich des Personenverkehrs, die einen wesentlichen Beitrag zur Lösung der Verkehrsprobleme leistet. Es beinhaltet Maßnahmen, die Informations- und Beratungsangebote sowie Anreizinstrumente zur freiwilligen, individuellen Veränderung des Mobilitätsverhaltens in Richtung des Umweltverbunds einsetzen.**

2.3.2 Abgrenzung des Mobilitätsmanagements zum Verkehrsmanagement

Ein weiterer Ansatz, der in der Verkehrsforschung und -praxis bereits länger als das Mobilitätsmanagement etabliert ist, ist das sogenannte Verkehrsmanagement. Während es beim Verkehrsmanagement im Wesentlichen um die kurzfristige Beeinflussung der Verkehrsabläufe geht, zielen Mobilitätsmanagementmaßnahmen auf langfristige Veränderungen des individuellen Mobilitätsverhaltens in Richtung einer umweltfreundlichen Mobilität ab. Maßnahmen des Verkehrsmanagements sind eher „hardware"-orientiert[13] und bezie-

---

[13] „Hardware"-orientierte und „software"-orientierte Maßnahmen werden auch als „harte" und „weiche" Maßnahmen bezeichnet. Während „hardware"-orientierte Maßnahmen im Wesentlichen auf gesetzlichen, preispolitischen und infrastrukturellen Maßnahmen basieren, die für die Nutzer

hen sich vor allem auf die Angebotsseite, Mobilitätsmanagementmaßnahmen sind im Gegensatz dazu eher „software"-orientiert und beziehen sich vor allem auf die Nachfrageseite (ILS 2009; Klewe 1996: 38; Fiedler/Thiesies 1993: 224).

In der Praxis vermischen sich die beiden Ansätze jedoch zunehmend (ILS 2009). Dadurch bietet sich die Möglichkeit, zusammen mit Maßnahmen des Verkehrsmanagements zu einer stärkeren Profilierung des Mobilitätsmanagements beizutragen, z.b. durch die Umsetzung gemeinsamer Projekte, auch auf Forschungsebene.

2.3.3 Handlungsfelder des Mobilitätsmanagements

Maßnahmen im Bereich des Mobilitätsmanagements sind vielfältig und lassen sich aufgrund des breiten Begriffsverständnisses nicht immer klar von anderen Maßnahmenbereichen abgrenzen, auch von denen aus dem Bereich des Verkehrsmanagements. Eine Zuordnung erfolgt deshalb in Anlehnung an das BMVBW (2004: 23). Danach werden Handlungsfelder unterschieden nach ihrer räumlichen Ausdehnung (standortbezogene oder städtische/regionale Ebene) und thematischen Ausrichtung (z.b. Fokussierung bestimmter Zielgruppen).

Den Handlungsfeldern im Bereich des Mobilitätsmanagements werden entsprechend konkrete Maßnahmenbereiche zugeordnet. Unterschieden wird in der Literatur häufig zwischen Maßnahmen mit sogenannten „push"-Effekten, die Beschränkungen im Bereich des motorisierten Individualverkehrs einsetzen, und Maßnahmen mit „pull"-Effekten, die die Nutzung umweltverträglicher Verkehrsmittel fördern. Zu Maßnahmen mit „push"-Effekten zählen beispielsweise die Einschränkung von Parkmöglichkeiten, die Erhebung von Parkgebühren oder von Straßenbenutzungsgebühren. Zu den „pull"-Strategien zur Förderung des Umweltverbunds zählen Maßnahmen wie verbesserte Taktzeiten der öffentlichen Verkehrsmittel, der Ausbau des Rad- und Fußwegnetzes oder die Optimierung der Fahrzeiten im Bereich des Öffentlichen Verkehrs. Zu den Maßnahmen mit besonderer Effizienz zählen solche, die „push"- und „pull"-Maßnahmen miteinander verbinden, wie beispielsweise die Durchführung von Marketingmaßnahmen (z.b. Bereitstellung von Beratungs- und Informationsangeboten zu den verschiedenen Verkehrsmitteln des Umweltverbunds, Sensibilisierungskampagnen oder auch bewusstseinsbildende Maßnahmen) (z.B. Thiesies 1998: 43f).

---

in der Regel verbindlich sind, werden unter „software"-orientierten Maßnahmen solche verstanden, die vor allem auf Information, Kommunikation, Organisation und Koordination basieren und freiwillig bzw. für den Nutzer nicht verbindlich sind (ILS/ISB 2000).

2.3.4 Akteure im Bereich des Mobilitätsmanagements

Auch wenn der Akteurskreis im Bereich des Mobilitätsmanagements nicht klar abgegrenzt ist, so lassen sich Personenkreise identifizieren, die in diesem Feld aktiv sind, Maßnahmen initiieren bzw. an deren Ausgestaltung mitwirken (ILS/ISB 2000). Im Folgenden wird dazu eine Auswahl wesentlicher Akteure und deren Interessen in Anlehnung an Kemming (2009: 379f) zusammengestellt, die später für die konzeptionellen Überlegungen von Bedeutung sind. Allerdings sei darauf verwiesen, dass sich die nachfolgend aufgeführten Akteursgruppen nicht immer exakt voneinander trennen lassen, d.h. es gibt zwischen ihnen zahlreiche Überschneidungen. Zu wichtigen Akteuren zählen:

▶ **Verwaltung:** Die Verwaltung arbeitet auf unterschiedlichen Ebenen im Bereich des Mobilitätsmanagements mit, zu denen insbesondere der Bund, die Länder, die Regionen, die Landkreise sowie die Städte und Gemeinden zählen. Landkreise sowie Städte und Gemeinden spielen deshalb eine wichtige Rolle bei der Ausgestaltung und vor allem Umsetzung von Mobilitätsmanagementmaßnahmen, da auf dieser Ebene aufgrund des lokalen Bezugs in der Regel einfacher und effektiver Netzwerke genutzt oder aufgebaut werden können. Aufgrund der bereits angesprochenen Ausweitung der Aktionsräume genügt es aber nicht nur, den Verkehrsproblemen in den Gemeinden zu begegnen, sondern auch die regionale Ebene zu involvieren. Deshalb sind hier aus Verwaltungssicht vor allem die Träger der Regionalplanung, aber auch die Länder, die beispielsweise Regionalmanagement-Initiativen unterstützen, wichtige Akteure. Die Interessen der Verwaltungsebenen zur Unterstützung oder Mitwirkung an Mobilitätsmanagementmaßnahmen sind vor allem darauf ausgerichtet, dem Gemeinwohl entsprechend zu einer Verbesserung der nationalen, regionalen oder lokalen Verkehrsverhältnisse beizutragen.

▶ **Wirtschaft:** Aus dem Bereich der Wirtschaft sind es häufig die Mobilitätsdienstleister (z.B. Verkehrsverbünde und -unternehmen, Car Sharing-Anbieter, Fahrgemeinschaftsvermittlungsdienste oder Fahrradhändler), die als wesentliche Akteure bei der Umsetzung von Maßnahmen aus dem Bereich des Mobilitätsmanagements auftreten. Sie bieten den Verkehrsteilnehmern eine Alternative zum Pkw oder die Möglichkeit einer effizienteren Nutzung des Autos. Zu weiteren Akteuren der Wirtschaft zählen standortbezogene Einrichtungen wie Unternehmen, Freizeiteinrichtungen oder Einkaufszentren, die durch Maßnahmen des Mobilitätsmanagements einen wesentlichen Beitrag zur Veränderung des Mobilitätsverhaltens bei ihren Mitarbeitern, Besuchern oder Gästen leisten können. Weiterhin sind Institutionen von Bedeutung, die bei der Durchführung und Umsetzung von Projekten aktiv oder beratend den jeweiligen Projektverantwortlichen zur Seite stehen. Die Gründe der Akteure aus der Wirtschaft zur Mitwirkung oder Umsetzung von Mobilitätsmanagementmaßnahmen sind in der Regel betriebswirtschaftlich motiviert, d.h. Kosten-Nutzen-Rechnungen werden häufig als Erfolgsmaßstab für die

Bewertung von Projekten herangezogen, da sie als private Dienstleister auf finanzielle (Mehr-)Einnahmen angewiesen sind. Aber auch der Aspekt der Imageverbesserung spielt eine Rolle, auch wenn dieser in der Regel nicht an erster Stelle steht.

▶ **Politik:** Auch die Politik zählt zu den wichtigen Akteuren, da sie beispielsweise regional- oder kommunalpolitische Entscheidungen zur Umsetzung konkreter Maßnahmen aus dem Bereich des Mobilitätsmanagements trifft. Die Interessen aus den Reihen der Politik zur Unterstützung von Maßnahmen zur Förderung umweltverträglicher Verkehrsmittel orientieren sich vor allem an parteiinternen und politischen Vorgaben.

▶ **Verbände und Vereine:** Verbände, Gewerkschaften, Kammern oder Genossenschaften wie der ADAC, der Verband der Automobilindustrie, der Verband Deutscher Verkehrsunternehmen (VDV), der Verkehrsclub Deutschland (VCD), der Allgemeine Deutsche Fahrrad-Club (ADFC), der Fußgängerschutzverein FUSS e.V., die Verkehrswacht, der Deutsche Verkehrssicherheitsrat, die Industrie- und Handelskammern (IHKs) oder die Wohnungsbaugenossenschaften zählen zu wichtigen Akteursgruppen im Rahmen des Mobilitätsmanagements. Bürgerinitiativen, die sich speziell mit dem Thema Mobilität auseinandersetzen, beispielsweise im Rahmen von Agenda-21-Prozessen, werden ebenfalls diesem Teilnehmerkreis zugerechnet. Die Motive dieser Akteure zur Umsetzung von Mobilitätsmanagementmaßnahmen sind sehr unterschiedlich, sie reichen von der Unfallprävention bis hin zur Verringerung von Umweltbelastungen.

2.3.5 Ziele und Zielgruppen des Mobilitätsmanagements

Die wesentlichen Ziele des Mobilitätsmanagements bestehen auf der einen Seite darin, das Bewusstsein der einzelnen Verkehrsteilnehmer anzusprechen und zu einer freiwilligen Verhaltensänderung in Richtung vermehrter Nutzung umweltfreundlicher Verkehrsmittel zu motivieren. Dadurch soll eine effizientere Nutzung der Verkehrsinfrastruktur erzielt und insgesamt das Verkehrswachstum im Bereich des motorisierten Individualverkehrs reduziert werden. Auf der anderen Seite geht es darum, Nutzer umweltverträglicher Verkehrsmittel in ihrem Verhalten zu bestätigen und damit eine nachhaltige Mobilität zu sichern (ILS/ISB 2000: 17). Zu den wesentlichen Zielgruppen des Mobilitätsmanagements zählen in Anlehnung an Kemming (2009: 381) Verkehrserzeuger und Verkehrsteilnehmer:

▶ **Verkehrserzeuger:** Verkehrserzeuger sind nicht nur Teil der genannten Akteure, sondern gleichzeitig auch Zielgruppen des Mobilitätsmanagements. So werden beispielsweise Unternehmen häufig von kommunaler Seite angesprochen und auf finanzielle und organisatorische (Umsetzungs-)Möglichkeiten einer effizienteren Verkehrsabwicklung am jeweiligen Unternehmensstandort aufmerksam gemacht (z.B. LHM 2009b).

▶ **Verkehrsteilnehmer:** Die genannten Akteure sind als Einzelpersonen betrachtet auch immer Verkehrsteilnehmer. Zur Erhöhung der Effektivität von Mobilitätsmanagementmaßnahmen werden die Verkehrsteilnehmer häufig segmentiert und bestimmten Gruppen zugeordnet, um eine zielgerichtete und damit effektive Ansprache zu ermöglichen. Dies geschieht beispielsweise anhand soziodemografischer Merkmale (z.B. Jugendliche, Senioren, Berufstätige oder Schüler). Auch Personen, deren Mobilitätskontext sich geändert hat, beispielsweise nach einem Wohnungsumzug, sind von Interesse. Diese Personenkreise können dabei von den Städten oder Gemeinden im Rahmen von Neubürgerkampagnen direkt angesprochen werden. Mitarbeiter von Betrieben, Schüler oder Mieter können auch über die Verkehrserzeuger wie Betriebe, Schulen oder Wohnungsunternehmen erreicht werden (Kemming 2009: 381; ILS/ISB 2000: 37).

2.4 Grundlagen zum Mobilitätsmarketing

Um Mobilitätsdienstleistungen erfolgreich zu implementieren, spielt die Vermarktung dieser Leistungen eine wesentliche Rolle. Eine fachliche Auseinandersetzung mit dem Themenfeld Mobilitätsmarketing findet auf verkehrswissenschaftlicher Ebene im Gegensatz zum Mobilitätsmanagement bisher nur begrenzt statt. Zu nennen sind hier vor allem die Aktivitäten des Arbeitskreises Mobilitätsmanagement der Forschungsgesellschaft für Straßen- und Verkehrswesen (FGSV 2006), der sich seit einigen Jahren ausführlich dem Thema Mobilitätsmarketing widmet.

2.4.1 Der Begriff Mobilitätsmarketing

Der Begriff Marketing wird als eine Art Beeinflussungstechnik verstanden, „um bestimmte Ideen, die einen gesellschaftlichen Nutzen (z.B. Aufklärungskampagnen [..]) stiften, zu verbreiten" (Meffert/Burmann/Kirchgeorg 2008: 10).

Im betriebswirtschaftlichen Zusammenhang findet sich der Begriff Mobilitätsmarketing unter anderem im Marketinglexikon von Laakman (1999: 161): „Damit läßt sich Mobilitäts-Marketing definieren als das Marketing von Leistungen, die die Überwindung räumlicher Distanzen bei privaten und geschäftlichen Austauschbeziehungen (ermöglicht durch das Angebot von Verkehrsdienstleistungen, Anm. d. Verf.) zwischen Personen zum Ziel haben."

In der verkehrsbezogenen Fachdiskussion hat sich der Begriff (noch) nicht durchgesetzt, auch wenn die Wichtigkeit eines effektiven Marketings für das Mobilitätsmanagement betont wird, ohne dass der Begriff Mobilitätsmarketing selbst verwendet wird (z.B. ILS/ISB 2000: 85f). Geprägt wurde der Begriff aber bereits Ende der 1990er Jahre vom Arbeitskreis Mobilitätsmanagement der FGSV (Hamann/Jansen/Reinkober 2007: 42). Der Arbeitskreis definiert in seiner Mobilitätsmanagement Checklisten-Sammlung (FGSV 2001) das Mobilitätsmarketing als ein dienstleistungsbezogenes Handlungsfeld des Mobilitätsmanagements. Es „umfasst alle Bereiche, die den Verkehrsteilnehmern und Verkehrserzeugern (z.b. Produktionsbetriebe, Veranstalter) bei der Umsetzung ihrer Mobilitätsbedürfnisse mittels systemneutraler und unternehmensübergreifender Informationen und Beratungen behilflich sind". Dazu gehört auch, Mobilitätsbedürfnisse zu recherchieren und zu analysieren sowie Maßnahmen zu ergreifen, die auf eine „intelligente Verkehrsmittelwahl" abzielen." Der FGSV-Arbeitskreis modifiziert in seinem Arbeitspapier Mobilitätsmarketing (FGSV 2006: 18) diese Definition: Mobilitätsmarketing ist demnach die „Systematische Beeinflussung von Produkten, Preisen, Distribution und Kommunikation dergestalt, dass sich eine aus der Perspektive des Gemeinwohls verantwortbare Mobilität entwickelt."

Eine Annäherung an den Begriff unternimmt auch das BMVBW (1999: 49). Es versteht unter Mobilitätsmarketing ein neues, integriertes Marketingkonzept, „das Verkaufsmaßnahmen entwickelt und einsetzt mit dem Ziel einer Integration und Förderung des umweltverträglichen Verkehrs zu Fuß, mit dem Fahrrad, mit öffentlichen Verkehrsmitteln und mit dem Auto, wie CarSharing."

Die Landeshauptstadt München hat für ihren gesamtstädtischen Mobilitätsmanagementansatz folgende Definition beschlossen: „Das Marketing nachhaltiger (ressourcenschonender) Mobilität umfasst alle Maßnahmen, die durch systematische und gezielte Information, Beratung, Motivation und Bildung Bürger, Gäste und Unternehmen besser in die Lage versetzen, ihre individuellen Mobilitätsbedürfnisse mit weniger Aufwand an KFZ-Verkehr zu organisieren. Es ist grundsätzlich verkehrsmittelübergreifend (multimodal) angelegt" (Schreiner 2009: 398).

Die zurückhaltende Verbreitung des Begriffs kann damit begründet werden, dass mit Mobilitätsmarketing in der Regel betriebswirtschaftliche Kosten-Nutzen-Erwägungen verbunden werden. Dem Verständnis des Mobilitätsmanagements zufolge soll dieser Aspekt allerdings nicht im Vordergrund stehen, auch wenn dieser Sachverhalt je nach Akteursbeteiligung (z.B. Mobilitätsdienstleister) nicht vollkommen ausgeschlossen werden kann. Vor diesem Hintergrund wird als definitorische Grundlage das Verständnis des BMVBW übernommen, aber leicht modifiziert und ergänzt um die zielgruppenorientierte Umsetzung:

▶ **Mobilitätsmarketing als Teilstrategie des Mobilitätsmanagements setzt zielgruppenorientierte Informations- und Beratungsangebote sowie Anreizinstrumente ein mit dem Ziel, Nutzer umweltfreundlicher Verkehrsmittel in ihrem Verhalten zu be-**

stätigen und potenzielle Kunden von der Nutzung umweltverträglicher Mobilitätsangebote zu überzeugen.

2.4.2 Akteure des Mobilitätsmarketings

Die Akteure im Bereich des Mobilitätsmarketings decken sich im Wesentlichen mit den unter dem Handlungsfeld Mobilitätsmanagement aufgeführten Personenkreisen (s. Kap. 2.3.4).

Kommunale Gebietskörperschaften treten aufgrund ihres Aufgabenverständnisses in diesem Teilmarkt weniger in Erscheinung. Da viele Kommunen für die Bereitstellung öffentlicher Verkehrsdienstleistungen Verkehrsunternehmen beauftragen, die vertraglich festgelegte Leistungen zu erbringen haben, wird das Mobilitätsmarketing oftmals als unwichtig oder als originäre Aufgabe der Verkehrsunternehmen angesehen (FGSV 2006: 7). Diese Einstellung deckt sich im Wesentlichen mit den Aussagen der Regionalen Planungsstellen, die im Rahmen dieser Arbeit zum Themenfeld Neubürgermarketing befragt wurden (s. Kap. 5). Das Mobilitätsmarketing wird demnach häufig den öffentlichen Mobilitätsdienstleistern überlassen, die Marketingkampagnen zur Nutzung und Förderung ihrer Mobilitätsdienstleistungen durchführen. Die Gefahr besteht allerdings darin, dass Projektziele häufig eher betriebswirtschaftlich motiviert sind und in der Regel kurzfristiges Renditedenken dominiert, auch deshalb, weil häufig keine langfristige Planungssicherheit besteht.

Neben den öffentlichen Mobilitätsdienstleistern wird Mobilitätsmarketing auch seit langer Zeit intensiv von seiten der Automobilindustrie betrieben, die im Rahmen von Marketingkampagnen erfolgreich für den motorisierten Individualverkehr wirbt (Aurich/Konietzka 2000: 203).

2.4.3 Ziele und Zielgruppen des Mobilitätsmarketings

Wesentliches Ziel des Mobilitätsmarketings ist es, den bestehenden Nutzern des Umweltverbunds Informationen über Mobilitätsangebote zur Verfügung zu stellen und sie in ihrem Mobilitätsverhalten zu bestätigen. Darüber hinaus geht es darum, potenzielle Nutzer von den (persönlichen) Vorteilen umweltfreundlicher Verkehrsmittel zu überzeugen (FGSV 2006: 5).

Zielgruppen des Mobilitätsmarketings sind die unter Kapitel 2.3.5 aufgeführten Verkehrserzeuger und Verkehrsteilnehmer, d.h. alle Nutzer des nichtmotorisierten, des motorisierten Individual- und des Öffentlichen Verkehrs. Das BMVBW (1999: 49) geht dabei von der Annahme aus, dass Individuen ihre Verkehrsmittelwahl in Richtung umweltfreundlicher Verkehrsmittel nur dann ändern, wenn sie durch Information, Beratung oder Anreize dazu motiviert werden oder wenn durch eine Verhaltensänderung der persönliche Nutzen erkennbar wird. Zweitens kann eine Nachfrage nach Verkehrsmitteln des Umweltverbunds ihrer Ansicht nach nur dann erfolgen, wenn überhaupt Alternativen zum MIV zur Verfügung stehen. Die Zielgruppen zur Stabilisierung und Förderung einer nachhaltigen Mobilität sind dabei, wie auch beim Mobilitätsmanagement, vielfältig. Zu ihnen zählen beispielsweise Schüler, Senioren, Pendler oder Neubürger.

2.4.4 Neubürgermarketing als spezielle Form des Mobilitätsmarketings

Eine spezielle Form des Mobilitätsmarketings ist das sogenannte Neubürgermarketing, das sich ausschließlich an Umzügler richtet. Marketingmaßnahmen für Neubürger sind deshalb von Bedeutung, da davon ausgegangen wird, dass diese Personen aufgrund der veränderten verkehrlichen Rahmenbedingungen besonders empfänglich für eine umweltverträgliche Verkehrsmittelwahl sind, was auch durch Erkenntnisse aus Forschung und Praxis unterstützt wird (s. Kap. 3 und 4).

Dabei ist zu berücksichtigen, dass sich im Falle eines Wohnstandortwechsels der Umzugsprozess selbst in mehrere Phasen aufgliedern lässt: vom Umzugsgedanken über die Umzugsentscheidung, die Wohnstandortsuche, die Wohnstandortwahl bis hin zum tatsächlichen Umzug, was wiederum Auswirkungen auf die Entwicklung verkehrsbezogener Maßnahmen hat. Die vorliegende Arbeit konzentriert sich schwerpunktmäßig auf die letzte Phase, in der der Umzug bereits vollzogen ist.

Da eine Definition des Begriffs Neubürgermarketing in der Fachliteratur weitestgehend fehlt, wird in Anlehnung an den Begriff Mobilitätsmarketing folgende Definition verwendet:

▶ **Neubürgermarketing setzt Informations- und Beratungsangebote sowie Anreizinstrumente ein, die sich speziell an Zuzügler richten mit dem Ziel, Nutzer umweltfreundlicher Verkehrsmittel in ihrem Verhalten zu bestätigen und potenzielle Kunden von der Nutzung umweltverträglicher Mobilitätsangebote zu überzeugen.**

2.5 Grundlagen zu Metropolregionen

Die vorangegangenen Ausführungen haben gezeigt, dass Mobilitätsmanagementmaßnahmen auf unterschiedlichen räumlichen Ebenen eingesetzt werden können. Auch hat die Auseinandersetzung mit der Thematik bereits darauf hingedeutet, dass eine nachhaltige

Lösung der Verkehrsprobleme eine weiträumige Betrachtung notwendig macht. Vor diesem Hintergrund konzentriert sich die vorliegende Arbeit auf die Ebene der Metropolregionen.

2.5.1 Der Begriff Metropolregion

Der Begriff der Metropolregionen gewann in Deutschland vor allem durch den Raumordnungspolitischen Handlungsrahmen der Ministerkonferenz für Raumordnung (MKRO) an Bedeutung: „Die Ministerkonferenz für Raumordnung sieht in den europäischen Metropolregionen räumliche und funktionale Standorte, deren herausragende Funktionen im internationalen Maßstab über die nationalen Grenzen hinweg ausstrahlen. [...]. Die MKRO sieht es als notwendig an, das Konzept der europäischen Metropolregion innerhalb Deutschlands [...] weiter zu entwickeln [...]" (BMRBS 1995: 27). Bis heute hat die MKRO insgesamt elf sogenannte Europäische Metropolregionen ausgewiesen (s. Abb. 7).

In der deutschen Planungspraxis werden Metropolregionen vor allem über ihre Funktion definiert: So werden sie als Wachstums- und Innovationsmotoren Deutschlands bezeichnet und es wird ihnen neben der Innovationsfunktion auch Entscheidungs- und Kontrollfunktion, Wettbewerbs- sowie Gatewayfunktion zugewiesen. Aus Sicht der Landesplanung wird ihnen eine Impulsfunktion für das Umland und die peripheren Räume zugeschrieben (z.B. BBSR/BBR 2009: 4). Strukturell betrachtet setzen sich Metropolregionen aus einem oder mehreren städtischen Kernen, den sogenannten Metropolkernen, und dem damit in Beziehung stehenden, engeren und weiteren Verflechtungsbereich zusammen. Dazu zählen auch weite Teile ländlicher Räume (Geschäftsstelle der MKRO im BMVBS 2006: 14).

Eine quantitative Abgrenzung unternimmt z.B. das Netzwerk der europäischen Ballungs- und Großräume METREX[14] (2009): Nach ihrer Definition beträgt die Mindesteinwohnerzahl für das Metropolzentrum ca. 500.000 Einwohner, für die gesamte Metropolregion etwa 1 bis 1,5 Millionen Einwohner.

Aufgrund des eher großräumigen Charakters von Metropolregionen erscheint eine quantitative Abgrenzung für die vorliegende Arbeit nicht sinnvoll. Deshalb erfolgt eine begriffliche Annäherung über die funktionale Ebene:

---

[14] METREX = Network of European Metropolitan Regions and Areas.

▶ Metropolregionen sind wachstumsorientierte Ballungsgebiete, die durch überregionale Kooperationen lokale Potenziale mobilisieren und damit zur Entwicklung der Regionen beitragen.

Abb. 7   Europäische Metropolregionen in Deutschland

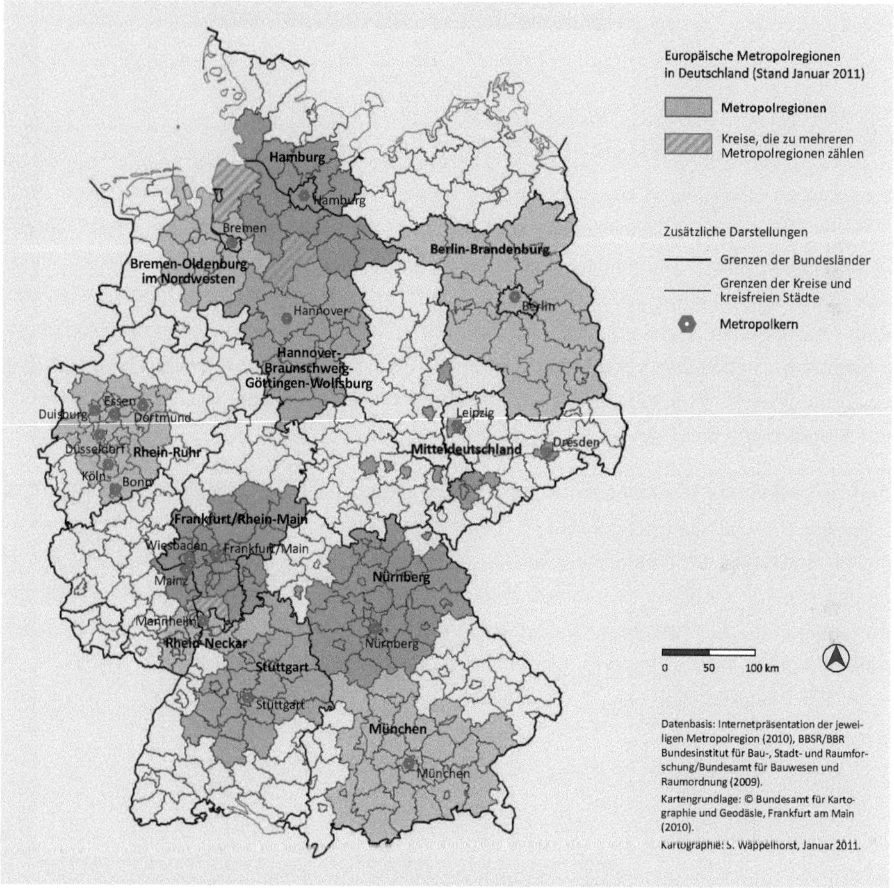

2.5.2   Räumlicher Maßstab und Verteilung der Metropolregionen

Die Abgrenzungen der Metropolregionen selbst unterscheiden sich zum Teil von den jeweiligen Festlegungen in Programmen und Plänen der Raumordnung und Landesplanung sowie von anderweitigen administrativen Grenzen und sind ständigen Veränderungen unterworfen. Auch stoßen die „Grenzen" der Metropolregionen zum Teil aneinander oder überlappen sich.

Die Metropolregionen „konstituieren sich entsprechend ihrer eigenen Abgrenzung, ihrer spezifischen Organisationsstruktur und ihrer jeweiligen Kooperationsräume." Diese Vielfalt ist gewollt, „um erfolgreiche Modelle stadtregionaler Selbstorganisation durchzuführen" (IKM/BBR 2008: 5; Geschäftsstelle der MKRO im BMVBS 2006: 14f).

2.6 Fazit

Die fachliche Diskussion verdeutlicht zum einen, dass raumordnerische Konzepte und Leitbilder, die auf verkehrsreduzierende Siedlungssstrukturen abzielen, zwar kein Garant für geringere Verkehrsaufkommen im Bereich des motorisierten Individualverkehrs sind, aber dennoch eine wesentliche Grundvoraussetzung zur Ausübung einer umweltgerechten Mobilität darstellen. Deshalb ist es wichtig, neben konkreten Maßnahmen die Siedlungsentwicklung in Richtung verkehrsreduzierender Strukturen auf Ebene der Raumordnung weiter zu steuern, beispielsweise durch entsprechende Ausweisungen in den verschiedenen Programmen und Plänen.

Zum anderen zeigt die fachliche Auseinandersetzung, dass es bislang bezogen auf das Themenfeld Mobilitätsmanagement im Allgemeinen und Mobilitäts- bzw. Neubürgermarketing im Speziellen an einem einheitlichen Begriffsverständnis mangelt. Deshalb wurde in diesem Kapitel zunächst ein einheitliches Grundverständnis verschiedener Begrifflichkeiten geschaffen, das sowohl für die weiteren Analysen und konzeptionellen Überlegungen in den Folgekapiteln als auch für die fachliche Diskussion von Bedeutung ist.

3 Theoretische Grundlagen

Das menschliche Verhalten ist von einer Vielzahl von Faktoren abhängig. Theoretische und modellhafte Ansätze haben sich intensiv mit der Frage auseinandergesetzt, was Individuen dazu veranlasst, sich in einer bestimmten Art und Weise zu verhalten. Diese Erklärungsansätze liefern wiederum wichtige Hinweise zur Beeinflussung des individuellen Verhaltens. Dabei geht es einerseits um die Veränderung von Verhaltensweisen, die in der Regel ein bestimmtes, von Außenstehenden erwünschtes Verhalten von Individuen erwarten. Andererseits ist aber auch von Interesse, wie bereits „angepasste" Verhaltensweisen stabilisiert und aufrechterhalten werden können. Hierzu werden vor allem Theorien und Modelle der Verhaltens- und Sozialwissenschaften sowie aus dem Bereich der Psychologie herangezogen. Die Erkenntnisse der theoretischen Auseinandersetzung dienen ebenfalls als wichtige Grundlage für die konzeptionellen Überlegungen im Schlussteil der Arbeit.

3.1 Theorien und Modelle zur Erklärung des Mobilitätsverhaltens

Um Verhalten im Allgemeinen und Verhaltensänderungen im Speziellen zu verstehen, bedienen sich die Wissenschaften unterschiedlicher theoretischer und modellhafter Konzepte. Sie lassen sich im Wesentlichen unterscheiden zwischen Herangehensweisen, die versuchen, das menschliche Verhalten im Allgemeinen und das Mobilitätsverhalten im Speziellen anhand objektiver Faktoren zu erklären, und solchen, die eher subjektive oder emotionale Faktoren als Argumentationsgrundlage nutzen.

3.1.1 Objektive Faktoren zur Erklärung des Mobilitätsverhaltens

Ansätze, die objektive Faktoren zur Erklärung menschlicher Verhaltensweisen heranziehen, betrachten das Individuum als rein rational handelndes Wesen und lehnen subjektive oder emotionale Aspekte in der Regel ab. So gehen in der Psychologie erste Versuche zur Erklärung des Verhaltens davon aus, dass Stimuli (Bedingungen, die Verhalten auslösen) und Reaktionen (tatsächliches Verhalten) die einzigen direkt beobachtbaren Faktoren des Verhaltens sind (Lefrancois 2006: 20). Wie diese sogenannten behavioristischen Ansätze nutzen auch ökonomische Modelle objektive Kenngrößen zur Beschreibung des Verhaltens. Sie gehen im Allgemeinen von einem rationalen menschlichen Verhalten aus, mit dem Ziel der individuellen Nutzenmaximierung, die von den objektiven Kenngrößen Kosten- und Zeitaufwand sowie Bequemlichkeit abhängig gemacht werden. Theoretisch bauen diese Ansätze vor allem auf sogenannten Rational-Choice-Modellen auf.

Rational-Choice-Modelle wurden auch auf den Verkehrsbereich übertragen und als theoretische Grundlage herangezogen, um den Zusammenhang zwischen objektiven Kennzahlen und normativen Ansprüchen, d.h. einem umweltverträglichen Verkehrsmittelwahlverhalten, zu untersuchen. So stellt Franzen (1997: 48) in seinen Studien fest, dass die tägliche Verkehrsmittelwahl zum Ausbildungs- oder Arbeitsort vom Zeitaufwand, den direkten Kosten und der Bequemlichkeit abhängt und weder das Umweltbewusstsein noch Einstellungen zum Autoverkehr einen Einfluss auf die Verkehrsmittelwahl haben. Auch Brüderl und Preisendörfer (1995: 69ff) weisen mit hilfe des Rational-Choice-Ansatzes im Rahmen einer Befragung in der Stadt München nach, dass die Bequemlichkeit den stärksten Effekt auf die Verkehrsmittelwahl hat, gefolgt vom Zeitaufwand. Für Geldkosten und das Umweltbewusstsein zeigt sich hingegen kein signifikanter Effekt. Zu ähnlichen Ergebnissen kommt Diekmann (1995) in einer Studie von Erwerbstätigen in der Region Bern: Die Bequemlichkeit und der Zeitaufwand haben seinen Erkenntnissen nach einen wesentlichen Einfluss auf die Verkehrsmittelwahl, während der Geldfaktor und das Umweltbewusstsein von sekundärer Bedeutung sind.

Ein ebenfalls an objektiven Kriterien ausgerichtetes theoretisches Modell entwickelten Diekmann und Preisendörfer (1998). Nach ihrer sogenannten Low-Cost-Hypothese verhalten sich Konsumenten nur dann umweltfreundlich, wenn es sie nichts oder vergleichsweise wenig kostet. Das persönliche Umweltbewusstsein übt nur dann einen Effekt auf das Verkehrshandeln aus, wenn die Kosten ökologischen Handelns vergleichsweise gering ausfallen. Übertragen auf den Verkehrsbereich bedeutet dies, dass Umwelteinstellungen nur dann die Verkehrsmittelwahl beeinflussen, wenn beispielsweise im Vergleich zur Autonutzung die Nutzung alternativer Verkehrsmittel nicht mit allzu großen Unannehmlichkeiten und Kosten verbunden ist. So weisen Preisendörfer et al. (1999: 130) nach, dass das verkehrsbezogene Umweltbewusstsein einen signifikanten Einfluss auf die Verkehrsmittelwahl hat. Ihre Studie belegt, dass sich über das Umweltbewusstsein Verhaltensänderungen erzielen lassen, diese im Verkehrsbereich aber wesentlich weniger ausgeprägt sind als in anderen umweltrelevanten Verhaltensbereichen (wie z.b. in der Abfall- oder Energiewirtschaft). Für zweckgebundene Wege zeigen sie darüber hinaus, dass das Umweltbewusstsein dann einen Einfluss auf die Verkehrsmittelwahl hat, wenn ein Wechsel zu umweltverträglichen Verkehrsmitteln mit geringeren Kosten verbunden ist. Die Autoren schließen aus ihren Erkenntnissen, dass ein Appell an das Umweltbewusstsein gerade dann Erfolg versprechend ist, wenn gute Alternativen zum eigenen Pkw vorhanden sind, wie ein gut ausgebautes ÖPNV-Netz oder Radwegenetz.

3.1.2 Subjektive Faktoren zur Erklärung des Mobilitätsverhaltens

Im Gegensatz zu den Theorien und Modellen, die vor allem objektive Kenngrößen zur Beschreibung des Mobilitätsverhaltens heranziehen, rücken subjektive Erklärungsansätze das Individuum in den Mittelpunkt der Betrachtungen. Diese Theorien und Modelle fokussieren vor allem den Einfluss von Einstellungen auf das menschliche Verhalten. Einstellungen werden dabei verstanden als „psychologische Tendenz, die dadurch zum Ausdruck kommt, dass man einen bestimmten Gegenstand mit einem gewissen Grad an Zustimmung oder Ablehnung bewertet" (Stroebe/Jonas/Hewstone 2003: 267).

So besagt beispielsweise das Dreikomponentenmodell der Einstellung (z.B. Stroebe/Jonas/Hewstone 2003: 267), dass Einstellungen auf Erfahrungen beruhen und dabei die drei folgenden Ebenen von Relevanz sind:

▶ die affektive Komponente, die Emotionen und Gefühle beinhaltet (z.B. die persönliche Einstellung gegenüber einer bestimmten Automarke),

▶ die kognitive (Kopf-)Komponente (z.B. die Ansicht, dass ein Auto in der Anschaffung zu teuer ist) und

▶ die konative (Verhaltens-)Komponente, die sowohl Handlungs- als auch Verhaltensabsichten umfasst (z.B. die Absicht, kein Auto zu kaufen).

Damit wird deutlich, dass Einstellungen das Verhalten nicht unbedingt beeinflussen müssen. Verschiedene Studien weisen auch für den Verkehrsbereich eine Diskrepanz zwischen Umwelteinstellungen und Umwelthandeln nach. So zeigen Praschl und Risser (1995: 23ff, 1994: 209ff) in ihren Studien, dass Gründe für diese Diskrepanz vor allem Aspekte wie Bequemlichkeit, Gewohnheit, Informationsdefizite, Verdrängungsmechanismen oder zu hohe umweltbezogene Selbsteinschätzung sind.

3.1.2.1 Theorie des geplanten Verhaltens

Zentraler theoretischer Bezugsrahmen zur Erklärung menschlichen Verhaltens ist die Theorie des geplanten Verhaltens (bzw. Theory of Planned Behaviour, kurz TPB) des Sozialspsychologen Ajzen (1991: 179ff). Wie in der ökonomischen Verhaltenstheorie wird auch nach dieser Theorie das Verhalten des Menschen durch rationale Entscheidungsprozesse geprägt. Nach der Theorie stellt die Absicht (Intention) zur Durchführung eines bestimmten Verhaltens den zentralen Bezugsrahmen menschlichen Verhaltens dar. Die Intention selbst wird dabei im Wesentlichen durch die drei nachfolgenden Sachverhalte bestimmt:

▶ die Einstellung gegenüber einer Verhaltensoption; dabei ist die Einstellung das Ergebnis der Bewertung persönlicher Konsequenzen, die im subjektiven Nutzen zum Ausdruck kommt (z.b.: mit dem Pkw komme ich schneller und billiger zu meinem Ziel);

▶ die subjektive Norm, die den subjektiv wahrgenommenen sozialen Erwartungsdruck von Außenstehenden, ein bestimmtes Verhalten ausführen zu müssen, beschreibt (z.b. den Erwartungen von Außenstehenden gerecht zu werden, den ÖPNV zu nutzen) sowie

▶ die wahrgenommene Verhaltenskontrolle, die den subjektiv wahrgenommenen Handlungsspielraum darstellt, d.h. wie einfach oder schwierig die Umsetzung einer bestimmten Verhaltensoption ist.

Verschiedene empirische Untersuchungen liefern auf Grundlage der Theorie des geplanten Verhaltens Erklärungen zur individuellen Nutzung des Pkw und des ÖPNV (Bamberg/Rölle/Weber 2003; Heath/Gifford 2002; Harland/Staats/Wilke 1999; Bamberg 1996). Sie kommen zu dem Schluss, dass die Intention die zentrale psychologische Determinante menschlichen Verhaltens darstellt und dass die drei Komponenten Einstellung, subjektive Norm und wahrgenommene Verhaltenskontrolle dabei einen signifikanten Einfluss auf die Intention haben. Allerdings variiert die Einflussstärke der drei Aspekte auf das Verkehrsmittelwahlverhalten in den verschiedenen Studien.

3.1.2.2 Norm-Aktivations-Modell

Einige Autoren erweitern die Verhaltensdeterminante „subjektive Norm" um die „ökologische Norm", die das moralische Gefühl beschreibt, sich umweltverträglich verhalten zu müssen. Intensiv setzt sich Schwarz (z.B. 1977) in seinem Norm-Aktivations-Modell mit der Frage auseinander, wie das Gefühl moralischer Verpflichtung das Verhalten beeinflusst.

Bezogen auf die Verkehrsmittelwahl stellen verschiedene Studien einen mehr oder weniger großen Effekt der ökologischen Norm auf die Intention fest, umweltfreundliche Verkehrsmittel zu nutzen (z.B. Hunecke et al. 2001; Harland/Staats/Wilke 1999; Tanner/Foppa 1996). Hunecke et al. (2001) zeigen in ihren Untersuchungen, dass die Aktivierung der ökologischen Norm neben der subjektiven Norm und der wahrgenommenen Verhaltenskontrolle von zwei weiteren Variablen abhängig ist:

▶ dem Problembewusstsein (kognitive und emotionale Einschätzung der Bedeutung von Umweltproblemen, z.B. Klimaerwärmung durch die Nutzung des Autos) und

▶ der Bewusstheit von Handlungskonsequenzen (Wissen über das eigene Verhalten, dass z.B. Autofahren zu Umweltbelastungen wie Lärm oder Schadstoffemissionen führt).

Berücksichtigung finden in dem Modell auch objektive Merkmale der Verkehrssysteme (z.B. Fahrtkosten für die Nutzung öffentlicher Verkehrsmittel). Übertragen auf den Verkehrsbereich bedeutet dies, dass das Bewusstsein beispielsweise im Hinblick auf die vom Autoverkehr verursachten Probleme (Staus, Lärm, Umweltverschmutzung etc.) und die Notwendigkeit, einen persönlichen Beitrag zur Verringerung der Verkehrsprobleme zu leisten, eine wesentliche Voraussetzung ist, um erfolgreich Maßnahmen zur Förderung einer umweltverträglichen Mobilität durchzuführen. Konkret bedeutet dies, dass Verkehrsprobleme vom Individuum als solches bewusst erkannt werden müssen. Allerdings gilt es zu berücksichtigen, dass beispielsweise im Rahmen von Sensibilisierungsmaßnahmen zur Einleitung eines Problemwahrnehmungsprozesses (z.B. angekündigter Verkehrsinfarkt) und tatsächlichen (positiven, gegenteiligen) Erfahrungen die Gefahr besteht, dass das Verhalten der Verkehrsteilnehmer, Auto zu fahren, bestärkt wird und nicht das Gegenteil eintritt. Diesen Aspekt belegen Brüderl und Preisendörfer (1995: 85) in einer ihrer Studien: „Wer trotz angeblichen Infarkts täglich problemlos mit dem Auto zum Arbeitsplatz gelangt und dort auch einen Parkplatz findet, wird sich als besonders „kompetenter Autolenker im Verkehrsdschungel" sehen, und diese Kompetenzeinschätzung dürfte das praktizierte Verhalten eher bestärken." Auch ist der Aspekt der Problemwahrnehmung keine notwendige Bedingung für Verhaltensänderungen, sofern die Probleme von den Verkehrsteilnehmern bereits wahrgenommen werden und/oder bereits umweltverträgliche Verkehrsmittel genutzt werden.

3.1.2.3 Gewohnheiten und früheres Verhalten

Den Aspekt „automatisierter Verhaltensweisen" greifen z.B. Verplanken und Aarts (1999) auf und betrachten Verhalten als gewohnheitsmäßigen Prozess. Ihrer Ansicht nach wird

Verhalten dann habituell, wenn es häufig, regelmäßig und unter stabilen Umgebungsbedingungen ausgeführt wird. So besagen bereits frühe Theorien der Verhaltensforschung, dass ein zu einem bestimmten Anlass gezeigtes Verhalten tendenziell bei demselben Anlass wieder durchgeführt wird. Nach dem behavioristischen Gesetz von Guthrie aus dem Jahr 1935 (Lefrancois 2006) werden Gewohnheiten nicht vergessen, können aber durch andere ersetzt werden. Auch die „Theory of Interpersonal Behavior" von Triandis (1977) besagt, dass Verhalten durch gewohnheitsmäßige Abläufe geprägt wird. Er geht davon aus, dass bewusste Absichten als verhaltensbestimmend irrelevant werden, wenn das Verhalten durch wiederholende Aktivitäten zur Gewohnheit geworden ist. Seiner Hypothese zufolge beeinflussen sich Absicht und Gewohnheiten gegenseitig in Bezug auf die Vorhersage späteren Verhaltens. Bezogen auf die Verkehrsmittelwahl bedeutet dies, dass die Tendenz besteht, für gleiche Wege immer die gleichen Verkehrsmittel zu nutzen, und dass eine ausgeprägte Autonutzungsgewohnheit dazu führt, dass alternative, umweltfreundliche Verkehrsmittel nicht gewählt werden (z.B. Bamberg/Rölle/Weber 2003; Verplanken/Aarts 1999).

Damit werden persuasive Maßnahmen, die auf eine Verhaltensänderung abzielen, nach Ansicht einiger Autoren fast unmöglich. In diesem Zusammenhang stellen Verplanken, Arts und van Knippenberg (z.B. 1997) fest, dass bei gewohnheitsmäßiger Autonutzung neue Informationen zu alternativen Mobilitätsangeboten weniger beachtet werden. Verplanken und Wood (2006) identifizieren als einen Hauptgrund für das Scheitern persuasiver Maßnahmen zur Beeinflussung gewohnheitsmäßigen Verhaltens sogenannte „selektive Informationsbeschaffungsprozesse", d.h. Individuen holen sich bevorzugt Informationen ein, die sie in ihrem Verhalten bestätigen. Auch nach Held (1980) führt gewohnheitsmäßiges Verhalten zu einer reduzierten Wahrnehmung von Umweltinformationen, gekoppelt mit einem verminderten Nachdenken über Handlungsalternativen.

Die Theorie des „Goal-Directed-Behavior" von Bagozzi erweitert die Theoriebildung um den Aspekt der Zielerreichung, d.h. Verhalten ist demnach zumeist zielorientiert im Sinne einer bewussten Entscheidung (z.B. Bagozzi/Dholakia 2005: 21ff). Dieser Prozess wird durch Erfahrungen der Vergangenheit beeinflusst und über kognitive, motivierende oder gewollte Prozesse erreicht. In der Konsequenz bedeutet dies, dass sich Gewohnheiten und vergangenes Verhalten gegenseitig bedingen und dass eine größere Stabilität dieser Kriterien Verhaltensabsichten schwächt. Damit ergibt sich ein zusätzlicher Grund, warum Gewohnheiten bzw. vergangene Verhaltensweisen stabile Konstrukte sind, die beispielsweise die Offenheit gegenüber neuen Informationen reduzieren.

3.1.2.4 Subjektive Wahrnehmung

Auch die subjektive Wahrnehmung übt den Erkenntnissen der Wissenschaft zufolge einen wesentlichen Einfluss auf das Verkehrsverhalten aus, wobei die subjektive Wahrnehmung nicht notwendigerweise mit der Realität übereinstimmen muss. So ist nach Aussagen von infas/DIW (2003: 22) die subjektive Sicht der Individuen verhaltensentscheidend, beispielsweise in Bezug auf die Verfügbarkeit öffentlicher Verkehrsmittel am Wohnort. Auch Brög und Erl (z.b. 2004: 5) gehen davon aus, dass die subjektive Wahrnehmung das Verhalten steuert. So stellen sie in zahlreichen Studien fest, dass die Alternativen zum Auto schlechter wahrgenommen werden, als die realen Gegebenheiten zeigen. Insbesondere werden ihren Studien nach die Reisezeiten und Fahrkosten des Öffentlichen Verkehrs im Vergleich zum Auto überschätzt. Auch weisen sie nach, dass bei den Bürgern häufig Informationsdefizite in Bezug auf vorhandene ÖPNV-Angebote vorherrschen, was Auswirkungen auf das Verkehrsmittelwahlverhalten hat. Sie schließen aus ihren Studien, dass die subjektive Wahrnehmung eine wichtige Kenngröße zur Beeinflussung der individuellen Verkehrsmittelwahl ist. Ihrer Meinung nach kann die Nutzung öffentlicher Verkehrsmittel dazu führen, dass schlechte Erfahrungen aufgebrochen werden. So zeigt beispielsweise eine Marktanteils- und Potenzialstudie der Münchner Verkehrs- und Tarifverbund GmbH (MVV), dass sich rund die Hälfte der Bevölkerung „nicht gut" und rund 20% „kaum" oder „gar nicht" über das ÖPNV-Angebot informiert fühlen (infas 2006). Andere Studien belegen ebenfalls, dass bei den Verkehrsteilnehmern zum Teil erhebliche Informationslücken vorherrschen: Viele Bürger, die alternative Verkehrsmittel nutzen könnten, sind nicht über vorhandene Angebote des Umweltverbunds informiert oder sie überschätzen Reisezeit und Fahrtkosten erheblich, d.h. die subjektive Wahrnehmung der Alternativen zum Auto ist schlechter als das reale Angebot (Brög/Erl 2004: 5; Praschl/ Risser 1994: 223).

Die subjektive Wahrnehmung betrifft aber nicht nur das individuell wahrgenommene Verkehrsangebot, sondern bezieht sich auch auf die Wahrnehmung von Problemen, die durch den Verkehr entstehen (z.B. Umweltprobleme). Diese mangelnde Problemsicht wird in der Wissenschaft auch mit dem „Optimism Bias" umschrieben, d.h. das Ergebnis einer Handlung wird optimistischer eingeschätzt, als dies tatsächlich der Fall ist (z.B. wenn Individuen davon ausgehen, dass die Nutzung des Autos nicht mit negativen Konsequenzen auf die Umwelt verbunden ist). Es besteht in diesem Fall also eine Diskrepanz zwischen der subjektiven Wahrnehmung des individuellen Verkehrshandelns und der objektiven Bewertung des durch den Autoverkehr verursachten CO_2-Anstiegs. Auch wenn statistische Zahlen klare Aussagen treffen, so sehen diese aus subjektiver Sicht der Verkehrsteilnehmer zumeist weniger schlecht aus. Wichtig ist deshalb, ein Bewusstsein von objektiven Fakten und Bewertungen zu schaffen, um die subjektive Bewertung zu verändern und damit zu einer Verhaltensänderung beizutragen (Gelau/Pfafferott 2009: 91).

Zwischenfazit

Insgesamt liefern die auf objektiven und subjektiven Kriterien gerichteten Theorien und Modelle wichtige Erkenntnisse zur Erklärung des Mobilitätsverhaltens.

Allerdings besteht ein wesentlicher Nachteil der Theorien und Modelle, die lediglich objektive Faktoren zur Erklärung des Mobilitätsverhaltens heranziehen, darin, dass das Individuum als rein rational handelndes Wesen betrachtet wird. Es liegt aber die Vermutung nahe, dass Verkehrsmittelwahlentscheidungen nicht nur aufgrund rationaler Faktoren erfolgen, sondern diese von weiteren, eher subjektiv bestimmten, Kriterien beeinflusst werden.

Subjektive Faktoren zur Erklärung des Mobilitätsverhaltens sind deshalb von Relevanz, da es bei der Frage um Verhaltensänderungen auch immer darum geht, ob auf das Verhalten über Einstellungsänderungen eingewirkt werden kann oder umgekehrt. Für die vorliegende Arbeit wird die These unterstützt, dass Einstellungen zwar einen Einfluss auf bestimmte Verhaltensweisen haben, konkrete Interventionsmaßnahmen aber zunächst vor allem auf Verhaltensänderungen abzielen sollten, da sich Verhaltensweisen im Gegensatz zu Einstellungen besser und schneller beeinflussen lassen. Auch wenn davon ausgegangen werden kann, dass Einstellungsänderungen ein erwünschtes Verhalten stabiler bzw. langfristiger gestalten, so wird die These vertreten, dass Verhaltensweisen selbst zunächst einfacher zu beeinflussen sind. Bezogen auf die Theorie des geplanten Verhaltens lässt sich festhalten, dass die Verhaltensabsicht zur Erklärung des menschlichen Verhaltens voraussetzt, dass Menschen im Einklang mit ihren Absichten handeln. Jedoch hat sich bereits gezeigt, dass oftmals Diskrepanzen zwischen Einstellungen und Verhalten bestehen, was sich auch auf die Verhaltensabsicht übertragen lässt (z.B. die Absicht, öfter mit dem Fahrrad zur Arbeit zu fahren und trotzdem das Auto zu nutzen). Auch klammert die Theorie Handlungen aus, die beispielsweise moralisch beeinflusst sind. Wie die Theorie des geplanten Verhaltens konzentriert sich auch das Norm-Aktivations-Modell auf absichtliche Verhaltensweisen und klammert damit Handlungen aus, die beispielsweise aufgrund von Gewohnheiten oder früheren Verhaltensweisen vollzogen werden. Diesen Aspekt greifen Theorien und Modelle auf, die gewohnheitsmäßige Abläufe und deren Veränderung als entscheidende Stellgröße zur Beeinflussung in Richtung einer erwünschten Handlung ansehen, auch im Hinblick auf die Nutzung umweltfreundlicher Verkehrsmittel.

Insgesamt wird die Ansicht unterstützt, dass je nach Betrachtungszusammenhang sowohl objektive als auch subjektive Kriterien bei der Verkehrsmittelwahl eine Rolle spielen. Als entscheidende Einflussgröße auf das Verkehrshandeln werden allerdings Gewohnheiten gesehen. Auch wird die These unterstützt, dass die subjektive Wahrnehmung eine wichtige Determinante darstellt und dass das Verkehrsmittelwahlverhalten durch Vorurteile bestimmt wird, die es durch Information, Ausprobieren alternativer Verkehrsmittel zum Auto oder bewusstseinsbildende Maßnahmen zu beeinflussen gilt.

3.2 Theorien und Modelle zur Beeinflussung des Mobilitätsverhaltens

Auch wenn die zuvor aufgeführten Theorien und Modelle wichtige Hinweise zur Erklärung des menschlichen (Mobilitäts-)Verhaltens liefern, so besteht ein Nachteil darin, dass die dargestellten Determinanten immer in ihrer Gesamtheit überprüft werden, ohne den persönlichen Hintergrund der einzelnen Personen näher zu beleuchten. Damit bleiben bestimmte Merkmalsausprägungen auf der Individualebene unberücksichtigt und erschweren individuelle Maßnahmen, die auf die Veränderung eines unerwünschten Verhaltens abzielen. Die soziologische und psychologische Verkehrsforschung hat diese Lücke aufgegriffen und Konzepte entwickelt, die sich mit bestimmten Zielgruppen auseinandersetzen, um individuelle Verhaltensweisen zu erklären und darauf aufbauend Maßnahmen für Verhaltensänderungen auf die spezifischen Bedürfnisse bestimmter Personengruppen abzustimmen.

So beschäftigen sich einige Ansätze mit bestimmten Schlüsselereignissen im individuellen Lebensablauf. Sie stützen sich auf die zuvor dargestellte Annahme, dass das Mobilitätsverhalten aufgrund von Gewohnheiten über den Zeitverlauf relativ stabil ist (und damit ein routinegeprägter Prozess ist), aber in bestimmten Umbruchsituationen im Lebensablauf die Möglichkeit besteht, gewohnheitsmäßige Abläufe der Verkehrsmittelwahl aufzubrechen (z.B. Heirat, Führerscheinerwerb, Veränderung des Wohn- oder Arbeitsorts). Diese Ansätze zeichnen sich durch eine hohe Interventionsorientierung aus.

Vor diesem Hintergrund beschäftigt sich eine Reihe von Autoren mit den Auswirkungen von Lebensereignissen auf die Verkehrsmittelwahl und den Erfolgsfaktoren von Verkehrsmittelwahländerungen. So kommt Held (1980: 269) in seinen Überlegungen zu dem Schluss, dass vor allem dann eine Veränderung der gewohnheitsmäßigen Verkehrsmittelnutzung zu erwarten ist, wenn große Veränderungen im Verkehrssystem zugunsten eines Verkehrsmittels mit Umbrüchen im Lebenszyklus, etwa mit einem Umzug, zusammentreffen. Seiner Meinung nach sind Umzügler relativ offen für eine andere Verkehrsmittelwahl, weniger festgelegt und noch mehr im Such- und Informationsaufnahmeprozess. Auch Harms (2003: 303f) sowie Harms und Truffer (2005: 21) belegen die Bedeutung wesentlicher Veränderungen im Mobilitätskontext für die Akzeptanz innovativer Mobilitätsangebote. Brüche in habitualisierten Lebensabläufen (z.B. durch Umzug oder Arbeitsplatzwechsel) schwächen ihren Untersuchungen zufolge Autonutzungsroutinen bzw. stärken die Offenheit für alternative Verkehrsangebote. Diesen Sachverhalt belegen sie in einer Untersuchung zum Car Sharing, in der vor allem die Änderung des Lebenskontexts als Grund für die Nutzung von Car Sharing-Angeboten angegeben wird. Van der Waerden, Timmermans und Borgers (2003) und Verhoeven et al. (2007a, 2005) identifizieren in einer ihrer Studien ebenfalls den Erwerb des Führerscheins, einen Wechsel der Arbeitsstelle, den Erwerb eines Pkw sowie einen Umzug als die vier einflussreichsten Faktoren auf die Veränderung der Verkehrsmittelwahl. Diese These unterstützt auch Klöckner (2005a; 2005b: 28ff), der die Bedeutung von verkehrsmittelrelevanten Lebensereignissen retrospektiv untersucht und als subjektiv einflussreichste Faktoren Umzug, Beginn des Studiums bzw. der Ausbildung, Führerscheinerwerb, Schulwechsel und Kauf eines Pkws identifiziert. Er zeigt, dass die zeitliche Nähe von als wichtig bewerteten Lebensereignissen und ein kürzlich erfolgter Umzug die Stärke der Pkw-Nutzungsgewohnheit verringert.

Allerdings gehen einige Studien davon aus, dass der Erfolg von Verhaltensänderungen bei Umzüglerhaushalten an bestimmte Rahmenbedingungen gekoppelt ist. So weist Bamberg (z.B. 2006, 2007) nach, dass mit zunehmenden strukturellen Unterschieden zwischen altem und neuem Wohnort die Wahrscheinlichkeit steigt, dass gewohnheitsmäßige Mobilitätsmuster aufgebrochen werden. Seinen Untersuchungen zufolge führt ein Umzug vom Land in die Stadt zu einer signifikant höheren Autoreduktion als bei einem Wohnstandortwechsel von einer Stadt in eine andere Stadt. Allerdings weist er in diesem Zusammenhang darauf hin, dass unterschiedliche siedlungsstrukturelle Rahmenbedingungen kein Garant für die Veränderung von Autonutzungsroutinen sind. Auch Franke (2001: 174f) belegt diesen Sachverhalt in ihren Untersuchungen. Bamberg et al. (2008) weisen in ihren Untersuchungen zum Münchner Neubürgerpaket (s. Kap. 4.3.6.1) darüber hinaus nach, dass die Veränderungseffekte bei Personenkreisen, die ihren neuen Wohnort vor ihrem Umzug bereits gut kannten, weniger groß sind als bei Haushalten, die die neue Heimat vorher nicht kannten.

Weitere Erfolgsbedingungen werden in der Wissenschaft neben den siedlungsstrukturellen Rahmen-bedingungen auch im Zeitpunkt der Ansprache gesehen. So belegen Studien, dass im Rahmen des Umzugsprozesses Zeitfenster existieren, in denen Interventionen zur Förderung alternativer Verkehrsmittel besonders Erfolg versprechend sind. Diese These arbeitet auch Klöckner (2005a, 2005b: 28ff) heraus, der in seinen Untersuchungen davon ausgeht, dass es bestimmte Zeitfenster um verkehrsmittelbezogene Lebensereignisse gibt, die von aktiven Entscheidungsfindungsprozessen geprägt sind und weniger von gewohnheitsmäßigen Abläufen, und deshalb beispielsweise Umzügler offener für Interventionen sind. Diesen Aspekt greifen auch Standbridge, Lyons und Farthing (2004) auf. Sie kommen zu dem Ergebnis, dass in den meisten Fällen bewusst über die Auswirkungen der Verkehrsmittelwahl an einem oder mehreren Punkten des Umzugsprozesses nachgedacht wird und dass während bestimmter Phasen der Umzugsplanung Zeitfenster existieren, in denen die Verkehrsteilnehmer besonders sensibel für Interventionen sind. Auch Franke (2001: 174f) identifiziert in ihren Untersuchungen, ähnlich wie Klöckner und Standbridge, Lyons und Farthing, dass es Möglichkeitsfenster für Verhaltensänderungen in Richtung einer anderen Verkehrsmittelwahl gibt, bevor wieder auf routinisierte Mobilitätsverhaltensmuster zurückgegriffen wird. Dazu müssen ihrer Ansicht nach die Mobilitätsangebote bekannt sein, um wahrgenommen und angenommen zu werden. Die zeitliche Komponente greifen auch Verhoeven et al. (2007b: 13ff) auf: Sie interpretieren diese als Anpassungs- bzw. Lernprozess und sehen damit ihre Hypothese bestätigt, dass das Verkehrsmittelwahlverhalten ein dynamischer Prozess ist. Sie belegen, dass nach einem erfolgten Umzug zunächst das Auto für alle Ziele genutzt wird und dass nach einem gewissen zeitlichen Anpassungs- und Lernprozess (aufgrund der besseren Kenntnis der neuen Umgebung) häufiger „langsame Verkehrsmittel" (Fuß-, Radverkehr elektrische Fahrräder und Scooter/Roller) genutzt werden.

Zwischenfazit

Insgesamt besteht der Vorteil der vorgestellten Ansätze, die sich auf bestimmte Schlüsselereignisse im Leben beziehen, darin, dass sie sich an den Bedürfnissen von Teilgruppen orientieren und sich deshalb besonders für die wirkungsvolle Umsetzung interventionsorientierter Strategien im Verkehrsbereich eignen. Vor diesem Hintergrund wird die allgemeine These unterstützt, dass ein Wohnstandortwechsel einen wesentlichen Einfluss auf das Mobilitätsverhalten ausübt und die Möglichkeit eröffnet, gewohnheitsmäßige Mobilitätsmuster aufzubrechen (da beispielsweise ein anderes Mobilitätsangebot die Möglichkeit eröffnet, andere Verkehrsmittel zu nutzen) und Interventionen besonders Erfolg versprechend sind. Auch wird die Einschätzung unterstützt, dass innerhalb des Umzugsprozesses Zeitfenster bestehen, in denen Personen besonders empfänglich für eine andere Verkehrsmittelwahl sind. Diese können je nach Individuum unterschiedlich ausfallen: Während sich für bestimmte Personenkreise Veränderungsmöglichkeiten in einem kleinen Zeitfenster abspielen, besitzt für andere der Ansatz von Verhoeven et al. Gültigkeit, nach dem der Anpassungsprozess zeitlich verzögert stattfindet und diese Personen nur langsam auf die Wohnumfeldveränderungen reagieren (Umzugsstress, anfangs bequemer, mit dem Auto zu fahren). Die Schwäche der Ansätze, die sich auf Schlüsselereignisse im Leben konzentrieren, besteht allerdings darin, dass Zielgruppen wie Neubürger keine merkmals- oder verhaltenshomogene Gruppe darstellen. Auch bleiben die aufgeführten Faktoren, wie z.B. Einstellungen, subjektive Wahrnehmung, Erwartungen anderer an das eigene Handeln, Mobilitätsgewohnheiten oder Verhaltensabsichten, unberücksichtigt.

3.2.1 Lebenszyklen-, Lebensstil- und Mobilitätsstilgruppen

Der Nachteil, dass es sich beispielsweise bei Neubürgern nicht um eine merkmals- oder verhaltenshomogene Gruppe handelt, kann allerdings durch zielgruppenorientierte Modelle aufgefangen werden, indem eine weitere Segmentierung von Teilgruppen vorgenommen wird und damit Maßnahmen noch zielgerichteter durchgeführt werden können. Zu unterscheiden sind hier Zielgruppenmodelle, die sich im Wesentlichen an personen- oder mobilitätsbestimmenden Faktoren orientieren, und solchen, die nicht die äußeren Rahmenbedingungen betrachten, sondern vertieft das Individuum mit seinen Verhaltensabsichten in das Zentrum ihrer theoretischen Überlegungen stellen.

Zur Identifizierung von Zielgruppen haben sich vor diesem Hintergrund unterschiedliche Formen der Segmentierung in der Wissenschaft herausgebildet. Einige Ansätze orientieren sich am realisierten Verkehrsverhalten und betrachten z.b. die Nutzungshäufigkeit von Verkehrsmitteln, die Verkehrsmittelverfügbarkeit und die Erreichbarkeit von Zielen mit verschiedenen Verkehrsmitteln. Diese Art der Segmentierung wird z.B. in der Studie „Mobilität in Deutschland" vorgenommen (infas/DIW 2004).

In eine ähnliche Richtung geht das Individualisierte Marketing nach Brög (z.B. Brög/Erl 2004: 7), das neben mobilitätsbestimmenden Kriterien eine Unterscheidung anhand des Interesses an Mobilitätsinformationen zum Umweltverbund sowie Verhaltensabsichten vornimmt und dabei vier verschiedene Gruppen identifiziert:

- Gruppe „I" (interessante/interessierte Haushalte),
- Gruppe „R mit" (Haushalte mit mindestens einem regelmäßigen Nutzer des Umweltverbunds und Informationswünschen),
- Gruppe „R ohne" (Haushalte mit mindestens einem regelmäßigen Nutzer des Umweltverbunds ohne Informationswünsche) und
- Gruppe „N" (nicht-interessierte/nicht-interessante Haushalte).

Weitere Ansätze fokussieren Einstellungen und Wertorientierungen. Zu nennen sind hier Konzepte zu Lebensstilen, Mobilitätsstilen oder einstellungsbasierten Mobilitätstypen. Bei den sogenannten Lebensstilgruppen erfolgt eine reine Typisierung anhand individueller Wert-, Einstellungs- und Verhaltensmuster (z.B. Beckmann et al. 2006), ohne das mobilitätsbestimmende Kriterien herangezogen werden. Lebensstilgruppen in Kombination mit mobilitätsbestimmenden Kriterien werden im Konzept der Mobilitätsstile erfasst (z.B. Ohnmacht/Götz/Schad 2009), um insbesondere auch zielgruppenspezifische Strategien im Bereich der Verkehrsplanung entwickeln zu können (Götz 1999: 299ff). Eine Erweiterung dieser beiden Zielgruppenansätze stellen sogenannte einstellungsbasierte Mobilitätstypen dar, die vor dem Hintergrund der „Theorie des geplanten Verhaltens" entwickelt wurden und ausschließlich auf mobilitätsbezogenen Einstellungen und allgemeinen Wertorientierungen basieren (Hunecke/Haustein 2007: 42f; Hunecke/Schubert/Zinn 2005: 26ff). Die Typisierung nach diesem Modell setzt allerdings eine Primärerhebung zur Erfassung von mobilitätsbezogenen Einstellungen und Werten voraus.

3.2.2 Phasenmodelle

Im Gegensatz zu den zuvor dargestellten Zielgruppenmodellen steht bei den Phasenmodellen die Verhaltensabsicht zur Umsetzung einer nachhaltigen Mobilität im Vordergrund. Diese dienen als Anknüpfungspunkte für Interventionsstrategien. Phasenmodelle gehen davon aus, dass Individuen verschiedene Phasen durchlaufen, bis sie eine bestimmte, von außen erwünschte, Handlung ausführen.

Im Folgenden werden dazu zwei Modelle näher betrachtet, die wichtige Hinweise für Verhaltensänderungen auch für den Verkehrsbereich liefern. Dazu zählt zum einen das Sieben-Stufen-Modell der Verhaltensänderung und zum anderen das Transtheoretische Modell der Verhaltensänderung. Im Kern beziehen sich die Aussagen der beiden Modelle auf die Allgemeinheit und sind nicht spezifisch für bestimmte Zielgruppen ausgelegt. Dennoch liefern sie für die nachfolgenden Ausführungen wichtige Hinweise für individualisierte Interventionsmaßnahmen.

3.2.2.1 Sieben-Stufen-Modell der Verhaltensänderung

Das Sieben-Stufen-Modell der Verhaltensänderung wurde im Rahmen eines europäischen Forschungsprojekts namens INPHORMM[15] entwickelt und im Nachfolgeprojekt TAPESTRY[16] modifiziert (z.B. Jones/Sloman 2003: 7; Transport Studies Group et al. 1999: 21). Es basiert zwar nicht auf theoretischen Grundkonzeptionen, zeichnet sich aber durch eine hohe Interventionsorientierung aus. Ziel der Projekte war es, auf Grundlage des Modells effektive Bewusstseinsbildungskampagnen durchzuführen. Das Modell unterscheidet insgesamt sieben Phasen, von denen insbesondere die erste als entscheidend angesehen wird. In dieser Phase geht es darum, ein

---

[15] INPHORMM = Information and Publicity Helping the Objective of Reducing Motorised Mobility. Europäisches Forschungsprojekt. Laufzeit 1997-1999.
[16] TAPESTRY = Travel Awareness Publicity and Education Supporting a Sustainable Transport Strategy in Europe. Europäisches Forschungsprojekt. Laufzeit 2000-2003.

1) „Problembewusstsein" zu schaffen, insbesondere in Bezug auf die durch den motorisierten Individualverkehr verursachten Verkehrsprobleme (z.B. Lärm, Staus). Erst wenn Probleme als solche erkannt werden und Lösungen notwendig sind, kann ein Problemlösungsprozess eingeleitet werden.

Die weiteren Stufen umfassen

2) das „Akzeptieren von Verantwortung",

3) die „Wahrnehmung von Optionen" im Sinne der Wahrnehmung alternativer Verkehrsmittel,

4) das „Bewerten von Optionen", d.h. die Bewertung alternativer Verkehrsmittel,

5) das „Treffen einer Entscheidung", d.h. die Absicht, für bestimmte Wege alternative Verkehrsmittel zu nutzen,

6) das „experimentelle Verhalten" durch versuchsweises Testen alternativer Verkehrsmittel und

7) das „gewohnheitsmäßige Verhalten", das durch den Aufbruch von Mobilitätsgewohnheiten und einem neuen Verhalten geprägt ist.

Das Modell berücksichtigt auch Rückfälle in vorherige Stufen, insbesondere in der vorletzten Phase, wenn beispielsweise negative Erfahrungen mit alternativen Verkehrsmitteln gemacht worden sind.

3.2.2.2 Transtheoretisches Modell

Grundlage des Transtheoretischen Modells ist die Zusammenführung unterschiedlicher psychotherapeutischer Theorien, die vor allem im Gesundheitsbereich Anwendung finden (z.B. Keller 1999). Auch wenn sich das Verhalten im Gesundheitsbereich auf die direkten körperlichen Auswirkungen eines bestimmten Verhaltens bezieht, lassen sich wesentliche Aspekte auch auf den Verkehrsbereich übertragen. Das Modell setzt allerdings voraus, dass ein unerwünschtes Verhalten verändert werden muss. Für Personen, die bereits ein umweltverträgliches Mobilitätsverhalten zeigen, geht es deshalb nicht um die Veränderung, sondern vielmehr um die Stabilisierung ihres Mobilitätsverhaltens. Dieser Aspekt wird in dem Phasenmodell ebenfalls aufgegriffen. Als Problemverhalten wird hier die Nutzung des Autos verstanden, die als ein fehlangepasstes Verhalten interpretiert wird.

Ausgangspunkt ist die These, dass Verhaltensveränderungen prozessuale Abläufe darstellen, die sich durch unterschiedliche, aufeinander aufbauende Stadien beschreiben lassen. Das Modell berücksichtigt dabei rational-kognitive, affektive und verhaltensbezogene Aspekte sowie soziale und biologische Kriterien als externe Einflüsse, „deren Wirkung durch subjektive Wahrnehmung und Informationsverarbeitung modifiziert wird" (Keller 1999: 18ff). Folgende sechs Phasen lassen sich unterscheiden:

1) Ausgangspunkt ist die „Phase der Präkontemplation", in der Individuen nicht die Absicht haben, ein fehlangepasstes Verhalten zu verändern. Grund ist der Mangel an Informationen oder mangelndes Problembewusstsein hinsichtlich der Konsequenzen eines bestimmten Verhaltens (z.B. Unwissenheit über die negativen Auswirkungen des zunehmenden Autoverkehrs).

2) In der „Kontemplationsphase" setzt sich das Individuum bewusst mit seinem Verhalten auseinander, ohne dass eine tatsächliche Veränderung des Verhaltens stattfindet.

3) Die „Phase der Vorbereitung" beinhaltet die Absicht des Individuums, etwas an seinem Verhalten zu verändern.

4) Die „Handlungsphase" zeichnet sich dadurch aus, dass über einen bestimmten Zeitraum (an mindestens einem Tag oder für maximal sechs Monate) das Verhalten erfolgreich verändert wurde (z.B. mit dem Öffentlichen Verkehr zur Arbeit gefahren wurde).

5) Die „Phase der Aufrechterhaltung" beginnt, wenn ein Individuum länger als sechs Monate das geänderte Verhalten beibehalten hat.

6) Für bestimmte Verhaltensweisen wird eine zusätzliche Phase ergänzt, die sogenannte Stabilisierungsphase. Sie ist dadurch gekennzeichnet, dass von seiten des Individuums eine 100%tige Zuversicht besteht, das veränderte Verhalten beizubehalten.

Rückfälle in frühere Phasen werden bei diesem Modell allerdings berücksichtigt, d.h. es wird davon ausgegangen, dass Personen in eine frühere Phase zurückfallen können. Der Prozess der Veränderung wird somit als spiralförmiges Geschehen verstanden.

Das Modell wurde auch auf den Verkehrsbereich übertragen, unter besonderer Berücksichtigung von Umzüglern (Bamberg 2006). Getestet wurden die Effekte kostenloser Schnuppertickets für den ÖPNV sowie persönliche Informationen zum ÖPNV bei Neubürgerhaushalten. Die Ergebnisse zeigen, dass sich Interventionen auf Neubürger beziehen sollten, die sich bereits in der Kontemplationsphase befinden. Welche Interventionsstrategien nach einem Umzug in welcher Phase besonders erfolgreich sind, wird in einem Projekt des BMBF unter dem Titel „Lebensereignisse als Gelegenheitsfenster für eine Umstellung auf nachhaltige Komsummuster" (Laufzeit 2008-2011) erforscht (Schäfer/Bamberg 2008).

Zwischenfazit

Zielgruppenmodelle liefern im Gegensatz zu kollektiv orientierten Erklärungsmodellen wichtige Hinweise für individualisierte Interventionsmaßnahmen, die insbesondere vor dem Hintergrund der zu Anfang gestellten Forschungshypothesen von Bedeutung sind. Die Berücksichtigung zielgruppenspezifischer Merkmale wird entsprechend als wesentlicher Aspekt für den Erfolg von Maßnahmen angesehen, da diese besser auf spezifische Bedürfnisse von Nutzergruppen zugeschnitten werden können. Auch die vorgestellten Phasenmodelle bieten gute Anknüpfungspunkte hinsichtlich Interventionsmaßnahmen für Neubürger, allerdings bleiben soziodemografische Faktoren oder Motivationen für Verhaltensänderungen bei diesen Modellansätzen unberücksichtigt. Auch vernachlässigen die Modelle räumliche Unterschiede, beispielsweise die Effekte von Neubürgeraktivitäten im städtischen oder regionalen Zusammenhang.

3.3 Interventionsstrategien zur Veränderung des Mobilitätsverhaltens

Für die theoretische Auseinandersetzung ist es schließlich notwendig herauszuarbeiten, welche Erkenntnisse theoretische und modellhafte Ansätze hinsichtlich konkreter Interventionsmaßnahmen liefern. Dazu wird im Folgenden ein kurzer Überblick über verschiedene Mobilitätsangebote (Anreize und Informationen) gegeben und dargestellt, welchen Einfluss diese auf individuelle Verhaltensänderungen in Richtung einer umweltverträglichen Mobilität haben.

Insgesamt bieten Wohnungsumzüge privater Haushalte die Möglichkeit, innerhalb bestimmter Zeitfenster gewohnheitsmäßige Mobilitätsverhaltensmuster aufzubrechen. Konkret sind in dieser Phase unterschiedliche Formen von Interventions- und Kommunikationsstrategien möglich. Die Fachliteratur liefert dazu vielfältige Erfolgsfaktoren zur Förderung und Stabilisierung eines umweltschonenden Verhaltens (Homburg/Matthies 2005: 350). In Anlehnung an die dargestellten Erklärungsansätze zum Mobilitätsverhalten mit seinen vielfältigen Variablen und Erklärungsparametern stellt sich in der Wissenschaft die Frage, wie Individuen dazu motiviert werden können, dass sie ein von außen erwünschtes Verhalten langfristig adaptieren – in diesem Fall ein umweltfreundliches Mobilitätsverhalten.

Im Allgemeinen richten sich Interventionen, die auf eine Verhaltensänderung in Richtung einer umweltfreundlichen Mobilität abzielen, auf Strategien der Überzeugung und der Bereitstellung von Anreizen.[17] Verschiedene theoretische und praktische Ansätze belegen, dass das Mobilitätsverhalten von Umzüglerhaushalten in Richtung vermehrter Nutzung des Umweltverbunds verändert werden kann, wenn entsprechende Interventionsmaßnahmen (z.b. Informationsbereitstellung, Anreize zur Nutzung des Umweltverbunds) durchgeführt werden (z.b. Nallinger 2007; Rölle/Weber/Bamberg 2002b).

3.3.1 Anreize

Negative Verstärkungen in Form von Bestrafungen oder positive Verstärkungen mittels Belohnungen können dazu beitragen, bestimmte Verhaltensweisen zu verändern bzw. zu stabilisieren. Positive und negative Anreize spielen bei der Veränderung und Aufrechterhaltung von menschlichen Verhaltensweisen eine wesentliche Rolle. Diese Anreize zielen direkt auf eine Verhaltensänderung ab und stehen im Gegensatz zu Maßnahmen, die zunächst Einstellungen beeinflussen, um dadurch eine Verhaltensänderung herbeizuführen. Der Nachteil von Belohnungen und Bestrafungen besteht allerdings darin, dass beim Wegfall dieser Anreize möglicherweise ein bestimmtes Verhalten ganz oder teilweise wieder aufgegeben wird (Tewes/Wildgrube 1999).

Neben Bestrafungen und Belohnungen gibt es noch weitere Verstärker. Die Motivationsforschung unterscheidet zwischen der sogenannten intrinsischen und extrinsischen Motivation. Intrinsisch motiviert ist ein Verhalten dann, wenn die Ausführung „um seiner selbst willen" erfolgt und damit in der Regel stabiler ist. Im Gegensatz dazu ist die extrinsische Motivation nur Mittel zum Zweck und wird häufig nur ausgeführt, wenn eine äußere Belohnung zu erwarten ist. Die Forschungen zur Wirkung extrinsischer Motivation zeigen, dass die Ausführung einer intrinsisch motivierten Handlung unwahr-scheinlicher wird, wenn Individuen einmal eine Belohnung für die Ausführung einer bestimmten Verhaltensweise erhalten haben. Von Bedeutung ist weiterhin der Zeitraum zwischen Verstärkung und Verhalten, da davon ausgegangen werden kann, dass eine dem Verhalten direkt folgende Belohnung besonders Erfolg versprechend ist, da sich die Verstärkung dem Verhalten direkt zuordnen lässt (Lepper/Greene 1978).

---

[17] Man spricht auch von „Incentives". Sie umfassen die Gesamtheit der materiellen und immateriellen Anreize, um bestimmte Ziele zu erreichen. Durch Anreize oder Incentives sollen im Bereich des Verkehrswesens die Verkehrsteilnehmer motiviert werden, umweltfreundliche Verkehrsmittel zu nutzen (Geml/Lauer 2008: 129; Bruhn/Homburg 2004: 322).

Empirische Befunde, die die Wirksamkeit von Anreizen zur Beeinflussung des Mobilitätsverhaltens bzw. zur Veränderung der Einstellungen gegenüber alternativen Mobilitätsangeboten belegen, liegen auch für den Verkehrsbereich vor (z.B. Fujii/Gärling 2005: 585ff; Brög/Erl 2004: 8; Bamberg/Rölle/Weber 2003: 97ff; Heller 1997; Bachmann/Katzev 1982: 103ff).

Anreize können aber auch eingesetzt werden, um Nutzer umweltfreundlicher Verkehrsmittel in ihrem Verhalten zu bestärken. Sie dienen in diesem Fall der Kundenbindung. So erhalten beispielsweise im Rahmen von verschiedenen Projekten regelmäßige Nutzer des Öffentlichen Verkehrs oder umweltfreundlicher Verkehrsmittel auf Wunsch ein kleines Geschenk als Dankeschön für die Nutzung des Umweltverbunds. Die Wirkung lässt sich hier vor allem qualitativ anhand der positiven Äußerungen von seiten der regelmäßigen Nutzer ausmachen (z.B. Brög/Erl 2004; Gronau/Voss 2004: 241f). Insgesamt können Anreize dazu beitragen, Verhalten zur Gewohnheit zu machen, wenn beispielsweise positive Erfahrungen gemacht worden sind (Verplanken/Aarts 1999).

3.3.2 Informationen

Die Bereitstellung von Informationen zielt darauf ab, mit hilfe persuasiver Botschaften Individuuen davon zu überzeugen bzw. dazu zu motivieren, ihr Verhalten zu ändern. Informationen zu umweltfreundlichen Mobilitätsdienstleistungen sind dabei eine wichtige Voraussetzung, um Einstellungs- und Verhaltensänderungen in Richtung einer umweltfreundlichen Mobilität zu erzielen. Dabei kann davon ausgegangen werden, dass bei den Verkehrsteilnehmern das entsprechende Wissen vorhanden sein muss, damit umweltverträgliche Verkehrsmittel genutzt werden. So weist Bamberg (1996) in seinen Studien nach, dass ein höherer Wissensstand zum Öffentlichen Verkehr zu einer besseren Einschätzung und Akzeptanz führt. Ferner wird in zahlreichen wissenschaftlichen Untersuchungen die Wirksamkeit von Informationspaketen und den darin enthaltenen Informationsmaterialien nachgewiesen (Nallinger 2007; Brög/Erl 2004: 8; Loose 2004).

In diesem Zusammenhang sei auf die bereits angedeutete „einstellungsbedingte Selektivität" hingewiesen, die sich mit der Wirkung von Einstellungen auf die Auswahl und Verarbeitung neuer Informationen beschäftigt. Die Hypothese der selektiven Informationsaufnahme stützt dabei auch die Dissonanztheorie, nach der Menschen sich die Informationen suchen, die sie in ihren Entscheidungen (z.B. mit dem Auto zur Arbeit zu fahren) und ihren Einstellungen (ich fahre gerne mit dem Auto) unterstützen. Informationen, die den Entscheidungen und Einstellungen nicht entsprechen, werden hingegen aktiv vermieden (Frey/Rosch 1984).

Die Bereitstellung von Informationen ist jedoch ebenfalls keine ausreichende Bedingung zur Veränderung des Mobilitätsverhaltens oder der Einstellungen gegenüber umweltfreundlichen Verkehrsmitteln. Es kann davon ausgegangen werden, dass Informationen gekoppelt werden müssen mit attraktiven Mobilitätsalternativen (z.b. einem guten ÖPNV-Angebot) und Handlungsanreizen (z.b. günstigen Ticketangeboten im Öffentlichen Verkehr). Daneben spielt zusätzlich die Rückmeldung zu den Erfolgen des veränderten Mobilitätsverhaltens eine entscheidende Rolle (UBA 2009c).

3.4 Fazit

Die Verhaltensforschung hat sich in den unterschiedlichen Disziplinen ausführlich mit Erklärungs- und Beeinflussungsmöglichkeiten menschlichen Verhaltens beschäftigt und vielfältige Faktoren und Prädiktoren zusammengestellt. Die theoretischen und modellhaften Ansätze belegen die Komplexität hinsichtlich der verschiedenen Kenngrößen und Wirkungszusammenhänge, was eine Erklärung des menschlichen Verhaltens im Allgemeinen und des Mobilitätsverhaltens im Speziellen erschwert. Dass dabei nicht nur quantifizierbare Merkmale eine Rolle spielen, sondern auch Faktoren, die subjektiv bedingt sind und sich in ihrer Gesamtheit nicht klar voneinander separieren lassen, erschwert eine klare Favorisierung einer der Theorien und Modelle.

Vor dem Hintergrund, dass die These vertreten wird, dass Verkehrsmittelwahlentscheidungen von vielfältigen, komplexen Faktoren (objektiven Faktoren, Werten, Einstellungen, Gewohnheiten, soziodemografischen Merkmalen, soziogeografischen Merkmalen, Informationen etc.) und vom individuellen, zeitlichen und räumlichen Handlungskontext abhängig sind, kann keine der dargestellten Theorien und auch keines der Modelle ein hinreichendes Abbild der Verhaltensrealität liefern. Insofern können diese immer nur einen Teilausschnitt menschlicher Verhaltensdeterminanten bzw. -prädiktoren darstellen. Dennoch wird die Ansicht unterstützt, dass Mobilitätsverhalten durch gewohnheitsmäßige Abläufe geprägt wird, das durch einen Wohnortwechsel aufgebrochen werden kann. Dabei gilt es, den individuellen Handlungskontext der Zielgruppen sowie deren Interessen und Änderungsabsichten zu berücksichtigen, um dem Aspekt der freiwilligen Verhaltensänderung Rechnung zu tragen.

Allerdings mangelt es bisher an theoretischen und modellhaften Ansätzen, die sich mit unterschiedlichen räumlichen Strukturbedingungen und ihren Auswirkungen auf das Mobilitätsverhalten von Neubürgern beschäftigen, auch vor dem Hintergrund der beschriebenen Phasen, die im Rahmen von Veränderungsprozessen durchlaufen werden. Insbesondere in diesem Bereich werden Forschungslücken gesehen. Dies trifft auch auf eine weitere Differenzierung von Neubürgern zu. Das ist deshalb von Bedeutung, weil diese Teilgruppe in ihrem neuen Mobilitätskontext umfassend und zielgerichtet über Mobilitätsalternativen informiert werden soll.

4 Mobilitätsmanagement in Forschung und Praxis – das Beispiel der Metropolregion München

Nachfolgend werden wichtige Forschungs- und Praxisanwendungen im Bereich des Mobilitätsmanagements im Allgemeinen und des Mobilitätsmarketings bzw. Neubürgermarketings im Speziellen dargestellt. Darauf aufbauend, wird am Beispiel der Metropolregion München die Bedeutung dieser Maßnahmenbereiche für eine nachhaltige regionale Verkehrs- und Siedlungsentwicklung betrachtet. Zum besseren Verständnis der gegenwärtigen regionalen Verkehrspolitik in der Metropolregion München wird ein Überblick über die Münchner Verkehrs- und Siedlungsentwicklung gegeben. Die Integration des Handlungsfelds Mobilitätsmanagement in organisatorischer und institutioneller Hinsicht sowie auf Plan- und Programmebene am Beispiel der Metropolregion München soll zeigen, inwieweit sich die Raumplanung bzw. konkret die Regionalplanung dem Mobilitätsmanagement zur Förderung einer regional nachhaltigen Mobilität bereits angenommen hat. Die Ergebnisse dienen als wichtige Grundlage für spätere Handlungsvorschläge zur Integration der Maßnahme auf Plan- und Programmebene.

4.1 Mobilitätsmanagement in Forschung und Praxis

Das Mobilitätsmanagement gewinnt in Deutschland seit den 1990er Jahren an Bedeutung. Fiedler und Thiesies (1993: 223f) bezeichnen bereits die Einführung von Sammeltaxen Ende der 1970er Jahre als Beginn des Mobilitätsmanagements in Deutschland: „Dies war eigentlich die Geburtsstunde des Mobilitätsmanagements [ ] – wenn auch damals noch nicht so bezeichnet" (Fiedler 1999: 150). Der Begriff Mobilitätsmanagement selbst taucht erstmals im Jahre 1992 in der deutschen Fachdiskussion auf (Fiedler 2002: 23). Von einem Paradigmenwechsel innerhalb der Verkehrspolitik sprechen Faltlhauser und Schreiner (2001: 420) knapp zehn Jahre später: „Dieser Ansatz (das Mobilitätsmanagement, Anm. d. Verf.), der die Mobilitätsbedürfnisse von Menschen und Unternehmen in den Mittelpunkt künftiger Konzepte für eine mobile Gesellschaft rückt, stellt einen Paradigmenwechsel der Verkehrspolitik dar." Auch Beckmann (2002: 23) unterstützt diese Ansicht, was er vor allem an der zunehmenden Anerkennung von seiten der Akteure aus der Verkehrsplanung und Verkehrspolitik festmacht. Der Bedeutungsgewinn des Mobilitätsmanagements wird allerdings vor allem von den Akteuren gesehen, die sich verstärkt dem Themenfeld in Forschung und Praxis widmen. Ob tatsächlich ein Paradigmenwechsel in der deutschen Verkehrspolitik stattgefunden hat, soll im Folgenden geprüft werden. Dazu werden abgeschlossene und laufende Forschungsprojekte sowie die (planungs-)rechtliche und personelle Integration des Themenfeldes genauer betrachtet, um herauszuarbeiten, inwieweit sich innerhalb der Verkehrspolitik und konkret der Raumplanung tatsächlich ein Paradigmenwechsel vollzogen hat.

4.1.1 Mobilitätsmanagement in der Forschung

Forschungsaktivitäten im Bereich des Mobilitätsmanagements werden seit Mitte der 1990er Jahre auf Ebene der EU, des Bundes sowie auf regionaler und kommunaler Ebene durchgeführt.

Auf europäischer Ebene zählt zu wichtigen Forschungsaktivitäten unter anderem das bereits erwähnte Projekt MOMENTUM (NEA 2000), in dem es im Wesentlichen um eine europaweite Bestandsaufnahme von Maßnahmen im Bereich Mobilitätsmanagements sowie die Entwicklung von Standards, Methoden und Maßnahmen ging. Ferner wurden im Projekt MOSAIC (ISB 1999) wesentliche Elemente des Mobilitätsmanagements konzeptionell erfasst und in mehreren europäischen Pilotprojekten praktisch erprobt. Im Forschungsprojekt MOST[18] wurden aufbauend auf diesen Projekten weitere Maßnahmen im Bereich des Mobilitätsmanagements entwickelt und getestet (FGM-AMOR 2003). Während es in den drei genannten Projekten im Wesentlichen um grundsätzliche Rahmenbedingungen des Mobilitätsmanagements ging, wurden in anderen Forschungsinitiativen bewusstseinsbildende Maßnahmen zur Stabilisierung und Förderung einer nachhaltigen Mobilität in den Fokus der Forschungen gerückt. So zielten z.B. das Forschungsprojekt INPHORMM sowie das Nachfolgeprojekt TAPESTRY darauf ab, das Wissen und das Verständnis für effektive Kommunikationsprogramme und -kampagnen zur Förderung eines nachhaltigen Ver-

---

[18] MOST = Mobility Management Strategies for the Next Decades. Zukünftige Mobilitätsmanagement-Strategien für Europa. Europäisches Forschungsprojekt. Laufzeit 2000-2003.

kehrsverhaltens in Europa zu steigern (Transport and Travel Research Ltd 2003; Transport Studies Group et al. 1999).

Neben zahlreichen europäischen Forschungsprojekten wurden in Deutschland von seiten des Bundes ab Mitte der 1990er Jahre ebenfalls verschiedene Projekte mit Bezug zum Mobilitätsmanagement gefördert. Regionale Zusammenhänge wurden dabei im Forschungsverbund CITY:mobil[19] betrachtet und neue Konzepte und Handlungsperspektiven für die Gestaltung einer ökologisch und sozial verträglichen Mobilität in den Städten und Ballungsräumen erarbeitet (CITY:mobil 1999). Ein wichtiges Projekt war das durch das Bundesministerium für Bildung und Forschung (BMBF) geförderte Leitprojekt „Mobilität in Ballungsräumen". Wesentliches Ziel war es, das Verkehrswachstum in Ballungsräumen durch eine Kombination unterschiedlicher Maßnahmenbereiche („harte" und „weiche" Maßnahmen) zu reduzieren. Zu den Beispielstädten zählten Frankfurt am Main, Köln, Stuttgart, Dresden und München (in München lief das Forschungsprojekt unter dem Titel „MOBINET"[20]). Auch das Forschungsprogramm Stadtverkehr (FoPS) des BMVBS zur Verbesserung der Verkehrsverhältnisse in den Gemeinden konnte in den vergangenen Jahren einen wichtigen Beitrag zur Weiterentwicklung und Etablierung von Maßnahmen aus dem Bereich des Mobilitätsmanagements leisten. Zu wesentlichen Projekten mit Bezug zur vorliegenden Arbeit zählen das Projekt „Schnuppertickets für Umzügler" in der Region Stuttgart (Rölle/Weber/Bamberg 2002b) oder die „Evaluation von Dialogmarketing mit Neubürgern" in der Landeshauptstadt München (z.B. Bamberg et al. 2008; Nallinger 2007). Im Jahr 2009 wurde darüber hinaus ein Programm auf Bundesebene gestartet, dass speziell das Handlungsfeld Mobilitätsmanagement fokussiert: Das Aktionsprogramm „Effizient Mobil: Das Aktionsprogramm für Mobilitätsmanagement" des Bundesumweltministeriums und der Deutschen Energie-Agentur (dena) fördert dabei das Mobilitätsmanagement in Kommunen und Betrieben im Rahmen der Klimaschutzinitiative der Bundesregierung über einen Zeitraum von zwei Jahren. Ziel des Programms ist es, Kommunen und Betriebe über die Möglichkeiten des Mobilitätsmanagements zu informieren und zur Umsetzung eigener Maßnahmen zu motivieren. Der Regionsbezug spielt dabei eine wesentliche Rolle (dena 2009).

---

[19] CITY:mobil. Forschungsverbund, gefördert vom BMBF im Forschungsschwerpunkt „Stadtökologie". Laufzeit 1994-1998.

[20] MOBINET = Mobilität im Ballungsraum München. Forschungsprojekt des BMBF. Laufzeit 1998-2003.

4.1.2 Mobilitätsmanagement in der Praxis

Auch auf Programm- und Planebene findet sich zum Teil das Thema Mobilitätsmanagement. Dabei wird das Mobilitätsmanagement entweder als eigenständiger Maßnahmenbereich aufgeführt, wie beispielsweise im Masterplan Mobilität der Stadt Dortmund (2004: 80ff) und im Verkehrsentwicklungsplan der Landeshauptstadt Düsseldorf (2007: 24), oder zusammen mit dem Verkehrsmanagement als ein Punkt zur Verbesserung der Verkehrsverhältnisse aufgenommen, z.B. im Verkehrsentwicklungsplan der Landeshauptstadt München (LHM 2006a: 43f); zum Teil wird es als untergeordneter Maßnahmenbereich des Verkehrsmanagements aufgeführt, wie im Luftreinhalteplan der Landeshauptstadt München (StMUGV 2004: 66f). Die Aufnahme des Handlungsfelds in unterschiedliche Programme und Pläne zeigt, dass dieser Maßnahmenbereich als einer von vielen Möglichkeiten zur Lösung der Verkehrsprobleme von Politik und Verwaltung wahrgenommen wird. Einen eigenständigen Plan erstellt die Landeshauptstadt München, den sogenannten Verkehrs- und Mobilitätsmanagementplan (LHM 2006d). Allerdings zeigt die Analyse für die Metropolregionen Deutschlands, dass sich der Maßnahmenbereich vorwiegend in städtischen, informellen Programmen und Plänen wiederfindet, auf regionaler Ebene fehlt bislang eine ähnliche Integration. Eine Ausnahme bildet unter anderem der Regionalplan München (RPV 2009a) (s. Kap. 4.3.5).

In rechtlicher Hinsicht zeigt die Praxis gerade auf Bundes- und Länderebene, dass das Mobilitätsmanagement bislang noch nicht den Stellenwert erreicht hat wie beispielsweise das Verkehrsmanagement oder die klassische Infrastrukturplanung. Ein Beleg hierfür ist die nach wie vor fehlende rechtliche Verpflichtung zur Durchführung von Mobilitätsmanagementmaßnahmen, wie dies in anderen europäischen Ländern bereits der Fall ist (ILS/ISB/ivm 2007: 96). Darüber hinaus fehlt bislang eine langfristige finanzielle Förderung von Mobilitätsmanagementmaßnahmen, z.B. auf Ebene des Gemeindeverkehrsfinanzierungsgesetzes (GVFG)[21]; hier sind derzeit nur Infrastrukturmaßnahmen förderfähig und keine „weichen" Maßnahmen (BMJ 2009c: § 2).

Die eher selten praktizierte personelle Verankerung in Form von Haushaltsstellen für den Bereich Mobilitätsmanagement, insbesondere bei den Gebietskörperschaften, belegt ebenfalls, dass das Thema noch nicht den Stellenwert erreicht hat, wie oftmals in den entsprechenden Fachkreisen verbreitet. Eine Ausnahme bildet z.B. die Landeshauptstadt München, die neben einem „Koordinator Mobilitätsmanagement" in den letzten Jahren Mit-

---

[21] Durch das Gemeindeverkehrsfinanzierungsgesetz (GVFG) gewährt der Bund den Ländern Finanzhilfen für Investitionen zur Verbesserung der Verkehrsverhältnisse in den Gemeinden.

tel für weitere Stellen speziell für das Themenfeld Mobilitätsmanagement bereitgestellt hat. Die Aktivitäten beschränken sich aber auch hier auf die städtische Ebene.

Eine Erklärung für die im Vergleich zu Infrastrukturmaßnahmen oder anderen Maßnahmenbereichen eher zurückhaltende Förderung auf Bundes- und Länderebene, insbesondere was die langfristige finanzielle Unterstützung oder rechtliche Verankerung anbetrifft, kann auch damit begründet werden, dass über die Wirkungen von Mobilitätsmanagementmaßnahmen nur wenige Untersuchungen vorliegen. Schwierigkeiten bereiten vor allem die Erfassung sowie die Separation von Effekten, die auf Mobilitätsmanagementmaßnahmen zurückzuführen sind, und solchen, die durch andere Einflüsse verursacht werden. Dies gilt vor allem für gesamtstädtische und regionale Ansätze. Problematisch ist auch, dass Änderungen und Effekte des individuellen Mobilitätsverhaltens oftmals erst mittel- bis langfristig feststellbar sind und entsprechend langfristige Studien erforderlich sind. Methodische Ansätze zur Wirkungsmessung von Maßnahmen des Mobilitätsmanagements sind deshalb ein wichtiges Forschungsfeld. Dazu wurden verschiedene Anwenderleitfäden entwickelt, z.B. das Handbuch zur Bewertung von Maßnahmen des Mobilitätsmanagements „MOST-MET Monitoring and Evaluation Toolkit" (ISB 2003), das darauf aufbauende „SUMO System for Evaluation of Mobility Projects" (Hyllenius 2004) und deren Modifizierung im Evaluationsleitfaden „maxSUMO" (Welsch/Haustein 2008: 88).

Die dargestellten Schwierigkeiten dürften ein Grund dafür sein, dass die Rahmenbedingungen und der Erfolg von Maßnahmen des Mobilitätsmanagements aus Expertensicht ebenfalls häufig eher kritisch eingeschätzt werden. So kommen ältere Untersuchungen zur Bedeutung und zu Rahmenbedingungen des Mobilitätsmanagements in Deutschland zu dem Schluss, dass die Bedeutung des Mobilitätsmanagements für den Verkehrsbereich in Deutschland als „eher mittel" eingestuft wird und die Rahmenbedingungen „schlecht" bis „mittel" sind (ILS 2003a). Eine weitere Expertenbefragung, die verkehrspolitische Maßnahmen hinsichtlich ihrer Verhaltenswirksamkeit, zeitlichen Umsetzbarkeit und den Gesamtkosten untersucht, kommt zu dem Schluss, dass die Verhaltenswirksamkeit von informatorischen Maßnahmen zwar insgesamt im Vergleich zu infrastrukturellen und preispolitischen Maßnahmen eher gering einzuschätzen ist. Maßnahmen wie individualisierte Marketingformen, aktive Mobilitätsberatung für Umzügler oder Mobilitätsberatung für Bürger zu Hause liegen aber leicht über dem Durchschnitt aller abgefragten Maßnahmen (Bamberg/Rölle/Weber 2002: 19ff).

4.2 Neubürgermarketing in Forschung und Praxis

Aktivitäten, die sich an Neubürger richten, sind in vielen Gemeinden etabliert. Zu nennen sind hier z.B. Informationsbroschüren zu verschiedenen Themenbereichen, Gutscheinhefte für Neubürger etc. Die Wirkungsmessung von Aktivitäten des Neubürgermarketings erfolgt auf kommunaler Ebene allerdings eher selten oder gar nicht. Eine Ausnahme stellt das Münchner Neubürgerpaket dar, dessen Wirkungen intensiv evaluiert wurden (s. Kap. 4.3.6.1). Die Analyse der Aktivitäten in den Umlandgemeinden Münchens belegt allerdings, dass trotz vielfältiger Maßnahmen für Neubürger in der Regel keine Wirkungsmessung erfolgt (s. Kap. 4.3.6.3). Grund dürften die vergleichsweise geringen finanziellen Mittel sein, die den Gemeinden in der Regel für die Evaluation oder das Monitoring von Maßnahmen zur Verbesserung der Verkehrsverhältnisse zur Verfügung stehen – außer es handelt sich um Maßnahmen, die innerhalb von Forschungstätigkeiten realisiert werden.

Während auf städtischer oder gemeindlicher Ebene Neubürgermarketing in unterschiedlicher Intensität durchgeführt wird, sind sie mehrheitlich nicht in eine regionale Gesamtstrategie eingebunden. Die Einführung eines Regionalen Neubürgerpakets ist bisher in keiner deutschen Metropolregion erfolgt, erste Schritte zur Übertragung des städtischen Ansatzes auf einzelne Umlandgemeinden im Rahmen von Pilotprojekten sind nur für die Region München bekannt (s. Kap. 4.3.6.2).

In der Schweiz wurden allerdings bereits Ende der 1990er Jahre im Rahmen des angesprochenen EU-Forschungsprojekts MOMENTUM Neubürgerpakete auch in Umlandgemeinden getestet: Hier wurde sowohl in der Stadt Zürich als auch in zwei seiner Umlandgemeinden das Verkehrsmittelwahlverhalten von Neubürgern nach einem Umzug untersucht. Sie erhielten bei ihrer Anmeldung Informationsunterlagen zu den Verkehrsangeboten am neuen Wohnort, insbesondere zum Öffentlichen Verkehr und Fahrradverkehr. Im Ergebnis zeigte sich, dass die Befragten am liebsten selber entscheiden, wann und wie sie die gewünschten Informationen erhalten. Bezogen auf den Modal Split konnte eine Verhaltensänderung in Richtung umweltverträglicher Verkehrsmittel nachgewiesen werden, insbesondere in der Kernstadt Zürich. In den beiden Umlandgemeinden konnte zwar ebenfalls eine Veränderung gemessen werden, allerdings war der Anteil der Personen mit unverändertem Verkehrsverhalten mit 69% größer im Vergleich zu 45% in der Kernstadt Zürich (Tiefbauamt der Stadt Zürich, Verkehrsplanung 1999).

Zwischenfazit

Insgesamt zeigt sich, dass insbesondere die jüngsten Aktivitäten von seiten des Bundes im Rahmen des Aktionsprogramms „Effizient Mobil" darauf hindeuten, dass das Thema Mobilitätsmanagement nicht an Aktualität verloren hat, auch wenn die Fördervolumen nicht mit Finanzierungshilfen, beispielsweise für Infrastrukturmaßnahmen, zu vergleichen sind. Insofern kann noch nicht von einem Paradigmenwechsel in der Verkehrspolitik in Bezug zum Mobilitätsmanagement gesprochen werden. Die Erkenntnisse aus Forschung und Praxis zeigen auch, dass es bislang keinen strategischen Ansatz auf regionaler Ebene zur Integration dieses Handlungsfeldes gibt. Auch fehlt es in der Mehrheit an der entsprechenden Wirkungsmessung oder Beurteilung von Erfolgsfaktoren, die die Einführung von Mobilitätsmanagementmaßnahmen erleichtern bzw. Hemmschwellen abbauen.

Deshalb sollten Forschungsprogramme weiterhin als Impulsgeber, gerade auch vor dem Hintergrund regionaler Betrachtungszusammenhänge, verstanden und genutzt werden, um Kooperationen aufzubauen, Praxisanwendungen zu fördern und letztendlich die Bedeutung des Mobilitätsmanagements für eine nachhaltige Verkehrsabwicklung weiter voranzutreiben.

4.3 Mobilitätsmanagement in der Metropolregion München

Mobilitätsmanagement wird in der Metropolregion München – wie bereits erwähnt – schon seit einigen Jahren erfolgreich zur Verbesserung der regionalen Verkehrsverhältnisse angewendet. Grund ist die vergangene und gegenwärtige positive Bevölkerungs- und Wirtschaftsentwicklung, die mit negativen Auswirkungen des Verkehrs einhergeht.

Bevor auf das Mobilitätsmanagement in der Metropolregion München eingegangen wird, erfolgt zunächst ein Überblick über die räumliche Abgrenzung der Metropolregion und die dortigen strukturellen Entwicklungen.

4.3.1 Abgrenzung der „Region München"

Wenn von der „Region München" gesprochen wird, so werden darunter unterschiedliche Gebietsabgrenzungen verstanden. Vor diesem Hintergrund ist es zunächst notwendig, ein klares Begriffsverständnis zu schaffen. Dies ist auch deshalb notwendig, um eine Kommunikation der „Region" nach außen, beispielsweise in Richtung Politik oder Bürger, zu erleichtern, insbesondere in Bezug auf die Umsetzung regionaler Maßnahmen zur Verbesserung der Verkehrsverhältnisse. In der Diskussion um die „Region München" haben sich im Wesentlichen die folgenden drei Abgrenzungen herausgebildet: die Metropolregion München, die Planungsregion München und der Verbundraum des Öffentlichen Verkehrs. Für die vorliegende Arbeit ist zusätzlich die Umlandregion von Bedeutung (s. Abb. 8).

Abb. 8   Die „Region München"

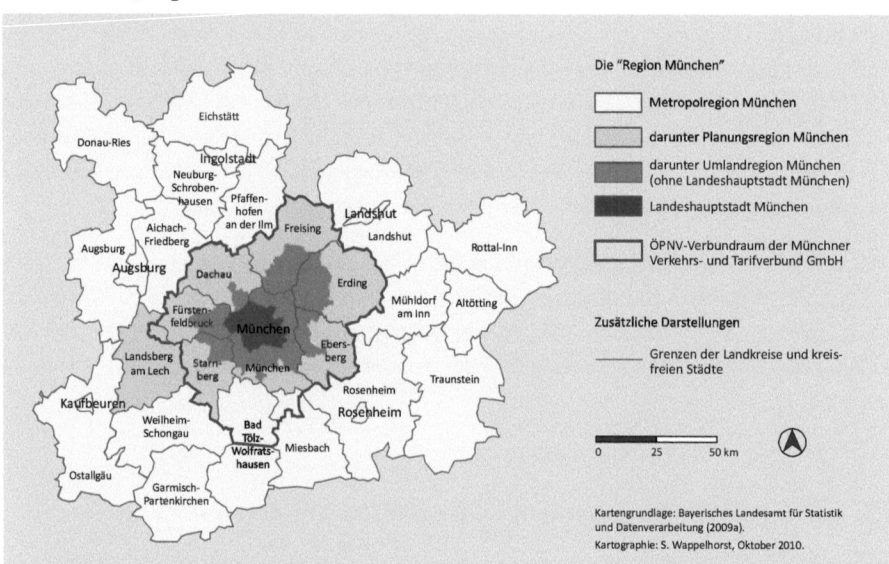

▶ **Die Metropolregion München:** Die Metropolregion München ist dem allgemeinen Verständnis von Metropolregionen nach eher weiträumig angelegt und deckt im Wesentlichen den südlichen Teil Bayerns ab (s. Abb. 7). Zunächst wurde die Metropolregion mit der Planungsregion München gleichgesetzt, wie die Abgrenzungsbereiche des Initiativkreises Europäischer Metropolregionen (IKM) aus dem Jahre 2006 (IKM 2006: 3) oder die Ausführungen im Regionalplan (RPV 2009a) belegen. Mit der Institutionalisierung der Metropolregion im Jahre 2007 wurde die Metropolregion dann eher großräumig definiert: Sie bestand aus einem fest abgegrenzten Kernbereich, der sich aus den Oberzentren München, Augsburg, Ingolstadt, Landshut und Rosenheim sowie den sie umgebenden Landkreisen zusammensetzte. Der Ausstrahlungsbereich wurde nicht genau abgegrenzt und war eher weiträumig angelegt (EMM 2007: 3). Gegenwärtig gibt es einen klaren räumlichen Bezugsrahmen, der sich an administrativen Grenzen orientiert und sich aus den kreisfreien Städten München, Augsburg, Ingolstadt, Landshut, Rosenheim und Kaufbeuren sowie den sie umgebenden Landkreisen zusammensetzt.

Abb. 9 Die Planungsregion München

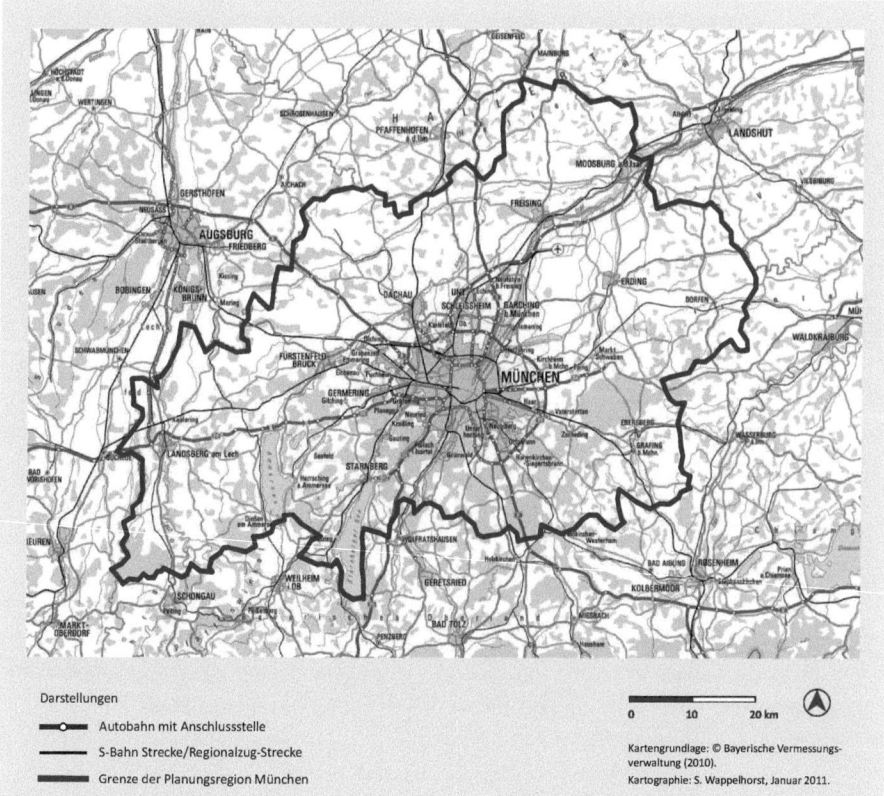

▶ **Die Planungsregion München:** Die Planungsregion München stellt den Kernraum der Metropolregion München dar und umfasst räumlich betrachtet die Landeshauptstadt München sowie die acht Landkreise Dachau, Ebersberg, Erding, Freising, Fürstenfeldbruck, Landsberg am Lech, München und Starnberg (s. Abb. 9) (RPV 2009a).

▶ **Der ÖPNV-Verbundraum:** Der ÖPNV-Verbundraum der Münchner Verkehrs- und Tarifverbund GmbH (MVV) beschreibt das Einzugsgebiet entlang der S-Bahn-Achsen. Er bezieht sich räumlich auf die Planungsregion München, allerdings nur mit Teilen des Landkreises Landsberg am Lech und zusätzlich mit einigen Gemeinden der Landkreise Bad Tölz-Wolfratshausen und Miesbach (MVV 2007a).

▶ **Die Umlandregion:** Zur Vervollständigung der Regionsabgrenzungen wird zusätzlich noch die Umlandregion definiert, die im Wesentlichen die Gemeinden abdeckt, die an die Landeshauptstadt München grenzen bzw. in räumlicher Nähe zu ihr liegen. Laut dem Regionalplan handelt es sich hierbei um den „Stadt- und Umlandbereich im Verdichtungsraum" (RPV 2009a). Wenn im Folgenden vom Münchner Umland die Rede ist, sind diese Bereiche damit gemeint.

4.3.2 Strukturelle Entwicklung der Planungsregion München

Die nachfolgenden Ausführungen beziehen sich im Wesentlichen auf die Planungsregion München, die den Kernraum der Metropolregion München darstellt. Genauer wird auf vergangene, gegenwärtige und zukünftige Entwicklungen in den Bereichen Bevölkerung, Siedlung, Wirtschaft und Verkehr eingegangen, um den Handlungsbedarf zur Reduzierung des Verkehrswachstums in der Planungs- bzw. Metropolregion München zu untermauern.

4.3.2.1 Bevölkerung

In der Planungsregion München leben gut 2,6 Millionen Einwohner, davon gut 1,3 Millionen in der Landeshauptstadt München (Stand 31.12.2008). Damit zählt die Region zu den bevölkerungsreichsten im süddeutschen Raum (LHM, Statistisches Amt 2009; PV 2008). In den Jahren von 1998 bis 2008 konnte in den Münchner Umlandgemeinden weiterhin ein deutlicher Anstieg der Bevölkerung festgestellt werden (PV 2008). Wesentlichen Anteil an der Bevölkerungsentwicklung haben Bevölkerungsbewegungen im Sinne von Fort- und Zuzügen. Für die vorliegende Arbeit sind vor allem Zuzüge von Interesse.

Die absoluten mittleren Zuzüge der vergangenen fünf Jahre in die Gemeinden der Planungsregion München zeigt Abbildung 10. Danach sind die Zuzüge in den direkten Umlandgemeinden der Landeshauptstadt München und entlang der nordöstlichen Flughafenachse am höchsten. Alle übrigen Gemeinden haben zum Teil sehr niedrige Zuzugszahlen. Dabei wird deutlich, dass bei der Wohnstandortwahl die Nähe zum Schnellbahnnetz (S-Bahn und Regionalbahn) eine wichtige Rolle spielt, aber auch die Nähe zur Landeshauptstadt München bzw. zum Flughafen, die wiederum Arbeitsplatzschwerpunkte darstellen.

Bevölkerungsprognosen für die Planungsregion München gehen davon aus, dass die Bevölkerungszahlen in den Umlandbereichen weiter ansteigen werden (PV 2008). Ebenfalls deuten sowohl die absoluten Zahlen als auch die prozentualen Steigerungen der Bevölke-

Abb. 10 Mittlere Zuzüge in die Gemeinden der Planungsregion München 2004-2009

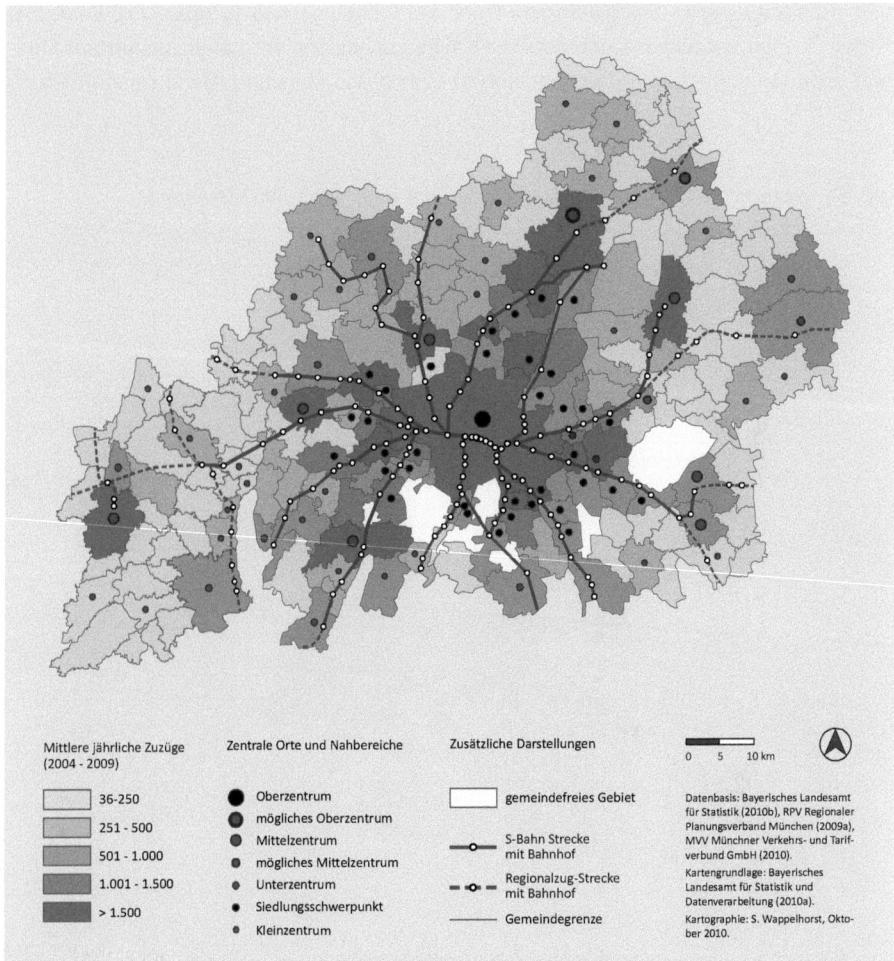

rungsvorausberechnungen des Bayerischen Landesamts für Statistik und Datenverarbeitung bis zum Jahr 2028 (Basisjahr 2008) darauf hin, dass insbesondere die Planungsregion München mit „zunehmenden" bzw. „stark zunehmenden" Bevölkerungszahlen zu rechnen hat. Die stärksten Zuwächse werden für den Landkreis Erding erwartet, mit einer Zunahme der Bevölkerung um 15,5%, gefolgt von den Landkreisen Landsberg am Lech und München mit jeweils 13,0% (Bayerisches Landesamt für Statistik und Datenverarbeitung 2009e). Zu ähnlichen Ergebnissen kommt auch die Raumordnungsprognose 2025/2050 des BBR (2009). Die prognostizierten absoluten Zuzüge je 1.000 Einwohner für das Jahr 2025 (Basisjahr 2006) bestätigen den Trend der Vergangenheit (s. Abb. 11): Weiterhin werden Zuzüge vor allem in den direkten Umlandgemeinden der Landeshauptstadt München erwartet, vor allem in den Landkreisen Erding und München (Bertelsmann Stiftung 2011).

Abb. 11 Zuzüge im Jahr 2025 für Gemeinden mit mehr als 5.000 Einwohner

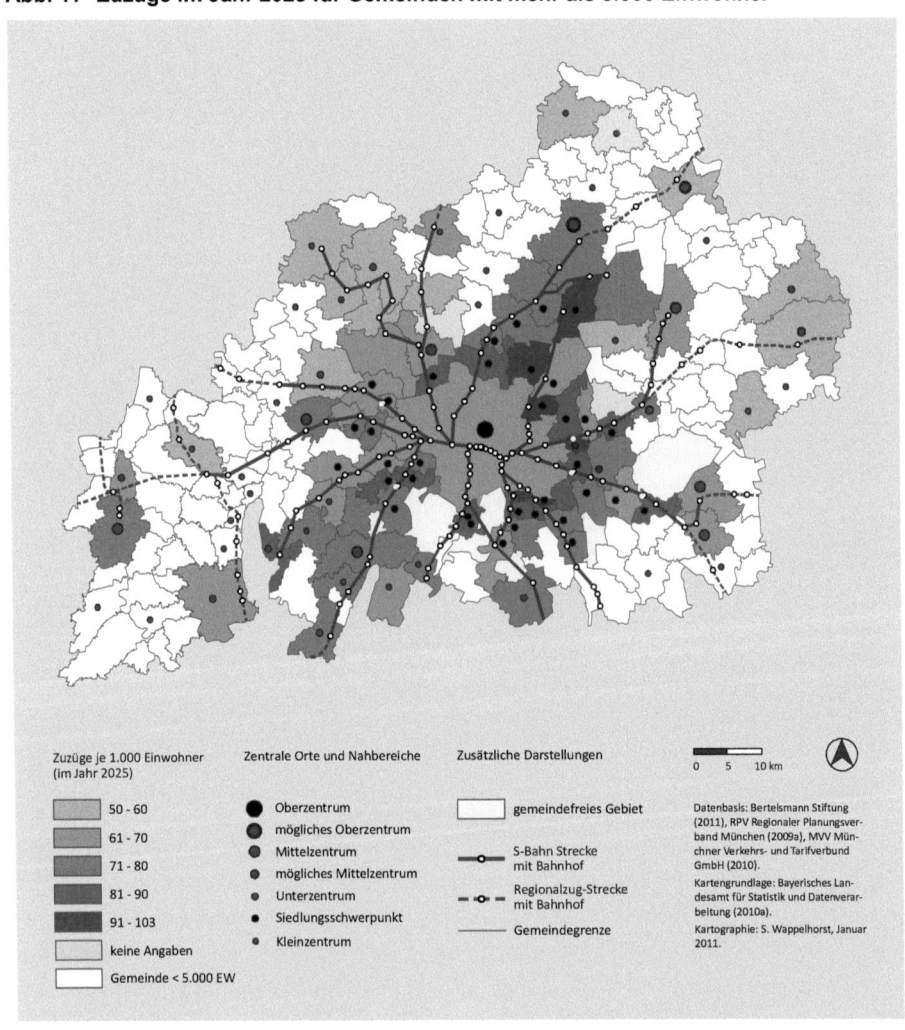

4.3.2.1 Siedlung

Laut Aussagen des Regionalplans München soll die monozentrisch-radiale Raumstruktur der Planungsregion im Sinne einer dezentralen Konzentration ergänzt und weiterentwickelt werden. Dabei soll „eine ausgewogene Funktionsmischung von Wohnstätten, Arbeitsplätzen und Versorgungseinrichtungen" angestrebt werden, unter enger „Abstimmung der Siedlungsentwicklung mit dem öffentlichen Personennahverkehr (ÖPNV), insbesondere mit dem Schienenpersonennahverkehr" (RPV 2009a). Die im Regionalplan ausgewiesenen zentralen Orte und Nahbereiche (s. Abb. 10) konzentrieren sich entsprechend an den Bahnlinien. Trotz der Grundsätze und Ziele des Regionalplans, die Siedlungsentwicklung entlang der Siedlungsachsen zu konzentrieren, werden weiterhin auch die Achsenzwischenräume besiedelt (z.B. LHM 2003a: 11), was nicht zuletzt auch auf die bereits angesprochene kommunale Planungshoheit zurückzuführen ist. Dass allerdings noch erhebliche Flächenpotenziale im Umfeld der Bahnhaltepunkte des MVV-Verbundraums vorhanden sind, belegt eine Studie der Arbeitsgemeinschaft „Nachhaltige Siedlungsentwicklung" (2008).

4.3.2.2 Wirtschaft

Die wirtschaftliche Stärke der Planungsregion München wird in diversen Studien belegt. So liegen beispielsweise laut Zukunftsatlas der Prognos AG und dem Handelsblatt (2007) von den acht Regionen Deutschlands der Spitzengruppe mit „Top-Zukunftschancen" vier in der Region München (Landeshauptstadt München, Landkreis München, Landkreis Starnberg, Landkreis Freising). Auch im Regionalranking der Initiative Neue Soziale Marktwirtschaft (2009) erzielt die Planungsregion im deutschlandweiten Vergleich sehr gute Werte. 409 Kreise und kreisfreie Städte wurden in dieser Untersuchung anhand 39 ökonomischer und struktureller Indikatoren wie Kaufkraft, Bruttoinlandsprodukt und Ausbildungsplatzdichte untersucht und bewertet. Dabei liegen die beiden Landkreise München und Starnberg auf den ersten beiden Plätzen.

Die wirtschaftliche Dynamik spiegelt sich auch in der Arbeitsplatzentwicklung wider, die in der Vergangenheit durch starkes Wachstum gekennzeichnet war. Insbesondere die Umlandbereiche der Landeshauptstadt München haben von diesen Entwicklungen profitiert. So zeigt die Entwicklung der sozialversicherungspflichtig Beschäftigten von 1997 bis 2007, dass die Planungsregion München (ohne Landeshauptstadt München) absolut gesehen die höchsten Zuwächse im Vergleich zur Landeshauptstadt München verzeichnen konnte. Prozentual stieg zwischen 1997 und 2007 die Zahl der sozialversicherungspflichtig Beschäftigten in der Umlandregion um mehr als 20% an, in der Landeshauptstadt München waren es im gleichen Zeitraum nur etwas mehr als 5% (PV 2008).

Auch für die Zukunft wird die Zahl der Erwerbspersonen den Prognosen zufolge in der Region München weiterhin wachsen (z.B. BBR 2009).

4.3.2.3 Verkehr

Vor allem die zunehmenden Bevölkerungs- und Arbeitsplatzzahlen der Vergangenheit haben maßgeblich zum Verkehrswachstum in der Region München beigetragen.

Statistiken belegen, dass bereits in der Vergangenheit gerade die Umlandbereiche von den beschriebenen Verkehrszuwächsen betroffen waren. Bereits im Jahre 1965 wurde festgestellt, dass der Kraftfahrzeugbestand pro 1.000 Einwohner bezogen auf Gesamtbayern in den Landkreisen fast immer höher ausfiel als in den Stadtkreisen (Bayerisches Statistisches Landesamt 1965: 186). Weitere statistische Auswertungen zeigen, dass im Jahre 1970 die Anzahl der Pkw pro 1.000 Einwohner in der Region München bereits höher ausfiel als die in der Landeshauptstadt München (Bayerisches Staatsministerium des Innern, Oberste Baubehörde 1977: 40). Daran hat sich bis heute nichts verändert, wie Abbildung 12 veranschaulicht. Insgesamt ergibt sich daraus für die Pkw-Dichte je 1.000 Einwohner ein eher heterogenes Bild. Sehr niedrige (447 bis 500 Pkw je 1.000 Einwohner) und niedrige (501 bis 550 Pkw je 1.000 Einwohner) Motorisierungsgrade finden sich in der Regel in den Gemeinden höherer Zentralitätsstufe und/oder direkter Nachbarschaft zur Landeshauptstadt München. Viele dieser Gemeinden liegen auch an den Schnellbahnachsen des Öffentlichen Verkehrs. Hohe bis sehr hohe Pkw-Dichten (601 bis 650, 651 bis 844 Pkw je 1.000 Einwohner) finden sich allerdings auch in den Gemeinden höherer Zentralitätsstufe in unmittelbarer Nähe zur Landeshauptstadt München, trotz Anschluss an das Schnellbahnnetz des Öffentlichen Verkehrs. Der Anschluss an das Schnellbahnnetz lässt damit allein keine direkten Rückschlüsse auf dessen Nutzung bzw. den Verzicht auf einen Pkw zu. Maßgeblich sind auch Erreichbarkeitsoptionen durch leistungsfähige Straßen oder ein hoher Motorisierungsgrad in Verbindung mit einem hohen Einkommen.

Auch der regionale Pendlerverkehr, der einen maßgeblichen Anteil am Gesamtverkehrsaufkommen bildet, hat zwischen 1997 und 2007 kontinuierlich zugenommen. So ist die regionale Pendler-Gesamtmobilität (ohne Binnenpendler der Landeshauptstadt München) der sozialversicherungspflichtig Beschäftigten zwischen 1998 und 2008 von insgesamt 603.862 auf 761.656 gestiegen (PV 2008: 54).

Abb. 12 Pkw-Dichte in den Gemeinden der Planungsregion München

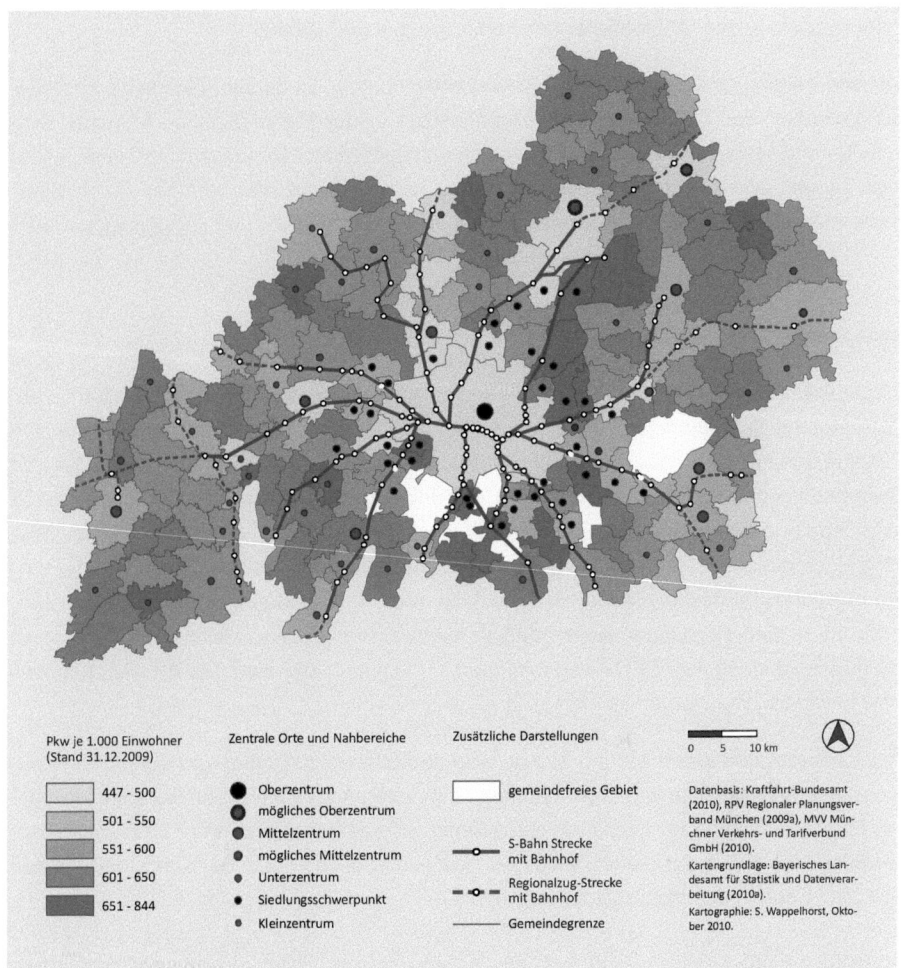

Für die Zukunft wird auch aufgrund der zunehmenden Einwohner- und Arbeitsplatzzahlen von weiteren Steigerungen im Verkehrsaufkommen sowie Verkehrsaufwand ausgegangen. So geht beispielsweise das acatech Verkehrsszenario (2006) für die Planungsregion München bis zum Jahr 2020 (Basisjahr 2002) von einer Steigerung des Verkehrsaufkommens (in Kfz-Fahrten) um 33% und der mittleren Fahrweiten um 4% aus. Diese Entwicklungen werden nach ihren Erkenntnissen in der Planungsregion München flächendeckend zum Tragen kommen. Auch im Verkehrsentwicklungsplan der Landeshauptstadt München wird von zunehmenden Verkehrsströmen in den Netzen des Straßen- und Schienenverkehrs, insbesondere in den Umlandbereichen, gesprochen (LHM 2006a).

Vor dem Hintergrund zunehmender Umlandverflechtungen ist darüber hinaus die Erschließungsstruktur des öffentlichen Schnellbahnnetzes in der Planungsregion München entscheidend: Dieses ist radial auf die Landeshauptstadt München ausgerichtet, leistungsfähige Tangentialverbindungen existieren nicht. Dieser Mangel wird zum Teil durch Buslinienverkehr zwischen den Gemeinden ausgeglichen, wenn auch nicht vollständig.

Zwischenfazit

Insgesamt deuten vergangene und zukünftige strukturelle Entwicklungen weiterhin auf Wachstum in der Planungsregion München hin. Für die Verkehrsabwicklung im regionalen Zusammenhang sind dabei nicht nur die absoluten Zahlen bezüglich Bevölkerungs- und Erwerbstätigenentwicklung entscheidend, sondern auch deren räumliche Standortverteilung. So kann davon ausgegangen werden, dass sich unter den derzeitigen Rahmenbedingungen die angesprochene Diskrepanz zwischen raumplanerischen Zielen und der realen Siedlungsentwicklung weiterhin fortsetzen wird. In der Konsequenz bedeutet dies, dass die Verkehrsleistungen weiter steigen werden. Problematisch sind auch die zumeist fehlenden tangentialen ÖPNV-Verbindungen im Umland, die zum Teil die Nutzung des Pkw notwendig machen.

Auch erfordern die geschilderten Trends eine deutlichere Abstimmung zwischen der Siedlungs- und Verkehrsplanung. Zum anderen sind neben Angebotsverbesserungen alternativer Mobilitätsdienstleistungen auch Maßnahmen erforderlich, die zu einer effizienteren Abwicklung des Gesamtverkehrs beitragen, wie Informations- und Beratungsmaßnahmen aus dem Bereich des Mobilitätsmanagements.

4.3.3 Lösungen zur Reduzierung des Verkehrs in der Planungsregion München

Die geschilderten Entwicklungen in der Planungsregion München sind die Folge komplexer verkehrlicher und siedlungsstruktureller Prozesse der Vergangenheit. Im Folgenden wird dazu ein Überblick über wesentliche Entwicklungsprozesse gegeben und dargestellt, welche Maßnahmen und Instrumente in der Vergangenheit zur Lösung der Verkehrsprobleme in der Planungsregion München eingesetzt wurden.

75

Die dynamische wirtschaftliche Entwicklung Münchens setzt bereits kurz nach dem Zweiten Weltkrieg ein, mit der Ansiedlung zahlreicher Unternehmen und der damit verbundenen Bevölkerungszunahme. Daneben führte die Massenmotorisierung des Autos zwischen 1955 und 1960 zu einer Verdopplung des privaten Motorisierungsgrads und nahm jährlich weiterhin zu. Räumlich siedelten sich die Bevölkerung und die neuen Betriebe vor allem im Umland der Stadt München an. Zusammen mit dem zunehmenden Motorisierungsgrad stiegen auch die Pendlerzahlen kontinuierlich an und führten zu wachsenden Verkehrsproblemen. So kamen bereits Anfang der 1960er Jahre täglich 100.000 Pendler aus dem Umland in die Stadt (Schmucki 2001).

Auch wenn bereits der Regionalplan München aus dem Jahre 1956 die Bedeutung von Verkehrsplanungen und deren Durchführung zur Abwendung „des drohenden Verkehrszusammenbruches" herausstellt (Schütz 1956: 9), blieben planerische oder verkehrliche Instrumente in den 1960er Jahren noch weitgehend ohne große Wirkung im Hinblick auf eine effiziente Siedlungs- und Verkehrsentwicklung. Um aber dem zunehmenden Bevölkerungs-, Arbeitsplätze- und Verkehrswachstum gerecht zu werden, wurde 1963 der erste Stadtentwicklungsplan einschließlich Gesamtverkehrsplan verabschiedet, der erstmalig eine Planungsgrundlage für eine längerfristige Verkehrsentwicklung schuf. Grundlegende Zielrichtung des Plans war es, die Stadt zu einer wachstumsorientieren Metropole mit Schnellstraßen und Schnellbahnen zu entwickeln. Die Lösung verkehrlicher Fragen wurde als eine Grundvoraussetzung städtischen Lebens gesehen. Dazu standen der Ausbau des Altstadtrings und der sternförmigen Ausfallstraßen sowie der Bau einer U-Bahn (Baubeginn 1965), einer S-Bahn (Baubeginn 1967) und allgemeine Erweiterungen zugunsten der Verkehrsfläche im Vordergrund der planerischen Aktivitäten. Für die Umlandbereiche wurde bezüglich des Individualverkehrs festgestellt: „Anders als in der Innenstadt sind dagegen dem Individualverkehr in den peripheren Bereichen zunächst keine Schranken gesetzt" (Stadtplanungsamt der Landeshauptstadt München 1963: 32).

In den späten 1960er Jahren und zu Beginn der 1970er Jahre wurde die Siedlungs- und Verkehrsstruktur maßgeblich durch die Olympischen Sommerspiele im Jahre 1972 in der Landeshauptstadt München beeinflusst. Im Vorfeld der Eröffnung wurde der Bau leistungsfähiger schienengebundener Massenverkehrsmittel (U-Bahn und S-Bahn) und der Ausbau von Schnellstraßen (s. Abb. 13) vorangetrieben. In den Folgejahren wurde der Ausbau des Straßenverkehrsnetzes im Sinne der „verkehrsgerechten Stadt" fortgesetzt, aber auch der Öffentliche Verkehr wurde weiter ausgebaut (LHM 1974; Münchner Forum 1974). So hieß es im Stadtentwicklungsplan: „Im Bereich des öffentlichen Verkehrs wird unterstellt, daß das S-Bahnnetz auch außerhalb der Stadt [...] verbessert wird. Die volle Wirksamkeit dieser Verbesserungen i.S. einer zunehmenden Verlagerung von Straßenverkehr auf die öffentlichen Verkehrsmittel setzt aber [...] eine gute Anbindung der Umlandgemeinden an

Abb. 13 Ausbau von Schnellstraßen in München – Olympiagelände im Jahre 1972

die S-Bahn [...] voraus" (LHM 1974: IX-24). Auch die Bedeutung der regionalen Ebene wurde zum Ausdruck gebracht und analog zur „Stadt im Gleichgewicht" eine „Region im Gleichgewicht" gefordert. Ziel war eine partnerschaftliche Zusammenarbeit der Region, wobei die Ausführungen aus Sicht der Landeshauptstadt München dargestellt wurden. Unter der Kapitelüberschrift „Regionale Verflechtungen" wurde bereits auf die Schwierigkeit der gemeindeübergreifenden Zusammenarbeit hingewiesen. So hieß es: Es „wird zu prüfen sein, ob unter den heutigen Verhältnissen die 1971 geforderte Verwaltungsregion oder andere Organisationsformen in der Lage sind, die noch unbefriedigende interkommunale Zusammenarbeit auf der Vollzugsebene zu verbessern" (LHM 1974: X-9). Den Ausbau der Verkehrsinfrastruktur in Form des U-Bahn-Ausbaus, Leistungsverbesserungen der S-Bahn in den Außenbereichen der Stadt sowie die Erhöhung des Park & Ride Stellplatzangebots im Umland forderte darüber hinaus auch ein Gutachten aus dem Jahre 1977 unter dem Titel „Verkehrsuntersuchung Großraum München" (Bayerisches Staatsministerium des Innern, Oberste Baubehörde 1977: 65).

Die zunehmende Sensibilisierung der Öffentlichkeit gegenüber stadtplanerischen Verkehrsprojekten und die Kritik an der autogerechten Stadt führten im Jahre 1983 zu einer erneuten Überarbeitung des Stadtentwicklungsplans. Leitbild war nunmehr eine „menschengerechte Stadt", in der es weiterhin darum ging, zu einer Verbesserung der Verkehrsverhältnisse beizutragen. Auch das Thema Umweltschutz wurde vermehrt als wichtiges Handlungsfeld berücksichtigt: „Die Stärkung des ÖPNV ist Vorbedingung dafür, daß die Umweltbelastung durch den motorisierten Verkehr wirksam reduziert werden kann [...]" (LHM 1983: 29). Ziele der Verkehrspolitik wurden unter anderem im Ausbau und der Förderung des ÖPNV sowie des Fußgänger- und Fahrradverkehrs gesehen. Die private Motorisierung nahm in dieser Zeit weiterhin zu und führte zu Zuwächsen im Berufspendlerverkehr. So hatte in den 1980er Jahren der einpendelnde Verkehr zum ersten Mal einen höheren Anteil am Verkehrsaufkommen als der städtische Binnenverkehr. Diese Entwicklungen stellten die Stadt- und Verkehrsplanung vor neue Herausforderungen, gerade auch im regionalen Kontext. So hieß es: „Bei der Lösung der regionalen Probleme ist mit dem Umland gemeinsam und solidarisch vorzugehen: Dafür ist es nötig, daß die betroffenen Gebietskörperschaften die in der Landeshauptstadt München und im Umland vorhandenen Probleme mit überörtlicher Bedeutung als gemeinsame Probleme anerkennen." Und weiter: „Ein konkurrierendes Bemühen um Einwohner und Arbeitsplätze zwischen der Landeshauptstadt, dem näheren Stadtumland und den ländlichen Bereichen der Region geht an den wirklichen Problemen der Raumordnungspolitik vorbei und schwächt die Position der Gesamtregion [...]" (LHM 1983: 73). Die Lösung der Verkehrsprobleme wurde vor allem bis Ende der 1980er Jahre im Wesentlichen mithilfe der Verkehrsleittechnik und integrierten Verkehrssteuerung angestrebt.

Ab Mitte der 1990er Jahre ging die Planung dazu über, eher umsetzungsorientierte Vorhaben auf städtischer und regionaler Ebene zu verfolgen. Unter dem Schlagwort „Kooperatives Verkehrsmanagement für die Region München" wurde versucht, die Verkehrsprobleme der Stadt und der Region durch weitere Verbesserungen der Nahverkehrsangebote, mehr Park & Ride Möglichkeiten und verkehrslenkende Maßnahmen mittels moderner Informationssysteme zu mindern (Oberste Baubehörde im Bayerischen Staatsministerium des Innern 2002; Janssen/Kirchhoff 1998; Freistaat Bayern et al. 1997; Frank 1994: 75ff). Ende der 1990er Jahre rückten dann vermehrt weiche Maßnahmen aus dem Bereich des Mobilitätsmanagements in das Interesse der Stadt- und Verkehrspolitik. So wurden in den Jahren 1998 bis 2003 im Rahmen des BMBF-Forschungsprojekts „MOBINET – Mobilität im Ballungsraum München" erste Ansätze des Mobilitätsmanagements (in Kombination mit „hardware"-orientierten Maßnahmen) umgesetzt und evaluiert (LHM 2003b). Im Nachfolgeprojekt arrive[22] wurden die bestehenden Ansätze weiterentwickelt mit dem Ziel der „Erhaltung und Förderung der Mobilität, Lebensqualität und Wirtschaftskraft in der Region München durch Maßnahmen und Angebote zur effizienteren Nutzung [...] der Verkehrsangebote" (Kooperationspartner arrive 2008).

Die heutige Siedlungs- und Verkehrsentwicklung der Landeshauptstadt München steht unter dem Motto „Integriertes, multimodales Verkehrsmanagement" und verbindet „hardware"- und „software"- orientierte Maßnahmen. Der Fokus liegt auf den Bereichen Verkehrsmanagement/Telematik, Mobilitätsberatung sowie Verkehrsmarketing (LHM 2009a). Gerade auch vor dem Hintergrund der Klimadiskussion ist die Lösung der Verkehrsprobleme weiterhin ein zentrales Thema der Münchner Stadt- und Verkehrsentwicklung. So zeigt eine Studie zu Wegen in eine CO_2-freie Zukunft (Siemens AG 2009), dass durch Verkehrsverminderung und -verlagerung auf den Umweltverbund im Bereich des Personenverkehrs bis zum Jahr 2058 (Basisjahr 2008) eine Reduktion der CO_2-Emissionen um 458 Tonnen erreicht werden kann; diese Werte beziehen sich allerdings nur auf die Landeshauptstadt München.

Zwischenfazit

Insgesamt zeigen die Entwicklungen der Siedlungs- und Verkehrsstruktur in der Region München, dass die gegenwärtigen Verkehrsprobleme bereits seit vielen Jahrzehnten im Fokus der Stadt- und Regionalentwicklung stehen. Auch wird deutlich, dass schon sehr früh erkannt wurde, dass der Einbezug der Region eine entscheidende Rolle bei der Minderung der Verkehrsprobleme darstellt. Als Konsequenz wurde schon früh damit begonnen, regionale Fragen in städtische Programme und Pläne zu integrieren sowie bei Forschungsprojekten die regionale Ebene mit einzubinden. Trotz dieser Ansätze stoßen regionale Bemühungen immer wieder an ihre Grenzen, was nicht zuletzt auch auf die institutionellen Rahmenbedingungen der „Region" zurückzuführen ist, auf die nachfolgend näher eingegangen wird.

4.3.4 Regional agierende Organisationen und Institutionen

In der Planungsregion München arbeitet eine Reihe von Organisationen an der Lösung der zunehmenden regionalen Verkehrsprobleme. Diese sind zum Teil fest institutionalisiert,

---

[22] arrive = Nachfolgeprojekt von MOBINET. Laufzeit 2005-2008.

teilweise basieren sie auf freiwilligen Kooperationen. Für die Umsetzung konkreter Mobilitätsmanagementmaßnahmen interessiert vor allem der Handlungsspielraum der einzelnen, regional agierenden Gruppierungen.

▶ **Regionaler Planungsverband München (RPV):** Der RPV ist der gesetzlich vorgesehene Zusammenschluss der Gemeinden, Landkreise und kreisfreien Städte der Planungsregion München. Als Körperschaft des öffentlichen Rechts tritt er an die Stelle seiner Mitglieder, soweit sie nach dem Bayerischen Landesplanungsgesetz (BayLplG) an der Aufstellung von Zielen der Raumordnung und Landesplanung zu beteiligen sind. Der RPV koordiniert als Träger der Regionalplanung die räumliche Entwicklung der Region und beschließt den Regionalplan, der den Rahmen für die kommunale Entwicklung der Region vorgibt. Zusätzlich stellt er eine Plattform für die Diskussion regionaler Themen dar (RPV 2009b). Organisatorisch besteht der RPV aus einer Verbandsversammlung mit 194 Verbandsmitgliedern (Vertreter der Landeshauptstadt München, der Gemeinden und der 8 Landkreise). Neben der Verbandsversammlung existiert ein Planungsausschuss mit 30 Vertretern (Vertreter der Landeshauptstadt München, der Landkreise und Gemeinden) (RPV 2009b). In der Praxis sind die Befugnisse des RPV begrenzt, weil ein operativer Geschäftsbereich fehlt und die finanziellen Möglichkeiten limitiert sind. Die Finanzen beschränken sich weitgehend auf den notwendigen Verwaltungsaufwand. Den Gemeinden können entsprechend keine Gelder, z.B. für konkrete Projekte, zur Verfügung gestellt werden. „Hinzu kommt die personelle, fachliche und technische Unterstützung durch die Regierung von Oberbayern, den von der Regierung bestellten Regionsbeauftragten und die Fachbehörden, die Fachbeiträge zur Fortschreibung des Regionalplans beisteuern" (RPV 2009b; Breu et al. 2008: 113). Um zwischen den verschiedenen regional agierenden Akteuren den Informationsaustausch zu verbessern, hat der RPV in der Vergangenheit regionale Verkehrskonferenzen durchgeführt.

▶ **Planungsverband Äußerer Wirtschaftsraum München (PV):** Im Gegensatz zum RPV ist der PV ein freiwilliger kommunaler Zweckverband und nicht gesetzlich vorgeschrieben. Er besteht derzeit aus 143 Städten und Gemeinden, die überwiegend in der Region München liegen. Während der RPV eine gesetzlich und politisch verankerte Plattform ist, übernimmt der PV Servicefunktion für seine Mitglieder, indem er ihnen Informationen und Beratung in Fragen der räumlichen Entwicklung (z.B. Verkehrsplanung) zur Verfügung stellt. Der politische Einfluss ist im Vergleich zum RPV geringer (Planungsservice zur Verfügung stellen im Gegensatz zur Koordination der Planung) und er ist keine Entscheidungsinstanz. Aus finanzieller Sicht muss der PV vermehrt selbst Geld verdienen, was seine strategische Rolle limitiert. Hauptfinanzier ist die Landeshauptstadt München; damit kann sie auch als Hauptakteur bezeichnet werden, auch wenn die anderen Mitglieder eine nicht weniger bedeutende Rolle spielen (Breu et al. 2008: 133).

▶ **Münchner Verkehrs- und Tarifverbund GmbH (MVV):** Aus verkehrlicher Sicht tritt insbesondere der MVV auf regionaler Ebene in Erscheinung. Der Verbund plant, organisiert und koordiniert den ÖPNV (S-Bahn, U-Bahn, Trambahn und Bus) im Großraum München. Die Verkehrsleistungen im Verbundgebiet des MVV erbringen die von den Aufgabenträgern jeweils beauftragten Verkehrsunternehmen. Zu den Aufgabenbereichen gehören unter anderem die Konzeption von Verkehrsplänen, die Markt- und Verkehrsforschung sowie die Kundeninformation (MVV 2007a).

▶ **Inzell-Initiative:** Die Inzell-Initiative ist eine freiwillige Initiative, die Lösungen zur Verbesserung der Verkehrsverhältnisse in der Region München mit Akteuren aus Politik, Wirtschaft, Wissenschaft, Verwaltung und anderen betroffenen Organisationen entwickelt. Gegründet wurde die Initiative 1995 von der Landeshauptstadt München und der BMW Group. In regelmäßigen Abständen (in der Regel alle 1 bis 3 Jahre) findet ein Workshop statt, bei dem mobilitätsrelevante Themen und konkrete Projekte formuliert und weiterentwickelt werden. In Foren zwischen den Workshops wird im Wesentlichen die Projektumsetzung begleitet. Das Thema Mobilitätsmanagement ist dem Forum „Verkehrsmanagement" zugeordnet. Das Forum „Öffentlicher Verkehr" bearbeitet auch das Themenfeld „MVV-Neubürger – Mobilitätsberatung in der Region" (BMW Group/LHM 2009).

▶ **Europäische Metropolregion München e.V. (EMM):** Die Europäische Metropolregion München zählt seit 1995 zu einer der elf Metropolregionen in Deutschland. Institutionalisiert sind die Prozesse innerhalb des Vereins Europäische Metropolregion München e.V. (EMM), der im Jahre 2009 entstand. Die Initiative Europäische Metropolregion München wurde 2007 durch die kreisfreien Städte München, Augsburg, Ingolstadt, Landshut und Rosenheim, der Bayerischen Staatsregierung, der beiden IHKs München und Oberbayern, privaten Unternehmen sowie dem RPV und PV ins Leben gerufen. Dabei ging es darum, auf bestehenden Organisationsstrukturen aufzubauen und diese zu vernetzen. Die Verantwortlichkeiten sollen entsprechend dort überlassen bleiben, wo sie traditionell verankert sind (Breu/Jahnz/Schulz 2009: 99, 102). Ziel des Vereins ist es, als eine freiwillige, überregionale Kooperation bestehend aus Vertretern der Wirtschaft, Politik, Bildung, Kultur und Verwaltung durch gemeinsame Projekte einen Beitrag zur nachhaltigen Entwicklung in der Metropolregion München zu leisten (EMM 2009a). Schwerpunkt des Vereins ist die Arbeit an konkreten Projekten, auch zum Handlungsfeld Mobilität. Die Arbeitsgruppe Mobilität arbeitet dabei in sechs Unterarbeitsgruppen an der Realisierung besserer und übergreifender Informationen über die ÖPNV-Angebote in der Metropolregion München und Maßnahmen zur Reduzierung des nicht notwendigen motorisierten Individualverkehrs (EMM 2009b). Die Projektarbeit in den Arbeitsgruppen wird dabei in der Regel von den jeweiligen Akteuren finanziert (Breu/ Jahnz/Schulz 2009: 103). Bereits umgesetzt wurde ein metropolitaner Fahrschein, die sogenannte AboPlusCard für den EMM-Raum, die die Möglichkeit bietet, den gesamten Raum der Metropolregion mit einem Fahrschein zu bereisen (EMM 2009b). Einmal jährlich findet zusätzlich eine Metropolkonferenz statt, die im Wesentlichen dazu beitragen soll, neue Projektideen zu sammeln sowie Kooperationen zu fördern. Außerdem wurden im Rahmen des bereits erwähnten Aktionsprogramms „Effizient Mobil" bereits drei „Regionalkonferenzen Mobilitätsmanagement" durchgeführt (EMM 2011).

▶ **Interkommunale Kooperationen:** In der Vergangenheit haben sich vereinzelt gemeindeübergreifende Zusammenschlüsse in der Planungsregion München herausgebildet, die unterschiedliche Ziele und Themenschwerpunkte verfolgen. Für die vorliegende Arbeit ist insbesondere die Arbeitsgemeinschaft „Nachhaltige Siedlungsentwicklung" von Interesse. Hierbei handelt es sich um einen freiwilligen Zusammenschluss der Städte und Gemeinden Garching bei München, Germering, Haar, Karlsfeld, Neubiberg, Oberhaching, Oberschleißheim, Pullach, Unterschleißheim und der Landeshauptstadt München, der im Rahmen eines Modellvorhabens der Raumordnung (MORO) entstand. Ziel der Arbeitsgemeinschaft ist unter anderem die Entwicklung von räumlichen Konzepten im Rahmen einer nachhaltigen Entwicklung, z.B. Konzepte, die die Konzentration von Siedlungsentwicklungen in der Nähe der S-Bahn-Achsen unterstützen (Arbeitsgemeinschaft „Nachhaltige Siedlungsentwicklung" 2008).

Zwischenfazit

Insgesamt lässt sich festhalten, dass sich freiwillige Initiativen (Inzell-Initiative, Verein Europäische Metropolregion München) anbieten, um die umsetzungsschwache Regionalplanung aufzufangen, da beide Initiativen nicht nur eine Vielzahl unterschiedlicher Akteure bündeln, sondern auch projektbezogen und umsetzungsorientiert arbeiten.

Da viele Projekte einen konkreten lokalen Bezug haben, sollten weiterhin interkommunale Kooperationen gestärkt werden. Solche „Bottom-up-Ansätze" können einen wichtigen Beitrag dazu leisten, Verkehrsprobleme gemeinschaftlich anzugehen, da diese in der Regel nicht an der Gemeindegrenze enden bzw. nicht immer durch die Bewohner der Gemeinde selbst hervorgerufen werden. Bereits etablierte Kooperationen wie die Arbeitsgemeinschaft „Nachhaltige Siedlungsentwicklung" können dabei als Vorbild für andere Gemeinden dienen. Deren Aktivitäten sollten in den entsprechenden Gremien (z.B. Verbandsversammlung des Regionalen Planungsverbandes, Inzell-Initiative) kommuniziert werden.

Ein wichtiger Aspekt ist auch die Vernetzung der verschiedenen regional agierenden Akteure und deren Aktivitäten. Neben den aufgeführten Institutionen existieren auf den verschiedenen räumlichen Ebenen weitere Arbeitsgruppen, die sich mit der Lösung der Verkehrsprobleme auseinandersetzen. Dies macht eine klare Trennung der Aktivitäten nicht immer deutlich und es besteht die Gefahr, dass Synergien nicht genutzt werden. Insofern ist ein Austausch notwendig, um dadurch die Effektivität von Maßnahmen zu erhöhen und auch Transparenz zu schaffen. Auf die Notwendigkeit der Abstimmung von Aktivitäten weist beispielsweise auch die Inzell-Initiative hin: „Die Aktivitäten des Forums „Stadt und Umland" und der sich gerade konstituierenden Europäischen Metropolregion München sind aufeinander abzustimmen" (BMW Group/LHM 2009).

4.3.5 Verankerung des Mobilitätsmanagements in Plänen und Programmen

Vor dem Hintergrund der zu Anfang formulierten Forschungshypothesen ist es von Interesse, inwieweit auf formeller und informeller Ebene das Themenfeld Mobilitätsmanagement sowie konkrete Maßnahmen für Neubürger bereits in formelle und informelle Pläne und Programme Eingang gefunden haben.

4.3.5.1 Formelle Instrumente

Formelle Pläne und Programme finden sich auf Ebene des Landes, der Region sowie auf kommunaler Ebene. Daneben werden einzelne Pläne und Programme von den jeweiligen Fachplanungen erstellt. Auf überörtlicher Ebene werden die gesetzlichen Grundlagen für Ziele, Leitvorstellungen und Aufgaben der Raumordnung und Landesplanung im Bundesraumordnungsgesetz (ROG) und dem bayerischen Landesplanungsgesetz (BayLplG) formuliert. Die raumbedeutsamen fachlichen Planungen werden im Rahmen von planerischen Gesamtkonzeptionen mit hilfe von Programmen und Plänen koordiniert: das Landesentwicklungsprogramm (LEP) für den gesamten Freistaat Bayern sowie die Regionalpläne für die 18 Planungsregionen in Bayern. Im Regionalplan werden die Festlegungen des LEP konkretisiert und ergänzt. Zu unterscheiden sind die Pläne im Hinblick auf ihre Bindungswirkungen: So sind nach dem Raumordnungsgesetz „Ziele der Raumordnung zu beachten sowie Grundsätze und sonstige Erfordernisse der Raumordnung in Abwägungs- oder Ermessensentscheidungen zu berücksichtigen" (BMJ 2009a: § 4, Abschnitt 1, Absatz 1 und 2). Auf kommunaler Ebene sind grundsätzlich die Gemeinden für die räumliche Planung verantwortlich. Die im Grundgesetz verankerte Selbstverwaltungshoheit gibt den Gemeinden das Recht, die bauliche Entwicklung im Gemeindegebiet im Rahmen der Bauleitplanung durch Pläne zu gestalten. Hierzu zählen der Flächennutzungsplan und der Bebauungsplan, die an die Ziele der Landesentwicklung und der Regionalpläne anzupassen sind.

Im Landesentwicklungsprogramm Bayern (s. Abb. 14) werden zunächst vor allem allgemeine Aussagen zur Förderung bzw. Stärkung umweltverträglicher Verkehrsmittel als Alternative zum Auto getroffen (StMWIVT 2006: 48ff). Konkret wird das Thema Mobilitätsmanagement im Regionalplan München unter einer eigenen Überschrift „Verkehrsmanagement/Mobilitätsmanagement" aufgeführt, allerdings beziehen sich die Maßnahmen vor allem auf Ausbaumaßnahmen und weniger beispielsweise auf Informations- oder Beratungsangebote (RPV 2009a). Im Rahmen der kommunalen Bauleitplanung werden im Flächennutzungsplan Verkehrsflächen dargestellt, im Bebauungsplan kann zusätzlich beispielsweise über einen Stellplatzschlüssel indirekt auf den Modal Split eingewirkt werden und damit eine nachhaltige Verkehrsabwicklung gefördert werden.

4.3.5.2 Informelle Instrumente

In Ergänzung zu den formellen Planwerken werden auf den verschiedenen räumlichen Ebenen informelle Instrumente eingesetzt, auch mit Bezug zum Öffentlichen Verkehr. Auf kommunaler Ebene zählen zu den informellen Instrumenten beispielsweise Stadtentwicklungspläne oder Verkehrsentwicklungspläne. Diese haben in der Regel keine unmittelbare Rechtsverbindlichkeit, sondern sind häufig als Leitlinien oder strategische Pläne und Programme zu verstehen.

Das Thema Mobilitätsmanagement im Allgemeinen und Neubürgermarketing im Speziellen wird vor allem auf informeller Ebene behandelt (s. Abb. 15 und 16). Maßnahmen für Neubürger werden konkret im Regionalen Nahverkehrsplan erwähnt (MVV 2007a: 113ff), im Nahverkehrsplan der Landeshauptstadt München werden vor allem Qualitätsstandards für den ÖPNV definiert (LHM 2005b). Die Stadtentwicklungskonzeption „Perspektive München" formuliert allgemeine Leitlinien zur Förderung von Maßnahmen, die auf Verkehrsverminderung und -verlagerung abzielen (LHM 2005a: 58ff). Diese werden im Verkehrsentwicklungsplan der Landeshauptstadt München um konkrete Maßnahmen ergänzt. Unter dem Kapitel „Mobilitäts- und Verkehrsmanagement" werden auch Maßnahmen für Neubürger aufgelistet, eine Übertragung auf regionale Ebene zur Potenzierung von Wirkungschancen wird ausdrücklich gefordert (LHM 2006a). Als strategischer Plan existiert der Verkehrs- und Mobilitätsmanagementplan, der speziell auch Maßnahmen für Neubürger auflistet (LHM 2006d). Ein weiterer Plan, der insbesondere verkehrliche Maßnahmen zur Verbesserung der Luftqualität aufführt, ist der Luftreinhalteplan der Landeshauptstadt

Abb. 14 Formelle Instrumente

	Aufgabe/Inhalt	Zuständigkeit	Bindungswirkung/ Umsetzung	Aussagen zum Mobilitätsmanagement
Landesentwicklungsprogramm Bayern	Dient als Richtschnur für die räumliche Entwicklung des Landes Bayern.	Wird von der Obersten Landesplanungsbehörde im Bayerischen Staatsministerium für Wirtschaft, Infrastruktur, Verkehr und Technologie (StMWIVT) aufgestellt.	Die Grundsätze sind allgemeine Aussagen zur Entwicklung, Ordnung und Sicherung des Raumes und sind bei Abwägungs- und Ermessensentscheidungen zu berücksichtigen. Die Ziele stellen zwingende rechtliche Regelungen dar, die bei raumbedeutsamen Planungen zu beachten sind. Festsetzungen sind grundsätzlich von allen öffentlichen Stellen zu berücksichtigen/beachten und zum Teil auch für private Planungsträger verbindlich.	Als mobilitätsbezogene Grundsätze werden die Stärkung umweltfreundlicher Verkehrsträger und die Verlagerung eines größtmöglichen Anteils des Verkehrszuwachses auf öffentliche Verkehrsmittel aufgeführt. Ziel ist unter anderem die Stärkung des ÖV und nMIV, der Ausbau und die Förderung des ÖPNV als Alternative zum MIV sowie die Förderung des Radverkehrs und die weitere Entwicklung eines überregionalen Radwegenetzes (StMWIVT 2006: 48ff).
Regionalplan München	Dient der Konkretisierung, der fachlichen Integration und Umsetzung der landesplanerischen Ziele. Er wird aus dem Landesentwicklungsprogramm Bayern entwickelt und enthält Ziele und Grundsätze der Raumordnung für die Region München.	Dem Regionalen Planungsverband München obliegt die Aufstellung und Fortschreibung des Regionalplans.	Die formulierten Grundsätze und Ziele haben die gleichen Verbindlichkeiten wie beim Landesentwicklungsprogramm Bayern. Der Regionale Planungsverband München besitzt im Hinblick auf die dargestellten Ziele und Grundsätze keine unmittelbare Umsetzungskompetenz. Die Umsetzung der aufgeführten Maßnahmen obliegt im Wesentlichen den Fachplanungsträgern und den Kommunen im Rahmen ihrer kommunalen Planungshoheit.	Als Grundsatz soll der Anteil des MIV gemessen am Gesamtverkehrsaufwand im Stadt- und Umlandbereich Münchens reduziert, der des ÖPNV und des nMIV erhöht werden. Das Thema Verkehrsmanagement und Mobilitätsmanagement wird unter einer eigenen Überschrift aufgegriffen, die Maßnahmen beziehen sich unter anderem auf den Ausbau von Park & Ride- und Bike & Ride-Anlagen (RPV 2009a).
kommunale Bauleitplanung	Sie dient der Lenkung und Ordnung der städtebaulichen Entwicklung einer Gemeinde. Es wird unterschieden zwischen vorbereitender Bauleitplanung (Flächennutzungsplanung) und verbindlicher Bauleitplanung (Bebauungsplanung).	Für die Aufstellung der Bauleitpläne sind die Gemeinden zuständig, sie sind aber den Zielen der Raumordnung anzupassen.	Für die kommunale Bauleitplanung gilt Beachtungspflicht gemäß § 4 Abs. 1 ROG bzw. Anpassungspflicht gemäß § 1 Abs. 4 BauGB (BMJ 2009d). Der Flächennutzungsplan enthält nur behördenverbindliche Darstellungen über die Bodennutzung. Im Bebauungsplan regeln Festsetzungen die bauliche und sonstige Nutzung von Grund und Boden detailliert und allgemeinverbindlich.	Im Flächennutzungsplan werden Verkehrsflächen dargestellt. In den Bebauungsplänen können beispielsweise Aussagen zur Anzahl der Stellplätze und zu Abstellplätzen für Fahrräder getroffen werden. Über den Stellplatzschlüssel oder die Ausweisung von Rad- und Fußwegen kann im Rahmen der Bebauungsplanung z.B. indirekt auf den Modal Split eingewirkt werden.

Quelle: Eigene Darstellung.

Abb. 15 Informelle Instrumente

	Aufgabe/Inhalt	Zuständigkeit	Bindungswirkung/ Umsetzung	Aussagen zum Mobilitätsmanagement
Regionaler Nahverkehrsplan für das Gebiet des MVV	Ist nach dem Gesetz über den öffentlichen Personennahverkehr in Bayern erforderlich, wenn zwischen mehreren Gebietskörperschaften Verkehrsbeziehungen "in wesentlichem Umfang" bestehen. Er zeigt Verknüpfungspunkte und Schnittstellen zwischen den einzelnen lokalen Nahverkehrsplänen auf und trifft grundsätzliche Aussagen zur verkehrlichen Situation in der gesamten Region.	Erstellt wird der Regionale Nahverkehrsplan von der Münchner Verkehrs- und Tarifverbund GmbH MVV.	Der Regionale Nahverkehrsplan hat keine unmittelbare Rechtsverbindlichkeit, er ist als Leitlinie zu verstehen.	Ziel ist es, die Verkehrsverhältnisse in den Verdichtungsräumen durch eine Optimierung des ÖPNV und eine Veränderung des Modal Split zugunsten des ÖV zu verbessern. Konkrete Maßnahmen des Mobilitätsmanagements werden unter dem Kapitel „Weiche Maßnahmen" aufgegriffen, z.B. Fahrgastinformation oder multimodales Mobilitätsmanagement mit dem Teilaspekt Neubürgerberatung (MVV 2007a: 113ff).
Nahverkehrsplan der Landeshauptstadt München	Er enthält geplante Infrastrukturmaßnahmen und definiert Qualitätsstandards für den Öffentlichen Nahverkehr.	Die Landeshauptstadt München ist verpflichtet, einen Nahverkehrsplan aufzustellen.	Die Festlegungen zu den Qualitätsstandards im ÖPNV sind im Genehmigungsverfahren zu berücksichtigen. Er bindet das städtische Verkehrsunternehmen (MVG) zwar nicht unmittelbar, er stellt aber einen Rahmen dar, innerhalb dessen die MVG den ÖPNV gestalten kann.	Er definiert Qualitätsstandards des Netzes, Haltestelleneinzugsbereiche, Fahrzeugauslastungen und Standards zu Fahrzeugen, Personal, Haltestellen, Anschlusssicherung sowie Betriebs- und Servicequalität (LHM 2005b).
Stadtentwicklungskonzeption „Perspektive München"	Sie bietet einen flexiblen Orientierungsrahmen für die Entwicklung der Stadt München. Sie zeigt Perspektiven für die wirtschaftliche, soziale, räumliche und regionale Entwicklung Münchens auf und formuliert Leitlinien zu Richtung und Zielen der Stadtentwicklung sowie Leitprojekte, in denen neue Wege der Stadtentwicklung und des Zusammenlebens in der Stadt erprobt werden.	Sie wird vom Münchner Stadtrat beschlossen und kontinuierlich durch das Referat für Stadtplanung und Bauordnung der Landeshauptstadt München, unter Beteiligung der tangierten Fachreferate, fortgeschrieben.	Informelle Konzeption ohne rechtliche Bindungswirkung.	Die Leitlinie „Mobilität für alle erhalten und verbessern – stadtverträgliche Verkehrsbewältigung" zielt auf Maßnahmen zur Verkehrsverminderung und Verkehrsverlagerung auf umweltgerechte Verkehrsmittel ab. Als Leitprojekte werden unter anderem der Verkehrsentwicklungsplan der und der Nahverkehrsplan der Landeshauptstadt München genannt (LHM 2005a: 58ff).
Verkehrsentwicklungsplan der Landeshauptstadt München	Er ist ein Leitprojekt der „Perspektive München". Er ist ein konzeptionelles, übergeordnetes Steuerungsinstrument, in dem Ziele, Strategien und Maßnahmen zur Sicherung und Verbesserung einer stadtverträglichen Mobilität festgelegt sind.	Er wird durch den Stadtrat der Landeshauptstadt München verabschiedet.	Er ist als Fachplan und Vorstufe zur Bauleitplanung zu verstehen, der für die verschiedenen Verwaltungsstellen verbindlich ist; eine Bindungswirkung für Bürger oder Investoren ergibt sich aber erst auf Ebene der Bebauungsplanung.	Die in der „Perspektive München" formulierten verkehrlichen Ziele werden hier um konkrete Maßnahmen ergänzt. Das Kapitel „Mobilitäts- und Verkehrsmanagement" listet unter anderem Neubürger als Zielgruppe auf. Die Ausweitung des städtischen Mobilitätsmanagements auf die regionale Ebene zur Potenzierung der Wirkungschancen wird ausdrücklich gefordert (LHM 2006a).

Quelle: Eigene Darstellung.

Abb. 16 Informelle Instrumente (Fortsetzung)

		Aufgabe/Inhalt	Zuständigkeit	Bindungswirkung/ Umsetzung	Aussagen zum Mobilitätsmanagement
Verkehrs- und Mobilitätsmanagementplan		Der Plan konkretisiert die verkehrspolitischen Vorgaben aus dem Verkehrsentwicklungsplan für das Handlungsfeld „Verkehrs- und Mobilitätsmanagement" und bereitet entsprechende Umsetzungen vor (LHM 2006d).	Er wird unter Leitung des Münchner Kreisverwaltungsreferats (KVR) der Landeshauptstadt München aufgestellt.	Er ist ein strategischer Plan ohne rechtliche Bindungswirkung.	Als übergeordnetes Ziel wird unter anderem die Sicherung und Verbesserung der Erreichbarkeit von Stadt und Region formuliert.
Luftreinhalteplan der Landeshauptstadt München		Laut EU-Luftqualitätsrahmenrichtlinie des Bundesimmissionsschutzgesetzes (BImSchG) muss ein Luftreinhalteplan für ein Gebiet aufgestellt werden, in dem die Summe von Grenzwert und Toleranzmarge für einen oder mehrere betroffene Schadstoffe überschritten wird. Der Luftreinhalteplan beinhaltet alle erforderlichen Maßnahmen zur Einhaltung der Grenzwerte.	Er wird von der Regierung von Oberbayern unter Beteiligung des Bayerischen Landesamtes für Umweltschutz und den betroffenen Fachstellen der Landeshauptstadt München erstellt.	Er ist kein planungsrechtliches Instrument, sondern ein verwaltungsinterner Plan, der nur die beteiligten Verwaltungsbereiche bindet und keine bestehenden Rechtsgrundlagen oder Verwaltungsverfahren für die Realisierung der Maßnahmen ersetzt. Die Umsetzung der Maßnahmen selbst obliegt den dafür zuständigen Behörden bzw. Fachstellen.	Die aufgeführten Maßnahmen zur Verbesserung der Luftqualität betreffen insbesondere den Verkehrsbereich. Als konkrete Maßnahmen werden z.B Mobilitätsberatung für Neubürger und Dialogberatung für bestimmte Zielgruppen genannt (StMUGV 2004: 66f).

Quelle: Eigene Darstellung.

München. Konkrete Maßnahmen beziehen sich auch hier unter anderem auf die Zielgruppe der Neubürger (StMUGV 2004: 66f).

Zwischenfazit

Insgesamt zeigt die Analyse der formellen und informellen Pläne und Programme, dass das Thema Mobilitätsmanagement im Allgemeinen und Neubürgermarketing im Speziellen vor allem auf informeller und räumlich auf städtischer Ebene angesiedelt ist, was nicht zuletzt auch mit den verschiedenen Verbindlichkeiten der Pläne und Programme zusammenhängt. Konkrete Maßnahmenvorschläge auf städtischer Ebene greifen allerdings zum Teil die regionale Ebene mit auf (z.B. im Verkehrsentwicklungsplan). Verpflichtungen zur Durchführung entstehen aus den Maßnahmenvorschlägen aber nicht.

Auf formeller Ebene wird das Thema Mobilitätsmanagement nur im Regionalplan aufgegriffen, allerdings beziehen sich die Ausführungen vor allem auf verkehrliche Ausbaumaßnahmen. Eine Aufnahme bzw. Verankerung des Handlungsfeldes auf Landesebene und insbesondere kommunaler Ebene sollte deshalb zusätzlich erfolgen, um zu einer stärkeren Profilierung des Mobilitätsmanagements beizutragen.

4.3.6 Neubürgermarketing auf städtischer und regionaler Ebene

Neubürger stellen im Rahmen verkehrsbeeinflussender Maßnahmen auf städtischer und regionaler Ebene eine wichtige Zielgruppe dar. Auf städtischer Ebene hat die Landeshauptstadt München eines ihrer Leitprojekte, das Münchner Neubürgerpaket, mittlerweile als festen Bestandteil ihrer verkehrlichen Maßnahmen zur Verbesserung der städtischen Verkehrsverhältnisse etabliert. Darüber hinaus bestehen Bemühungen, die positiven Wirkungen der Maßnahme für die regionale Ebene zu nutzen und gleichsam ein Regionales Neubürgerpaket umzusetzen.

4.3.6.1 Das Münchner Neubürgerpaket

Als Leitprojekt des Münchner Mobilitätsmanagements wurde das Münchner Neubürgerpaket in den Jahren 2005 bis 2006 unter Federführung der Landeshauptstadt München und des städtischen Verkehrsunternehmens, der Münchner Verkehrsgesellschaft mbH (MVG), im Rahmen einer Pilotanwendung getestet.

Ziel des Pilotprojekts war es aus Sicht der Stadt München, den Straßenverkehr in der Landeshauptstadt vom MIV zu entlasten und gleichzeitig Maßnahmen zugunsten des Umweltverbunds zu fördern, um dadurch eine Reduktion des MIV-Verkehrsaufwandes um 5% zu erreichen. Für die MVG standen vor allem die Kundenbindung und Neukundengewinnung im Öffentlichen Verkehr an erster Stelle. Ihr Ziel war eine Steigerung der Erlöse um 5% bei den Einnahmen aus der Gruppe „Neubürger mit Infopaket" im Vergleich zur Kontrollgruppe „Neubürger ohne Infopaket" (LHM 2009c).

Im Rahmen des Pilotprojekts erhielten insgesamt 5.000 Neumünchner ein sogenanntes Neubürgerpaket zum Thema Mobilität (s. Abb. 17). Dieser Mobilitätsordner enthielt unter anderem Informationen zum ÖV, Fahrradverkehr, Fußverkehr und Car Sharing. Neben wichtigen Servicenummern, Adressen und Internetadressen war dem Informationspaket auch eine Servicekarte beigefügt, mit der individuelle und detaillierte Informationen eingeholt werden konnten wie z.B. Minifahrpläne der nächsten Buslinie oder Haltestellenpläne. Ein weiterer wesentlicher Bestandteil des Neubürgerpakets war ein Schnupperticket, mit dem der Öffentliche Verkehr in München über einen Zeitraum von einer Woche kostenlos

Abb. 17 Neubürgerpaket für Zuzügler in die Landeshauptstadt München (Pilotphase)

getestet werden konnte. Eingebettet war die Maßnahme in einen intensiven Dialogmarketingprozess (LHM/MVG 2005).

Teil des Pilotversuchs war eine Evaluationsstudie im Post-Test-Kontrollgruppen-Design, um unter anderem zu belegen, dass informationsgestützte Marketingmaßnahmen während der Phase des Umzugs einen messbaren Einfluss auf das alltägliche Mobilitätsverhalten der Münchner Neubürger haben. Dazu wurden 6.200 vom Einwohnermeldeamt zur Verfügung gestellte Adressen auf eine Experimental- (5.000 Adressen) und eine Kontrollgruppe (1.200 Adressen) unterteilt, von denen lediglich die 5.000 Adressen aus der Experimentalgruppe an der Marketingkampagne teilnahmen. Kurz nach Beendigung der Kampagne wurde eine Evaluationsstudie gestartet (März bis Juni 2006). Hier wurden aus einer zufällig gezogenen Bruttostichprobe von 1.900 Adressen insgesamt 632 Neubürger persönlich befragt. Zur Messung der Alltagsmobilität wurden zusätzlich für die Kontroll- und Experimentalgruppe detaillierte Wegeprotokolle für drei Stichtage verwendet (Bamberg et al. 2008: 74f).

Als Ergebnis zeigte sich aus verkehrlicher Sicht unter anderem eine Verschiebung des Modal Split zugunsten des ÖV: Neubürger, die an der Marketingkampagne teilgenommen hatten, nutzten diesen um 7,6% häufiger als Neubürger, die keine Informationen erhalten hatten.[23] Gleichzeitig reduzierte sich die Pkw-Nutzung um 3,3% und auch beim Fuß- und Fahrradverkehr verringerte sich der Anteil um insgesamt 3,5%[24]. Die Wirkung der Maßnahme war bei Personenkreisen, die die Landeshauptstadt München vor ihrem Umzug nicht gut kannten, noch höher: Hier stieg der Anteil der ÖV-Nutzung um 9,3% im Vergleich zur Kontrollgruppe an, beim MIV verringerte sich der Anteil um 5,5%, der Anteil des Fuß- und Fahrradverkehrs blieb konstant. Bei der verkehrlichen Wirkung (Verkehrsaufwand) bezogen auf die 5.000 Neubürger zeigte sich eine Reduktion der jährlichen Pkw-Kilometer um 4,7 Millionen, eine CO_2-Reduktion um 700 Tonnen sowie eine Einsparung volkswirtschaftlicher Kosten um 940.000 Euro (LHM 2006e). Als Grund für die Verhaltensänderungen wurde vor allem die telefonische Beratung, also der direkte Kundenkontakt, identifiziert, weniger der Mobilitätsordner mit seinen Materialien und dem Schnupperticket. Diese Erkenntnis wurde aus der operativen Durchführung und dem direkten Kundenkontakt gewonnen (Schreiner 2009: 406). Ökonomisch betrachtet, konnten aus Sicht des ÖPNV pro Neubürger und Jahr Mehreinnahmen in Höhe von 22 Euro erreicht werden. Ein wesentlicher Teil davon ergab sich aus Mehreinnahmen durch den höheren Verkauf von Zeitkarten. Positive Auswirkungen hatte die Maßnahme auch auf das Image der MVG und der Stadt München. So hielten 94,6% der Neubürger das Engagement der beiden federführenden Organisationen für gut oder sehr gut. Der Neubürgerordner selbst wurde sehr gut bewertet und entsprechend genutzt (LHM 2006e).

Aufgrund der positiven Resonanz von seiten der Neubürger sowie der deutlichen Verlagerung des Autoverkehrs auf den Umweltverbund wurde vom Münchner Stadtrat im Dezember 2006 beschlossen, die Mobilitätsberatung fortzusetzen und auf alle Neubürger der Landeshauptstadt München auszuweiten (ca. 85.000 Neubürger pro Jahr). Seit Oktober 2007 erhält nun jeder Bürger, der neu in die Landeshauptstadt München zieht, ein Neubürgerpaket (Schreiner 2009: 404ff).

4.3.6.2 Das Regionale Neubürgerpaket

Die positiven Erfolge auf städtischer Ebene waren ein wesentlichor Grund, die Maßnahme auf die Region zu übertragen. Im Stadtratsbeschluss der Landeshauptstadt München vom Dezember 2006 wurde deshalb festgelegt, die Neubürgerberatung auf die gesamte Region München (ohne Landeshauptstadt München) auszudehnen (LHM 2006e).

---

[23] Bei einer statistischen Signifikanz von 95%.
[24] Allerdings sind die Ergebnisse aus statistischer Sicht sowohl für den MIV als auch für den Fuß- und Fahrradverkehr nicht signifikant.

Federführend für das Regionale Neubürgerpaket ist der MVV, unter Mitfinanzierung der Landeshauptstadt München. Ziel des Pilotprojekts ist es aus Sicht des MVV, die Gesamteffekte der kommunalen Maßnahme zu erweitern. Dabei soll der Modal Split in der Region München zugunsten umweltverträglicher Verkehrsmittel, vor allem öffentlicher Verkehrsmittel, verändert werden und der MIV-Anteil gesenkt werden. Daneben spielt auch die Kundenbindung und Neukundengewinnung eine wesentliche Rolle (Krietemeyer 2007).

Unter Federführung des MVV wurde Ende 2007 eine Marktstudie zu den Anforderungen eines Regionalen Neubürgerpakets in Auftrag gegeben. Eine Pilotanwendung selbst wurde vom MVV Ende Oktober 2008 in den Münchner Umlandgemeinden Erding, Germering und Garching gestartet, die nach Ansprache durch den MVV Interesse an der Umsetzung gezeigt hatten. Ziel war es, die Erkenntnisse aus den Pilotversuchen für die spätere Einführung eines Neubürgerpakets auf regionaler Ebene zu nutzen. Die Umsetzung des Neubürgerpakets gestaltete sich im Vergleich zum Münchner Projekt deutlich schwieriger, da im Gegensatz zur Landeshauptstadt München von den Gemeinden keine Adressdaten aus datenschutzrechtlichen Gründen zur Verfügung gestellt wurden und damit kein Dialogmarketingprozess gestartet werden konnte. Dieser Sachverhalt wurde als Hauptgrund für die geringen Rückmeldungen verantwortlich gemacht, insbesondere bezüglich des Interesses an dem eintägigen Schnupperticket (Strasser 2009). Im 3. Quartal 2009 startete ein weiterer Pilotversuch in der Gemeinde Planegg. Hier trat die Gemeinde an den MVV heran und bekundete ihr Interesse, ein Neubürgerpaket in ihrer Gemeinde unter Federführung des MVV umzusetzen. Im Gegensatz zu den ersten drei Pilotprojekten stellt die Gemeinde Planegg Adressdaten für das Projekt zur Verfügung und erscheint in Briefen u.Ä. als Verantwortlicher der Maßnahme (Gemeinde Planegg 2011).

Die Wirkungsmessung und Evaluierung der Maßnahme spielen im Rahmen des Regionalen Neubürgerpakets ebenfalls eine wichtige Rolle, um unter anderem nachzuweisen, dass Neubürger, die an der Marketingkampagne teilnehmen, ein anderes Mobilitätsverhalten haben als diejenigen, die nicht an der Kampagne teilnehmen. Eine vergleichsweise umfassende Evaluation wie in der Landeshauptstadt München, die die Erfolge auch in den Umlandgemeinden bestätigt, fehlt allerdings weiterhin.

Zwischenfazit

Die positiven Wirkungen des Neubürgerpakets, insbesondere bezogen auf die Veränderung des Modal Split in Richtung des Umweltverbunds, konnten in der Landeshauptstadt München nachgewiesen werden, vor allem bei den Personenkreisen, die die Stadt München vor ihrem Umzug nicht gut kannten.

Die Rolle der Verkehrsunternehmen im Rahmen der Projektumsetzung sollte allerdings genauer geprüft werden, damit während des Dialogmarketingprozesses bei den Neubürgern z.b. nicht der Eindruck entsteht, dass vor allem die (Neu-)Kundengewinnung im Öffentlichen Verkehr im Vordergrund der Maßnahme steht. Gleiches gilt für die Umsetzung eines Regionalen Neubürgerpakets. Auch hier sollte geprüft werden, inwieweit die Federführung des Verkehrsverbunds tatsächlich zielführend ist, insbesondere im Sinne der Förderung umweltverträglicher Verkehrsmittel.

Darüber hinaus wird auch im Rahmen des Regionalen Neubürgerpakets die Dominanz der Landeshauptstadt München bei regionalen Fragestellungen deutlich. Konkret ist hier der Beschluss von seiten des Stadtrats zu nennen, das Münchner Neubürgerpaket auf die Region zu übertragen. Auch wenn auf städtischer Ebene die Schwäche der regionalen Instanz zum Teil mit aufgefangen wird, ist eine regionale Instanz notwendig, die diesen Maßnahmenbereich mit aufgreift und in eine regionale Strategie einbindet. Die Initiative von seiten der Stadt kann auch so gedeutet werden, dass es vor allem um die Verkehrsreduzierung des städtischen Verkehrs geht, der durch die Umlandbewohner verursacht wird. Vielmehr sollte aber die Reduzierung der gesamtregionalen Verkehrsleistungen im Vordergrund stehen und dies auch in institutioneller Hinsicht zum Ausdruck kommen.

4.3.6.3 Weitere Aktivitäten für Neubürger in den Kommunen der Region München

Neben den zuvor dargestellten Aktivitäten setzen sich die Städte und Gemeinden außerhalb der Landeshauptstadt München unterschiedlich mit dem Thema auseinander. Informationen für Neubürger werden zumeist zusammen mit anderen Informationen bereitgestellt und decken den Bereich Mobilität als Teilaspekt mit ab.

Eine Auswertung der Internetseiten (Stand 2011) ausgewählter Städte und Gemeinden zeigt, dass beispielsweise Broschüren herausgegeben werden, wie z.B. der Informationsfolder für Neubürger der Gemeinde Ottobrunn, die Neubürger-Broschüre der Stadt Starnberg, die Neubürgerbroschüre der Gemeinde Puchheim oder das Stadtadressbuch der Stadt Landsberg am Lech. Auch werden spezielle Veranstaltungen durchgeführt (Informationsbörse für Neubürger der Gemeinde Neubiberg, Neubürgerempfang in der Gemeinde Puchheim, Informationsbörse der Stadt Fürstenfeldbruck, Herbstfest in der Gemeinde Pullach für Nachbarn und Neubürger, Neubürgerbegrüßungstag in der Gemeinde Feldafing, Neubürger-Spaziergang in der Gemeinde Planegg) oder Links im Internet angeboten mit speziellen Informationen für Neubürger (Gemeinde Forstinning oder Gemeinde Marzling). Auch gibt es Stammtische (z.B. Newcomer-Stammtisch für Neubürger/innen in Freising und Umgebung). Institutionell betrachtet, erfolgen die Aktivitäten im Wesentlichen von seiten der Gemeinden, aber auch die Kirchengemeinden, lokale Vereine oder Privatinitiativen führen Aktionen durch.

Ein umfangreiches Monitoring oder eine Evaluation der Maßnahmen auf Gemeindeebene findet jedoch nicht statt. Inwieweit die Beratungsangebote bei den Bürgern ankommen bzw. genutzt werden und beispielsweise zu einer Veränderung der Verkehrsmittelwahl in Richtung umweltverträglicher Verkehrsmittel führen, bleibt in der Regel offen.

4.4 Fazit

Insgesamt untermauern die Analysen, dass in der Praxis die Rahmenbedingungen des Mobilitätsmanagements, insbesondere hinsichtlich der (planungs-)rechtlichen Verankerung und finanziellen Förderung, in Deutschland nach wie vor unbefriedigend sind. Zwar beweist die vorherrschende Planungspraxis auf allen räumlichen Ebenen auf der einen Seite, dass dem Thema vermehrte Aufmerksamkeit geschenkt wird und gerade auf kommunaler Ebene konkrete Maßnahmen umgesetzt und etabliert werden. Auf der anderen Seite zeigt sich aber auch, dass Mobilitätsmanagement noch nicht den Stellenwert erreicht hat wie beispielsweise infrastrukturelle oder preispolitische Maßnahmen zur Reduzierung des Verkehrswachstums. Dies bedeutet im Umkehrschluss aber nicht, dass Mobilitätsmanagementmaßnahmen weniger Erfolg versprechend sind. Vielmehr dürfte die Unsicherheit gegenüber informatorischen Maßnahmen darin begründet liegen, dass sich ihre Wirkungen nur schwer abschätzen und von anderen Einflussfaktoren auf das Verkehrsgeschehen klar trennen lassen. Neben einer weiteren Verbesserung der Wirkungsmessung ist deshalb weiterhin zu klären, welche finanziellen und rechtlichen Möglichkeiten zur Förderung und Integration des Mobilitätsmanagements auf Bundes- bzw. Landesebene sowie regionaler und kommunaler Ebene bestehen. Darüber hinaus sind erfolgreiche Ansätze auf lokaler Ebene, wie das Beispiel der Landeshauptstadt München zeigt, oder Aktionsprogramme (Aktionsprogramm „Effizient Mobil") zu nutzen, um Kooperationen aufzubauen und das Thema in der (Fach-)Öffentlichkeit weiter zu verbreiten, die Akzeptanz weicher Instrumente zu erhöhen und damit letztendlich als festen Bestandteil der Planungspraxis zu etablieren, auch innerhalb der verschiedenen Programme und Pläne.

Aus Akteurssicht ist die in der Praxis oftmals fehlende Vernetzung von Aktivitäten und Beteiligten als kritisch anzusehen. Häufig werden Maßnahmen zur Förderung des Umweltverbunds von Mobilitätsdienstleistern oder der Privatwirtschaft durchgeführt, deren Ziele in der Regel vor allem betriebswirtschaftlich motiviert sind. Im Gegensatz dazu stehen die öffentlichen Träger der verschiedenen räumlichen Ebenen, die sich oftmals nicht für die integrierte Vermarktung alternativer Mobilitätsdienstleistungen zuständig fühlen bzw. denen es an personellen Kapazitäten und Zuständigkeiten fehlt. Vor diesem Hintergrund ist zu vermuten, dass eine auf das Allgemeinwohl ausgerichtete Planung im Sinne einer nachhaltigen Verkehrsentwicklung häufig zu kurz kommt. Eine Vernetzung und Abstimmung der Maßnahmen und Akteure ist deshalb notwendig. Hier besteht weiterer Handlungsbedarf, sowohl in organisatorischer Hinsicht bezogen auf die strategische Einbindung des Themenfeldes auf regionaler Ebene als auch in der Praxis bezüglich Kooperationen, Zielfestlegungen und konkreter Maßnahmen. Aus institutioneller Sicht ist deshalb die Federführung zur Umsetzung eines Neubürgerpakets von den Gemeinden selbst in einer regional abgestimmten Weise zu übernehmen, um nicht den Eindruck zu erwecken, dass es lediglich um die Vermarktung öffentlicher Verkehrsdienstleistungen geht und dass bei geringen bzw. unter den Erwartungen anfallenden Erlösen Projekte möglicherweise eingestellt werden.

Für die Praxis gilt es darüber hinaus bei der Umsetzung konkreter Projekte zu berücksichtigen, dass davon ausgegangen werden kann, dass Maßnahmen in den Umlandgemeinden weniger große Wirkung zeigen als im städtischen Bereich, beispielsweise im Hinblick auf die Veränderung des Modal Split, Umweltverbesserungen oder Wirtschaftlichkeitsrechnungen. Dennoch ist die Übertragung erfolgreicher städtischer Aktivitäten sinnvoll, um somit langfristig auf stadtregionaler Ebene die Verkehrsverhältnisse zu verbessern.

5 Mobilitätsmarketing für Neubürger in den Metropolregionen Deutschlands – eine Untersuchung zum Stand der Praxis

Um zu prüfen, welche Maßnahmen des Neubürgermarketings in den Metropolregionen Deutschlands existieren und wie diese inhaltlich, organisatorisch und institutionell eingebunden sind, wurde eine schriftlich-postalische Befragung durchgeführt, die sich in einer ersten Welle an die Regionalen Planungsstellen der Metropolregionen richtete. In einer zweiten Stufe wurden zusätzlich die öffentlichen Verkehrsdienstleister befragt.

Ferner galt es, die Hypothese zu überprüfen, ob sich die Raumplanung bereits hinreichend dem Mobilitätsmanagement im Allgemeinen und dem Neubürgermarketing im Speziellen gewidmet hat. Die Frage war, ob die für die regionale Entwicklung zuständigen Regionalen Planungsstellen in diesem Zusammenhang aktiv an einer nachhaltigen regionalen Verkehrsentwicklung mitwirken oder ob es vielmehr andere Institutionen sind, die die räumlichen Entwicklungsprozesse steuern. Die nachfolgenden Ausführungen geben einen Überblick über die wesentlichen Ergebnisse und Erkenntnisse der Untersuchung.

5.1 Methodische Vorgehensweise

Vor dem Hintergrund, dass verkehrliche Entwicklungsprozesse im regionalen Gesamtzusammenhang zu betrachten sind, war es zunächst von Interesse, die Thematik aus Sicht der Regionalen Planungsstellen als Träger der Regionalplanung, die die regionalen Entwicklungsziele vorgibt und die Entwicklungsprozesse in den Regionen mitgestaltet, zu beleuchten. Dazu wurden die Regionalen Planungsstellen in den Metropolregionen kontaktiert. Zur Abgrenzung der Metropolregionen wurden die nach dem Initiativkreis Europäische Metropolregionen (IKM) festgelegten Abgrenzungen zum Stichtag 31. Mai 2006 herangezogen (IKM 2006: 3). Adressaten waren je nach Bundesland die Senatsverwaltungen, Ministerien, Regierungspräsidien, Bezirksregierungen, Regionalen Planungsstellen, Regionalen Planungsverbände, Regionalen Arbeitsgemeinschaften, Planungsverbände, Regionalverbände, Zweckverbände oder Landkreise. Über das Internet wurden im Vorfeld gezielt die jeweiligen Ansprechpartner recherchiert. Da zielgruppenspezifische Marketingaktivitäten zu den zentralen Aufgabenbereichen der Verkehrsverbünde und -unternehmen zählen, wurden diese in einer zweiten Stufe zusätzlich einer leicht modifizierten Befragung unterzogen, um das Bild der Aktivitäten im Bereich des Neubürgermarketings zu vervollständigen. Als Ansprechpartner wurden die Personen angeschrieben, die von den Regionalen Planungsstellen in der ersten Befragungsstufe als Kontakte genannt wurden. Darüber hinaus wurden über das Internet weitere Ansprechpartner der öffentlichen Verkehrsdienstleister ermittelt.

Für die Befragung wurde ein Fragebogen[25] erarbeitet, der Fragen zur jeweiligen Metropolregion, zur regionalen Verkehrspolitik, zu Marketingmaßnahmen zur Förderung des Umweltverbunds, zu speziellen Mobilitätsdienstleistungen, deren Ausrichtung auf die Zielgruppe der Neubürger und zur räumlichen Verbreitung dieser Mobilitätsdienstleistungen enthielt (s. Abb. 18).

Die Befragung der Regionalplanungsstellen fand im Zeitraum von Juni 2006 bis August 2006 statt, die der Verkehrsverbünde und -unternehmen von Oktober bis Dezember 2006. Insgesamt kamen von den 43 kontaktierten Regionalen Planungsstellen[26] nach einmaliger Erinnerung 24 Fragebögen zurück (Rücklaufquote 60%). Die restlichen Fragebögen wurden nicht beantwortet, was vor allem mit räumlichen Abgrenzungsschwierigkeiten und fehlenden inhaltlichen oder institutionellen Zuständigkeiten begründet wurde. Von den Verkehrsdienstleistern wurden insgesamt 51 Stellen angeschrieben, hier kamen nach einmaliger Erinnerung 30 Fragebögen zurück (Rücklaufquote 59%). Das insgesamt sehr gute Antwortverhalten lässt erkennen, dass dem Thema eine hohe Bedeutung beigemessen wird.

---

[25] Der Fragebogen zur Befragung der Regionalen Planungsstellen findet sich im Anhang (s. Anhang, Abb. 53).

[26] Aus der bereinigten Nettostichprobe von n=43 ergab sich eine Bruttostichprobe von n=40, da ein Fragebogen von zwei und einer von drei Regionalen Planungsstellen gemeinsam ausgefüllt wurde.

Abb. 18 Befragungsinhalte der Untersuchung zum Neubürgermarketing

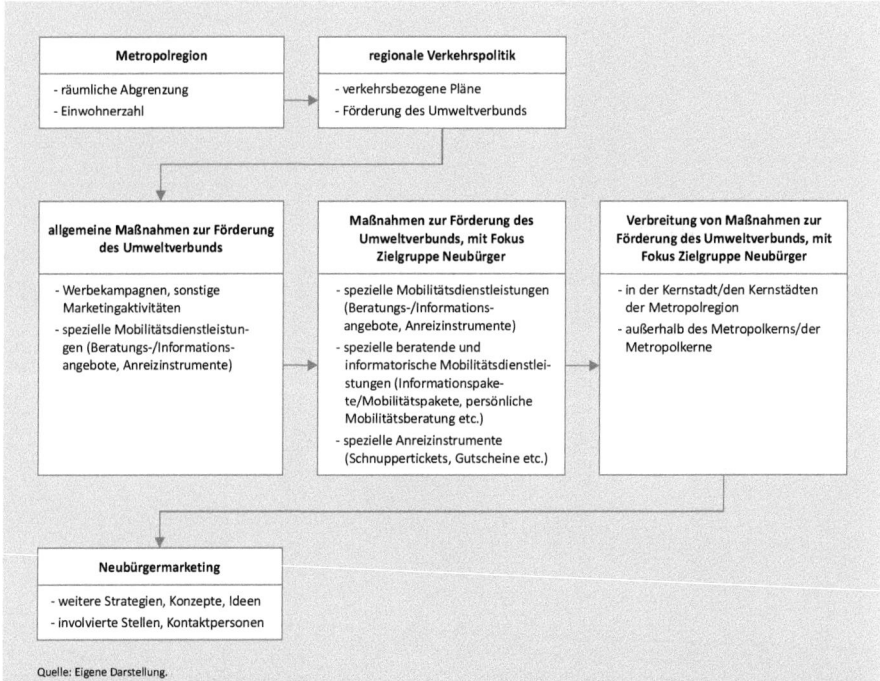

Quelle: Eigene Darstellung.

Abbildung 19 gibt einen Überblick über die Teilnehmer der Befragung. Insgesamt ergibt sich für fast alle Metropolregionen ein vollständiges Bild über die Aktivitäten des Mobilitätsmarketings für Neubürger, für neun der elf Metropolregionen liegen Aussagen sowohl von den Regionalen Planungsstellen als auch von den Verkehrsverbünden bzw. -unternehmen vor. Die Aussagequalität der folgenden Ergebnisse kann somit als gut bezeichnet werden.

5.1 Ergebnisse der Befragungen

Grundlage für die folgenden Ausführungen bilden die 24 beantworteten Fragebögen der Regionalen Planungsstellen sowie die 30 zurückgesendeten Fragebögen der öffentlichen Verkehrsdienstleister.

Abb. 19 Teilnehmer der Befragung

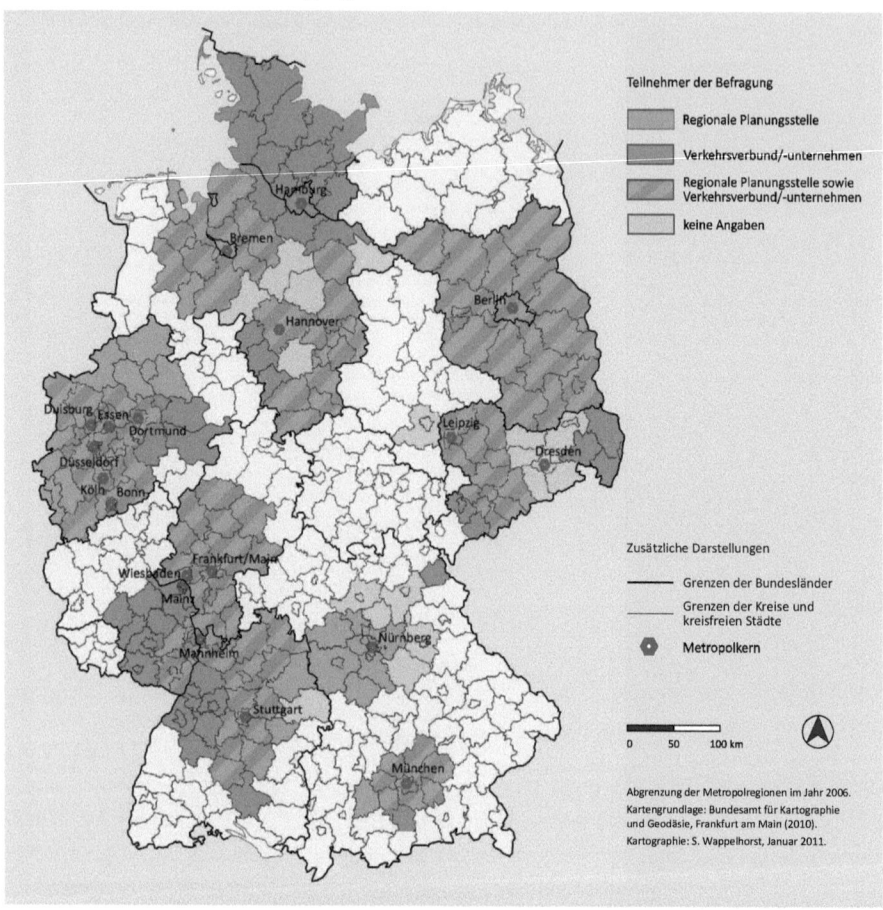

5.1.1 Maßnahmen zur Förderung des Umweltverbunds

Grundsätzlich zielt die Verkehrspolitik nach Ansicht der Mehrheit der Regionalen Planungsstellen (83%) sowie Verkehrsverbünde und -unternehmen (87%) in ihrer Metropolregion darauf ab, die Nutzung umweltverträglicher Verkehrsmittel zu fördern.

Die Frage, ob Werbekampagnen oder sonstige Marketingaktivitäten zur Förderung des Umweltverbunds in den Metropolregionen durchgeführt werden, wird von den meisten befragten Regionalen Planungsstellen bejaht (71%), 4% weisen darauf hin, dass dies noch nicht geschieht, 12% beantworten diese Frage mit „nein" oder machen keine Angaben

(13%). Anmerkungen und Hinweise beziehen sich dabei zum einen auf Institutionen, die nach Ansicht der Regionalplanungsstellen für diesen Aufgabenbereich zuständig sind (öffentliche Verkehrsdienstleister, Kommunen, kreisfreie Städte, Verbände, Beiräte sowie in geringem Maße die Planungsverbände selbst), und zum anderen auf konkrete Maßnahmen, die sich fast ausschließlich auf Aktivitäten der öffentlichen Verkehrsdienstleister beziehen.

Problematisiert wird auch die Größe und Heterogenität der Metropolregionen. Ausnahmen bilden allerdings regions- bzw. metropolbezogene Angebote wie sogenannte Verbund- oder Kombitickets. Vereinzelt existieren aber auch Aktivitäten unter Federführung der Regionalen Planungsverbände, die zusammen mit anderen Akteuren Aktionen bzw. Kampagnen zur Förderung des Umweltverbunds durchführen, dies stellt aber eher die Ausnahme dar. Da die Vermarktung speziell von ÖPNV-Dienstleistungen zu den wesentlichen Aufgabenfeldern der Verkehrsverbünde und -unternehmen zählt, verwundert es nicht, dass der Anteil derer, die die Frage, ob Werbekampagnen oder sonstige Marketingaktivitäten zur Förderung des Umweltverbunds in den Metropolregionen durchgeführt werden, mit „ja" beantworten (83%), im Vergleich zu den Regionalen Planungsstellen (71%) wesentlich höher ausfällt. Einschränkend wird aber von fast allen öffentlichen Verkehrsdienstleistern darauf hingewiesen, dass sich die Marketingaktivitäten auf den ÖPNV beziehen, nicht oder nur bedingt auf den gesamten Umweltverbund. Hierin liegt auch der Anteil derjenigen begründet, der diese Frage mit „nein" beantwortet (13%). Andere Institutionen, die für die Vermarktung umweltfreundlicher Mobilitätsdienstleistungen zuständig sind, werden im Gegensatz zu den Regionalplanungsstellen von den Verkehrsverbünden und -unternehmen nicht aufgeführt. Allerdings zählen auch sie vielfältige Maßnahmen zur Förderung des Umweltverbunds auf (beispielsweise Öffentlichkeitsarbeit, Informationsveranstaltungen, Fahrgastinformationen, ermäßigte Ticketangebote, Schnuppertickets und -tage oder vereinzelt auch der Einsatz ehrenamtlicher Mobilitätsberater[27]). Als Beispiele von Marketingaktivitäten zur Förderung des gesamten Umweltverbunds werden von den Verkehrsverbünden und -unternehmen Tickets genannt, die verschiedene Mobilitätsangebote kombinieren oder Mobilitätsdienstleistungen, die Car Sharing und ÖPNV bzw. Fahrrad und ÖPNV vernetzen.

---

[27] Ehrenamtliche Mobilitätsberater sind Bürger, die ihre Mitbürger per Telefon, E-Mail, persönlich oder im Rahmen von Veranstaltungen o.Ä., über den ÖPNV informieren. Träger sind vor allem die öffentlichen Mobilitätsdienstleister.

Zwischenfazit

Insgesamt wird deutlich, dass einerseits die Regionalen Planungsstellen in der Mehrheit nicht für den Themenbereich zuständig sind und dandererseits Marketingaktivitäten zur Förderung des Umweltverbunds ihrer Ansicht nach von den ÖPNV-Aufgabenträgern abgedeckt werden. Weitere Mobilitätsdienstleister, die den Fuß- oder Radverkehr fördern, werden nur am Rande erwähnt und spielen damit aus Sicht der befragten Regionalen Planungsstellen eine untergeordnete Rolle. Im Gegensatz zu den Regionalplanungsstellen fühlen sich die Verkehrsverbünde und -unternehmen aufgrund ihres Aufgabenspektrums in der Mehrheit für die Vermarktung von Mobilitätsdienstleistungen verantwortlich, vor allem für den Öffentlichen Verkehr.

5.1.2 Mobilitätsdienstleistungen zur Förderung des Umweltverbunds

Die Ergebnisse zeigen, dass Beratungs- und Informationsangebote sowie Anreizinstrumente wichtige Mobilitätsdienstleistungen zur Föderung des Umweltverbunds darstellen. So geben 79% der befragten Regionalen Planungsstellen an, dass Beratungs- und Informationsangebote zur Förderung des Umweltverbunds in ihrer Metropolregion existieren, 63% weisen darauf hin, dass Anreize angeboten werden (s. Abb. 20). Verwiesen wird wiederum auf die Aktivitäten der Verkehrsverbünde und -unternehmen. Die Verkehrsverbünde und -unternehmen benennen fast ausnahmslos (97%) Beratungs- und Informationsangebote als eine ihrer wesentlichen Mobilitätsdienstleistungen, was vor dem Hintergrund ihrer Aufgaben nicht überrascht. Ebenfalls 63% geben an, dass sie Anreize zur Nutzung des Öffentlichen Verkehrs anbieten.

Genau die Hälfte der Regionalen Planungsstellen gibt an, dass sich mindestens eine der beiden genannten Mobilitätsdienstleistungen (Informations- und Beratungsangebote und/ oder Anreizinstrumente) an Neubürger richtet. Explizit werden hier Maßnahmen von seiten der Kommunen oder spezieller Einrichtungen (z.B. Mobilitätszentralen) aufgeführt. Räumlich konzentrieren sich die Aktivitäten des Neubürgermarketings nach Ansicht der Regionalplanungsstellen nicht auf ganze Metropolregionen, sondern finden in der Regel auf lokaler Ebene statt. Die Aussagen sind für Teilregionen allerdings stellenweise konträr, was beispielsweise auf Unkenntnis oder mangelnde Beteiligung zurückgeführt werden kann. Diesen Sachverhalt bestätigten auch die Angaben in den Fragebögen: Fast jeder fünften Regionalen Planungsstelle ist dieser Maßnahmenbereich nicht bekannt oder es werden keine Angaben gemacht. Bei den Verkehrsverbünden und -unternehmen liegt der Anteil derer, die mindestens eine der beiden genannten Mobilitätsdienstleistungen auf Neubür-

Abb. 20 Mobilitätsdienstleistungen zur Förderung des Umweltverbunds

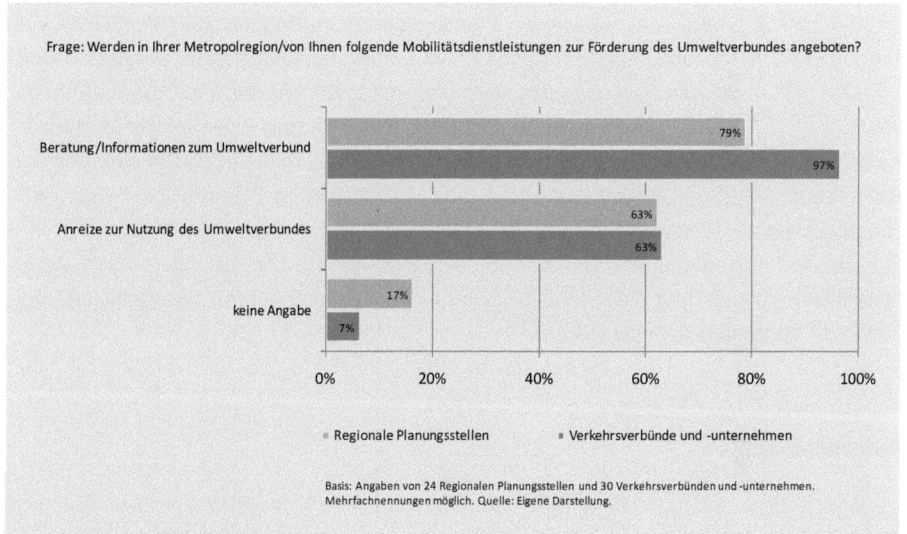

Basis: Angaben von 24 Regionalen Planungsstellen und 30 Verkehrsverbünden und -unternehmen. Mehrfachnennungen möglich. Quelle: Eigene Darstellung.

ger ausrichten, etwas höher (57%), wobei die Maßnahmen auch andere Zielgruppen ansprechen.

Eine genauere Betrachtung ausgewählter beratender und informatorischer Mobilitätsdienstleistungen, die sich speziell an Neubürger richten, lässt aus Sicht der Regionalen Planungsstellen sowie der Verkehrsverbünde und -unternehmen eine klare Dominanz von Telefondiensten (67% bzw. 71%) sowie Internet- und SMS-Diensten (67% bzw. 65%) erkennen. Hier decken sich im Wesentlichen die Aussagen der beiden Institutionen. Die Ausgabe von Informations- und Mobilitätspaketen steht bei den öffentlichen Verkehrsdienstleistern mit 77% an erster Stelle, von den Regionalen Planungsstellen werden diese nur zu 58% benannt. Eine wichtige Rolle spielen neben den Beratungs- und Informationsangeboten auch persönliche Mobilitätsberatungsangebote in Einrichtungen wie z.B. in Mobilitätszentralen. Auch hier fällt der Anteil der Nennungen bei den Verkehrsdienstleistern mit 59% im Vergleich zu den Regionalplanungsstellen (33%) höher aus, was nicht überrascht, zählen doch gerade die Verkehrsunternehmen zu den wichtigsten Betreibern von Mobilitätszentralen (ILS 2003b: 28). Persönliche Mobilitätsberatungsangebote zu Hause sowie Vorträge/Ausstellungen sind von eher untergeordneter Bedeutung; Kursangebote existieren in keiner Metropolregion.

Ausgewählte Anreizinstrumente zur Förderung des Öffentlichen Verkehrs sowie des Fahrradverkehrs werden im Vergleich zu den beratenden und informatorischen Mobilitätsdienstleistungen, abgesehen von Schnuppertickets, weniger häufig eingesetzt. Als Anreize werden nach Aussagen der Regionalen Planungsstellen im Bereich des Öffentlichen Verkehrs vor allem Schnuppertickets für den ÖV bzw. kostenlose Testfahrten mit dem ÖV angeboten (33%); bei den Verkehrsverbünden und -unternehmen dominiert dieses Angebot ebenfalls (71%). Günstige Fahrradtarife und kostenlose Fahrradmitnahmemöglichkeiten im Bereich des Öffentlichen Verkehrs spielen in beiden Befragungen ebenfalls eine wichtige Rolle. Vergünstigungen beim Fahrradkauf oder Gutscheine für Fahrrad-Check und ähnliche Angebote zur Förderung des Radverkehrs werden von den befragten Regionalen Planungsstellen nicht aufgeführt. Die wenigen Angaben (jeweils 6%) der öffentlichen Mobilitätsanbieter zeigen, dass diese Maßnahmen kaum eingesetzt werden, allenfalls in Kombination mit speziellen Ticketangeboten.

Zwischenfazit

Insgesamt zeigt sich, dass beratende und informatorische Mobilitätsdienstleistungen eine wichtige Rolle zur Förderung des Umweltverbunds spielen und zusätzlich Anreizinstrumente ebenfalls häufig zur Anwendung kommen. Der vergleichsweise hohe Anteil der Regionalplanungsstellen, die keine Angaben machen, kann auf Wissensdefizite oder fehlende Zuständigkeit zurückgeführt werden. Die genannten Mobilitätsdienstleistungen richten sich dabei häufig auch an Neubürger, wenn auch nicht immer explizit.

Auch belegen die Ergebnisse, dass aus Sicht der Regionalen Planungsstellen insbesondere technische und räumlich unabhängige beratende und informatorische Medien eingesetzt werden, um Neubürger über umweltverträgliche Verkehrsmittel zu informieren. Auch stehen vor allem solche Mobilitätsdienstleistungen im Vordergrund, bei denen der (potenzielle) Kunde von sich aus aktiv werden und die notwendigen Informationen selbst beschaffen muss, was aber auch damit zusammenhängt, dass fast alle abgefragten Mobilitätsdienstleistungen auf einer Holschuld der Kunden basieren. Aus Sicht der Verkehrsverbünde und -unternehmen zeigt sich ein etwas anderes Bild. Hier lässt sich eine klare Dominanz von Angeboten wie Informationspaketen/Mobilitätspaketen erkennen, also Angeboten, die von seiten der Unternehmen den Neubürgern zur Verfügung gestellt werden. Eine wichtige Rolle spielen aber auch aus ihrer Sicht technische und räumlich unabhängige Medien.

Anreizinstrumente sind vor allem im Bereich des Öffentlichen Verkehrs zu finden bzw. werden durch die öffentlichen Verkehrsdienstleister gesteuert. Es gibt allerdings auch vereinzelt Ansätze multimodaler Angebote bzw. Verknüpfungen (insbesondere bei Ticketangeboten).

5.1.3 Räumliche Verbreitung des Neubürgermarketings

In einem weiteren Schritt wurde untersucht, ob sich die abgefragten Mobilitätsdienstleistungen und Maßnahmen zur Nutzung und Förderung des Umweltverbunds für Neubürger hauptsächlich auf die Kernstädte der Metropolregionen konzentrieren (s. Abb. 21). Jede fünfte Regionale Planungsstelle bejaht diese Frage (20%), bei über der Hälfte fällt die Beantwortung negativ aus (53%). Damit kommt ein Großteil der genannten Mobilitätsdienstleistungen auch außerhalb der Kernstädte zum Einsatz. Über ein Viertel der Regionalen Planungsstellen macht keine Angaben, was wiederum auf einen unzureichenden Informationsstand zurückgeführt werden kann. Die Mobilitätsdienstleister bejahen diese Frage ebenfalls mehrheitlich (59%). Im Gegensatz zu den Regionalplanungsstellen herrscht bei ihnen keine Unsicherheit darüber, wie die Maßnahmen räumlich verbreitet sind.

Abb. 21 Neubürgermarketing zur Förderung des Umweltverbunds in den Kernstädten

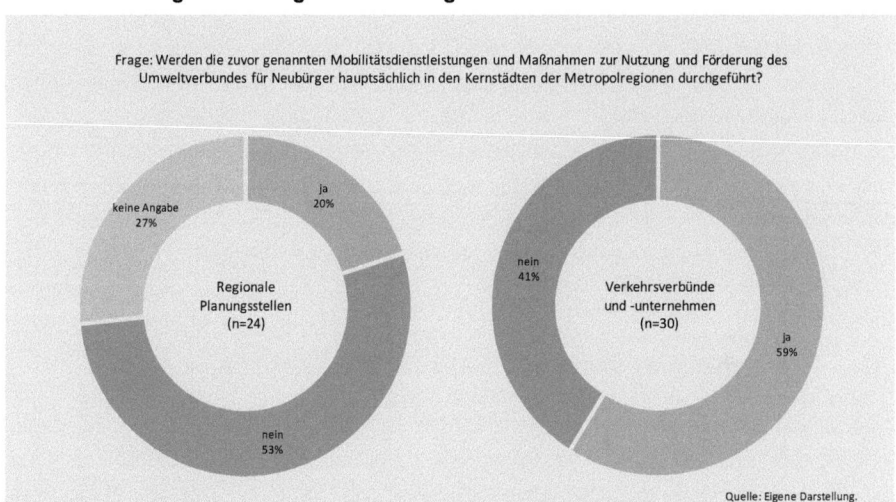

Quelle: Eigene Darstellung.

Außerhalb der Metropolkerne werden vor allem räumlich unabhängige Mobilitätsdienstleistungen wie Telefon-, Internet- und SMS-Dienste eingesetzt. Diese liegen aus Sicht der Regionalen Planungsstellen mit jeweils 67% der Nennungen deutlich vor den restlichen Mobilitätsdienstleistungen. Allerdings spielen auch die Vergabe von Informations- und Mobilitätspaketen sowie Beratungsangebote in Mobilitätszentralen eine wichtige Rolle. Ähnlich äußern sich die öffentlichen Verkehrsdienstleister, auch wenn der Prozentsatz im Vergleich zu den Regionalplanungsstellen etwas geringer ausfällt, was Telefondienste sowie Internet- und SMS-Serviceangebote betrifft. Informations-/Mobilitätspakete und die persönliche Mobilitätsberatung in einer Mobilitätszentrale spielen aber auch ihren Angaben zufolge eine wichtige Rolle. Bei den Anreizinstrumenten sind erwartungsgemäß vor allem ÖPNV-orientierte Maßnahmen von Bedeutung (Schnuppertickets/kostenlose Testfahrten mit dem ÖV) bzw. Anreizinstrumente, die zusätzlich angeboten werden (günstige Fahrradtarife/kostenlose Fahrradmitnahme).

Zwischenfazit

Deutlich wird, dass insgesamt Uneinigkeit darüber herrscht, wie sich Neubürgeraktivitäten räumlich tatsächlich verteilen, wobei davon ausgegangen werden kann, dass die Verkehrsdienstleister die Situation aufgrund ihres Aufgabenverständnisses und Tätigkeitsfeldes realistischer und damit besser einschätzen können als die Regionalen Planungsstellen.

In den Außenbereichen der Metropolenkerne zeigt sich eine klare Dominanz der informatorischen und beratenden Mobilitätsdienstleistungen (auf den ersten vier Rängen stehen Telefonauskunft, Internet/ SMS-Dienste, Informationspakete/Mobilitätspakete und persönliche Mobilitätsberatung in einer Mobilitätszentrale) im Vergleich zu den Anreizinstrumenten. Einig sind sich die befragten Institutionen hinsichtlich fahrradbezogener Anreize, Kursangeboten oder der persönlichen Mobilitätsberatung im häuslichen Kontext, die nicht als Mobilitätsdienstleistungen außerhalb der Metropolkerne angeboten werden.

5.1.4 Strategien und involvierte Stellen des Neubürgermarketings

Im Anschluss an die vorangegangenen Fragen wurden konkrete Strategien und Konzepte ermittelt, die in den jeweiligen Metropolregionen darauf abzielen, Neubürgermarketing außerhalb der Kernstädte zu implementieren (s. Abb. 22). Fast ein Drittel der Regionalen Planungsstellen macht keine Angaben (29%) oder hat keine Kenntnis darüber (13%). Diese Unsicherheit besteht bei den öffentlichen Verkehrsdienstleistern nicht. Die Regionalen Planungsstellen geben als geplante Maßnahmen beispielsweise die Einrichtung eines Internetportals für Pendler (Mitfahrzentrale) oder die Entwicklung neuer Ticket-Medien für den ÖPNV an (elektronische Tarifberater und Ticketverkauf per PC). Die Verkehrsverbünde und -unternehmen nennen als geplante Maßnahmen unter anderem Neubürgerprogramme, gezielte Marketingmaßnahmen in Neubaugebieten oder Informationsmappen inklusive Schnuppertickets, wobei eine Zusammenarbeit mit Wohnungsbaugesellschaften, SPNV-Aufgabenträgern oder Gebietskörperschaften angestrebt wird.

Abb. 22 Strategien zur Umsetzung des Neubürgermarketings außerhalb der Kernstädte

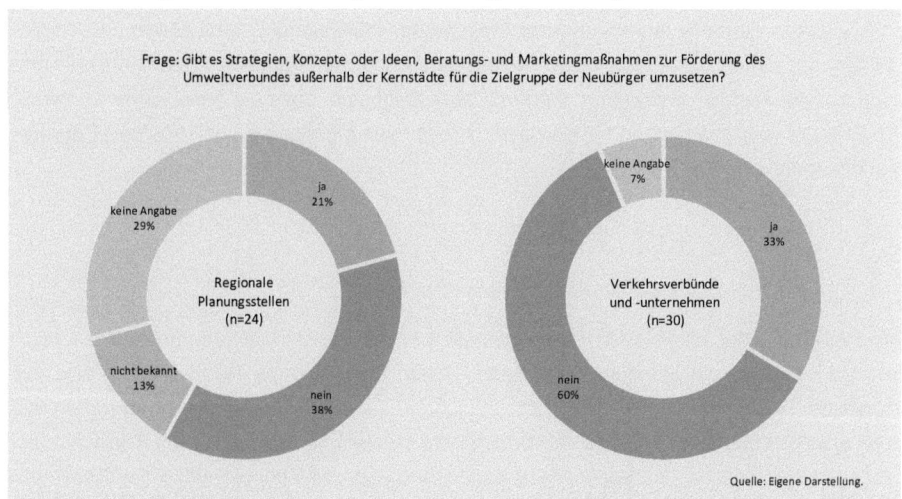

Quelle: Eigene Darstellung.

Darüber hinaus sollten andere Stellen und Institutionen benannt werden, die sich mit der untersuchten Thematik auseinandersetzen. Es zeigt sich, dass sowohl die Regionalen Planungsstellen (62%) als auch die öffentlichen Mobilitätsdienstleister (38%) die Verkehrsverbünde und -unternehmen als Hauptansprechpartner ansehen. Aber auch Aktivitäten von seiten der Regionen/Kreise/Städte und der Verkehrsvereine werden genannt, eine eher geringe Rolle spielen die restlich genannten Akteure (Mobilitätszentralen/Kundencenter, Fachhochschulen/Universitäten, Stadtwerke, Gesellschaften mit Fokus Verkehr, ehrenamtliche Mobilitätsberater und Umweltverbände).

Angaben in den Fragebögen und telefonische Gespräche belegen, dass in der Mehrheit die Regionalplanungsstellen nicht die Notwendigkeit sehen, im Bereich Neubürgermarketing aktiv zu werden. Gründe hierfür liegen vor allem in der fehlenden fachlichen Zuordnung und Kompetenz auf regionaler Ebene, zum Teil mangelt es aber auch an der personellen Ausstattung. Auch lässt sich erkennen, dass die Qualität der Aussagen sowohl vom persönlichen Engagement der Befragten als auch dem Interesse an der untersuchten Thematik abhängig ist.

Zwischenfazit

Insgesamt gibt es nur wenige Ansätze, Neubürgermarketing außerhalb der Kernstädte umzusetzen. Das Mobilitätsmarketing für Neubürger wird gerade von den Verkehrsverbünden und -unternehmen als eines ihrer klassischen Aufgabenfelder gesehen und ihrer Ansicht nach weniger durch Personen anderer Stellen oder Institutionen repräsentiert. Die Regionalplanungsstellen bestätigen diese Auffassung, wobei auch andere Institutionen – wenn auch nur am Rande – aufgeführt werden. Damit zeigt sich, dass die öffentlichen Verkehrsdienstleister das Themenfeld beherrschen, sowohl aus eigener als auch aus Sicht der Regionalplanungsstellen.

5.2 Fazit

Die Befragung der Regionalen Planungsstellen sowie der Verkehrsverbünde und -unternehmen bestätigt die eingangs formulierte These, dass sich die Raumplanung bzw. die Träger der Regionalplanung noch nicht hinreichend dem Themenfeld gewidmet haben und dass aus institutioneller Sicht es nicht die für die Gestaltung der regionalen Entwicklungsprozesse zuständigen regionalen Institutionen sind, die das Themenfeld in der Praxis dominieren. Gesteuert werden die Prozesse und Projekte vielmehr von den öffentlichen Mobilitätsdienstleistern. Konkrete Marketingaktivitäten sind entsprechend vornehmlich auf die Förderung des ÖPNV ausgerichtet. Vereinzelt werden die Dienstleistungen anderer Verkehrsträger mit ÖPNV-Angeboten kombiniert.

Der Vergleich zwischen den beiden Mobilitätsdienstleistungen Beratungs-/Informationsangebote und Anreizinstrumente zur Nutzung und Förderung des Umweltverbunds zeigt, dass vor allem Erstere eingesetzt werden, um für umweltverträgliche Verkehrsmittel bzw. für den ÖPNV zu werben. Anreizinstrumente spielen zwar auch eine wichtige Rolle, werden aber vergleichsweise weniger häufig genutzt. Für beide Mobilitätsdienstleistungen gilt, dass sich eine Vielzahl ihrer Aktivitäten auch bzw. speziell an Neubürger richtet. Räumlich betrachtet, konzentrieren sich diese Maßnahmen insgesamt stärker auf die Kernstädte der Metropolregionen als auf die Umlandgemeinden.

Insgesamt bestehen noch erhebliche Potenziale zur Ausweitung der Maßnahmen außerhalb der Metropolkerne, um langfristig zu einer nachhaltigen regionalen Mobilität beizutragen. Darüber hinaus gilt es, für die Zukunft zu klären, wer für die Erbringung von Mobilitätsdienstleistungen zuständig sein sollte. Zur Lösung der regionalen Verkehrsprobleme sollten vermehrt auch die Träger der Regionalplanung in laufende Aktivitäten eingebunden werden. Dies setzt neben der institutionellen Stärkung allerdings auch das personale Engagement von seiten der Regionalplanungsstellen voraus.

6 Mobilitätsmarketing für Neubürger außerhalb der Metropolkerne – eine Untersuchung in zwei Umlandgemeinden der Metropolregion München

Das folgende Kapitel stellt die wesentlichen Ergebnisse einer mündlichen Befragung von Neubürgern in zwei Umlandgemeinden der Landeshauptstadt München dar, die im Rahmen der vorliegenden Arbeit durchgeführt wurde. Wesentliches Ziel der Untersuchung war es herauszufinden, welche Auswirkungen ein Umzug in den Umlandbereich einer Metropole auf das Mobilitätsverhalten privater Haushalte hat, wie die Verkehrsprobleme einer Metropolregion von Neubürgern eingeschätzt und wahrgenommen werden und welche Anforderungen, Wünsche und Bedürfnisse Neubürger speziell in Bezug auf Mobilitätsinformationen an ihrem neuen Wohnort haben. Auch sollte geprüft werden, ob Umbruchsituationen im Leben eine gute Möglichkeit bieten, um Verhaltensänderungen bei der Verkehrsmittelwahl herbeizuführen. Die zentralen Erkenntnisse werden am Ende dieses Kapitels zusammengeführt und Anknüpfungspunkte für die in Kapitel 7 folgende Konzepterstellung dargestellt.

6.1 Vorbereitung der Befragung

Der Fokus der vorliegenden Arbeit auf die Zielgruppe der Neubürger geschah neben dem fachlichen und theoretischen Hintergrund auch aufgrund der geschilderten Aktivitäten in der Landeshauptstadt München zur Einführung eines Neubürgerpakets. Ziel war es, sich an gegenwärtigen Projekten zu orientieren und damit eine für die Praxis relevante Fragestellung zu bearbeiten.

Bereits zu Beginn des Pilotprojekts von seiten der Landeshauptstadt München wurde die Frage aufgegriffen, wie eine derartige Maßnahme zu einem späteren Zeitpunkt in der Region umgesetzt werden könnte. Diese Fragestellung wurde deshalb auch in den Mittelpunkt der vorliegenden Arbeit gestellt. Dazu wurden zunächst Sondierungsgespräche mit dem Regionalen Planungsverband München als Träger der Regionalplanung und dem Planungsverband Äußerer Wirtschaftsraum München geführt, die sich allerdings nicht direkt für diese Maßnahme zuständig fühlten.

Deshalb wurde, nachdem der Münchner Stadtrat im Jahre 2006 die Ausweitung der Maßnahme auf die Region beschlossen hatte, der Kontakt zur federführenden Organisation zur Umsetzung eines Regionalen Neubürgerpakets, dem MVV, hergestellt. Die vorliegende Untersuchung fand entsprechend parallel zu den dargestellten Aktivitäten des MVV zur Umsetzung eines Regionalen Neubürgerpakets statt. Um Synergien zu nutzen und Ergebnisse vergleichen zu können, wurde die vorliegende Befragung in Abstimmung mit dem MVV entwickelt. Dazu wurde folgende methodische Vorgehensweise festgelegt: Neben den Gemeinden, die vom MVV untersucht wurden, wurden im Rahmen der Dissertation zwei weitere Gemeinden genauer betrachtet. Adressdaten sollten ursprünglich von den entsprechenden Einwohnermeldeämtern zur Verfügung gestellt werden. Die Fragen der telefonischen Befragung von Neubürgern des MVV wurden in die vorliegende Untersuchung zum Teil mit aufgenommen und um weitere Fragen ergänzt. Ziel war es, Synergien der beiden Befragungen zu nutzen und zusätzliche Informationen für effiziente und zielgerichtete Neubürgeraktionen auf regionaler Ebene im Vorfeld einer Pilotanwendung zu eruieren.

Da für die vorliegende Untersuchung keine Drittfinanzierung erfolgte und nur begrenzte personelle Ressourcen zur Verfügung standen, war es nicht möglich, für die Befragung mehrere, unterschiedlich strukturierte Gemeinden, beispielsweise im Hinblick auf verschiedene Lagekriterien, zu erfassen. Deshalb wurde im Rahmen dieser Arbeit nur ein Teilaspekt herausgegriffen. Da aus Sicht der Forschung zunächst gerade die Gemeinden Aussicht auf erfolgreiche Pilotanwendungen haben, die über ein gutes ÖV-Infrastrukturangebot verfügen, wurde der Fokus auf zwei Umlandgemeinden gelegt, die über einen Anschluss an das leistungsfähige Schnellbahnnetz verfügen (S-Bahn, U-Bahn, Regionalbahn).

6.2 Auswahl der Untersuchungsgemeinden

Zur Auswahl der zwei Untersuchungsgemeinden wurden folgende Kriterien herangezogen:

▶ Zunächst war es wichtig, dass sich die Gemeinden im näheren Umland der Landeshauptstadt München befinden sowie über ein gutes öffentliches Verkehrsangebot verfügen, d.h. mindestens eine leistungsfähige Schnellbahnverbindung in das Zentrum der Landeshauptstadt München besteht. Auf eine Untersuchung von Gemeinden in den ÖV-Achsenzwischenräumen wurde aus den bereits erwähnten Gründen verzichtet. Da keine Erfahrungswerte vergleichbarer Studien vorlagen, bestand darüber hinaus die Gefahr, im anvisierten Befragungszeitraum aufgrund der vergleichsweise geringen jährlichen Zuzugszahlen keine hinreichend große Personenstichprobe ziehen zu können. Die Werte der absoluten jährlichen Zuzugszahlen in den ÖV-achsenfernen Gemeinden zeigen auch, dass diese im Jahr 2006 (dem Jahr vor der Befragung) lediglich zwischen 35 und 635 Zuzüglern je 1.000 Einwohnern pro Jahr lagen. Im Vergleich dazu lagen die Werte in den Gemeinden an den ÖV-Achsen zwischen 75 und 4.594 Zuzüglern je 1.000 Einwohner und Jahr (Bayerisches Landesamt für Statistik und Datenverarbeitung 2010c). Die Wahl von ÖV-achsennahen Gemeinden erfolgte auch deshalb, weil davon ausgegangen werden kann, dass hier aufgrund einer besseren ÖV-Qualität zum Auto Interventionsmaßnahmen zunächst Erfolg versprechender sind im Sinne einer Verlagerung des MIV auf den Umweltverbund.

▶ Ferner sollte in den Gemeinden eine vergleichsweise hohe Motorisierungsrate vorliegen, um Verlagerungspotenziale in Richtung des Umweltverbunds erschließen zu können.

▶ Wesentlich war daneben die räumliche Nähe der Gemeinden, um auf der einen Seite zeitlich flexibel auf Interviewtermine reagieren zu können und auf der anderen Seite der dieser Arbeit zugrunde liegenden Forderung Rechnung zu tragen, umweltverträgliche Verkehrsmittel für Alltagswege zu nutzen (in diesem Fall für Wege zu Interviewterminen).

▶ Außerdem sollte in einer der beiden Gemeinden bereits ein Neubürgerordner etabliert sein, um abschätzen zu können, wie ein derartiges Angebot von Neubürgern angenommen und genutzt wird.

▶ Ein weiterer, nicht unbedeutsamer Aspekt waren das Interesse und die Unterstützung von seiten der Gemeindeverwaltungen und deren Mitarbeitern.

Auf Grundlage dieser Kriterien wurden die südöstlich der Landeshauptstadt München gelegenen Gemeinden Ottobrunn und Unterhaching als Untersuchungsgemeinden ausgewählt (s. Abb. 23).

Abb. 23 Lage der zwei Untersuchungsgemeinden Ottobrunn und Unterhaching

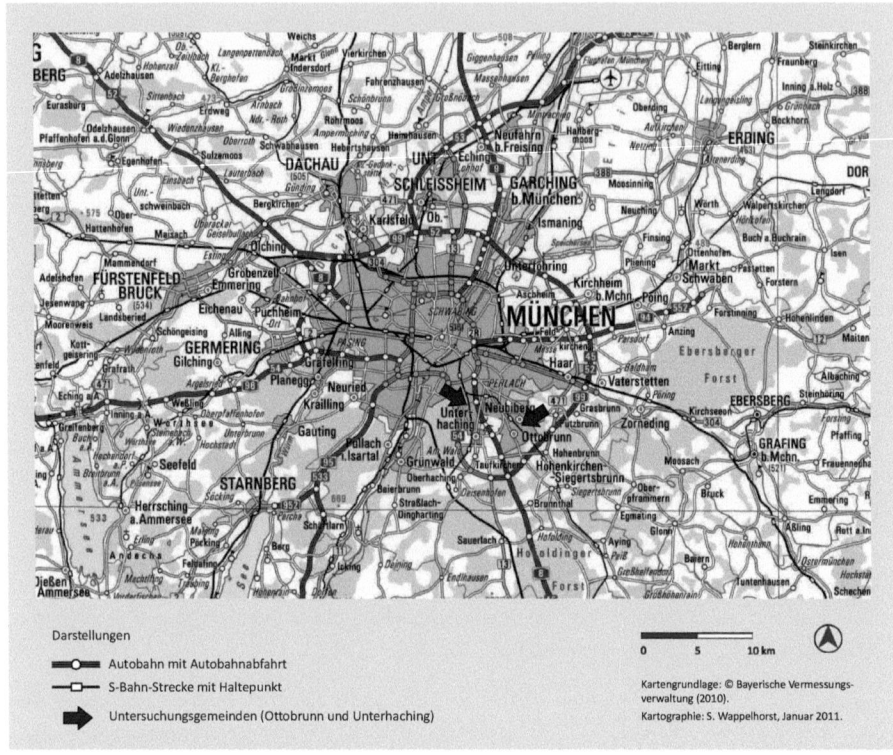

Darstellungen
- Autobahn mit Autobahnabfahrt
- S-Bahn-Strecke mit Haltepunkt
- Untersuchungsgemeinden (Ottobrunn und Unterhaching)

0   5   10 km

Kartengrundlage: © Bayerische Vermessungsverwaltung (2010).
Kartographie: S. Wappelhorst, Januar 2011.

6.3 Methodische Vorgehensweise

Abbildung 24 gibt einen Überblick über das Erhebungsdesign, das der Befragung in den beiden Untersuchungsgemeinden zugrunde gelegt wurde.

Befragt wurden Personen, die in die Gemeinde Ottobrunn bzw. Unterhaching gezogen waren und dort ihren Haupt- oder Nebenwohnsitz angemeldet hatten. Die Stichprobengröße wurde ursprünglich auf 25 Personen je Gemeinde festgelegt. Als Berechnungsgrundlage wurde davon ausgegangen, dass bei einer 2½-monatigen Adresserfassung und jährlichen Zuzugsraten von mindestens 1.500 Personen im Durchschnitt 313 Haushalte in diesen 2½ Monaten erfasst werden könnten. Bei einer durchschnittlichen Personenzahl von 2,2 pro Haushalt würden sich damit 142 potenzielle Befragungspersonen ergeben. Da keine wissenschaftlich fundierten Standardwerte für Rücklaufquoten mündlicher Befragungen aus

Abb. 24 Erhebungsdesign

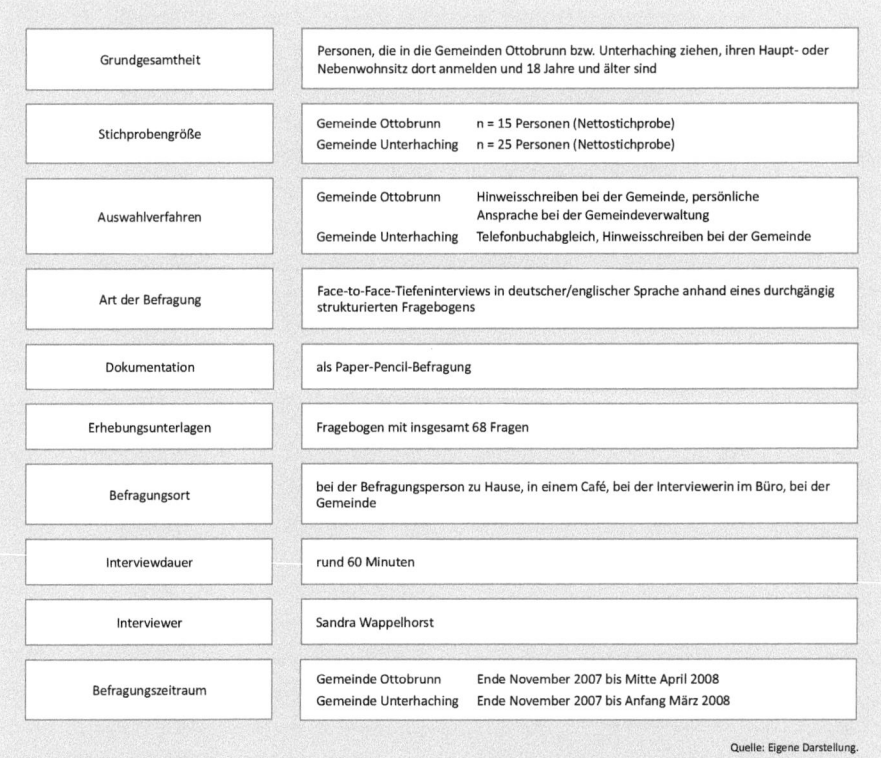

Quelle: Eigene Darstellung.

gemacht werden konnten, wurde ein Wert von 20% zugrunde gelegt. Damit ergab sich ein Wert von 28 Personen.

Die Befragung der Neubürger selbst erfolgte mündlich im Rahmen von Face-to-Face-Tiefeninterviews, da die Interviewteilnehmer unter anderem zu einer Mobilitätsdienstleistung, d.h. dem Neubürgerpaket, befragt wurden, die in Deutschland nicht flächendeckend existiert und damit davon ausgegangen werden konnte, dass den meisten Befragungsteilnehmern diese Art der Informationsbereitstellung nicht bekannt war. Beim Interview handelte es sich um ein stark strukturiertes Interview, das auf Grundlage eines vorgegebenen standardisierten Fragebogens (s. Anhang, Abb. 55) durchgeführt wurde.

Da von den beiden Untersuchungsgemeinden aus datenschutzrechtlichen Gründen keine Adressen von Neubürgern zur Verfügung gestellt wurden, wie ursprünglich angedacht, wurde zunächst versucht, durch einen Telefonbuchabgleich Haushalte zu erfassen. Da sich diese Methode als sehr zeitintensiv verbunden mit einer geringen Resonanz herausstellte, wurde in beiden Gemeinden ein Hinweisschreiben hinterlegt (s. Anhang, Abb. 54). Bei Interesse konnte jeder Neubürger bei seiner Anmeldung seinen Namen, Adresse und Telefonnummer in dem Formular eintragen. Die ausgefüllten Formulare wurden dann von der Gemeinde an die Interviewerin weitergeleitet. Anschließend wurde seitens der Interviewerin telefonischer Kontakt zu der Person des Haushalts aufgenommen, die ihren Namen in dem Formular eingetragen hatte, und anschließend ein Interviewtermin vereinbart. Zusätzlich wurden bei der Gemeinde Ottobrunn nach Ablauf der Auslagefrist des Hinweisschreibens Personen bei ihrer Anmeldung im Einwohnermeldeamt direkt angesprochen. Insgesamt erwies sich das Hinweisschreiben im Vergleich zu den beiden anderen Arten der Adresserfassung als am effektivsten, dennoch stellt dies für größer angelegte Befragungen und Pilotanwendungen keine optimale Lösung dar, da der Erfolg von Maßnahmen auch immer an die Datenqualität und Datenbereitstellung gekoppelt ist.

Der Befragungszeitraum erstreckte sich in der Gemeinde Ottobrunn von Ende November 2007 bis Mitte April 2008. Die Hinweisschreiben wurden bei der Gemeindeverwaltung im Zeitraum von Mitte November 2007 bis Ende Februar 2008 ausgelegt[28]. Zusätzlich wurden Ende Februar und Anfang März 2008 von der Interviewerin Personen bei deren Anmeldung direkt vor dem Einwohnermeldeamt Ottobrunn angesprochen. Insgesamt konnten in dem Befragungszeitraum 15 der anvisierten 25 Interviews durchgeführt werden. Die Ansprache über die Gemeindeverwaltung Unterhaching erfolgte von Mitte November 2007 bis Anfang Januar 2008[29], der Interviewzeitraum erstreckte sich bis Anfang März 2008. Im Vorfeld (Anfang November 2007) wurde versucht, über einen Telefonbuchabgleich bezogen auf alle Haushalte, die neu im Telefonbuch Herbst 2007 im Vergleich zur Ausgabe Frühjahr 2007 standen, Personen für die Befragung zu gewinnen, was allerdings mit einem geringen Rücklauf verbunden war. Insgesamt konnten in dem beschriebenen Zeitraum 25 der geplanten 25 Interviews realisiert werden.

Einen Überblick über die Befragungsinhalte gibt Abbildung 25. Neben personenbezogenen Fragen wurden auch Fragen zum Haushalt getrennt nach altem und neuem Wohnort erhoben, um später im Rahmen der Auswertung Aussagen zum Mobilitätsverhalten vor (retrospektiv) und nach dem Umzug treffen zu können.

---

[28] Die Hinweisschreiben wurden zunächst bis Ende Januar 2008 ausgelegt. Aufgrund des zurückhaltenden Rücklaufs wurde das Schreiben einen Monat länger bis Ende Februar 2008 ausgegeben.

[29] Die Hinweisschreiben wurden nicht wie angekündigt bis Ende Januar 2008 ausgegeben, sondern nur bis Anfang Januar 2008, da aufgrund des guten Rücklaufs in diesem Zeitraum die anvisierte Nettostichprobe von 25 Personen befragt werden konnte.

Abb. 25 Inhalte der Neubürgerbefragung

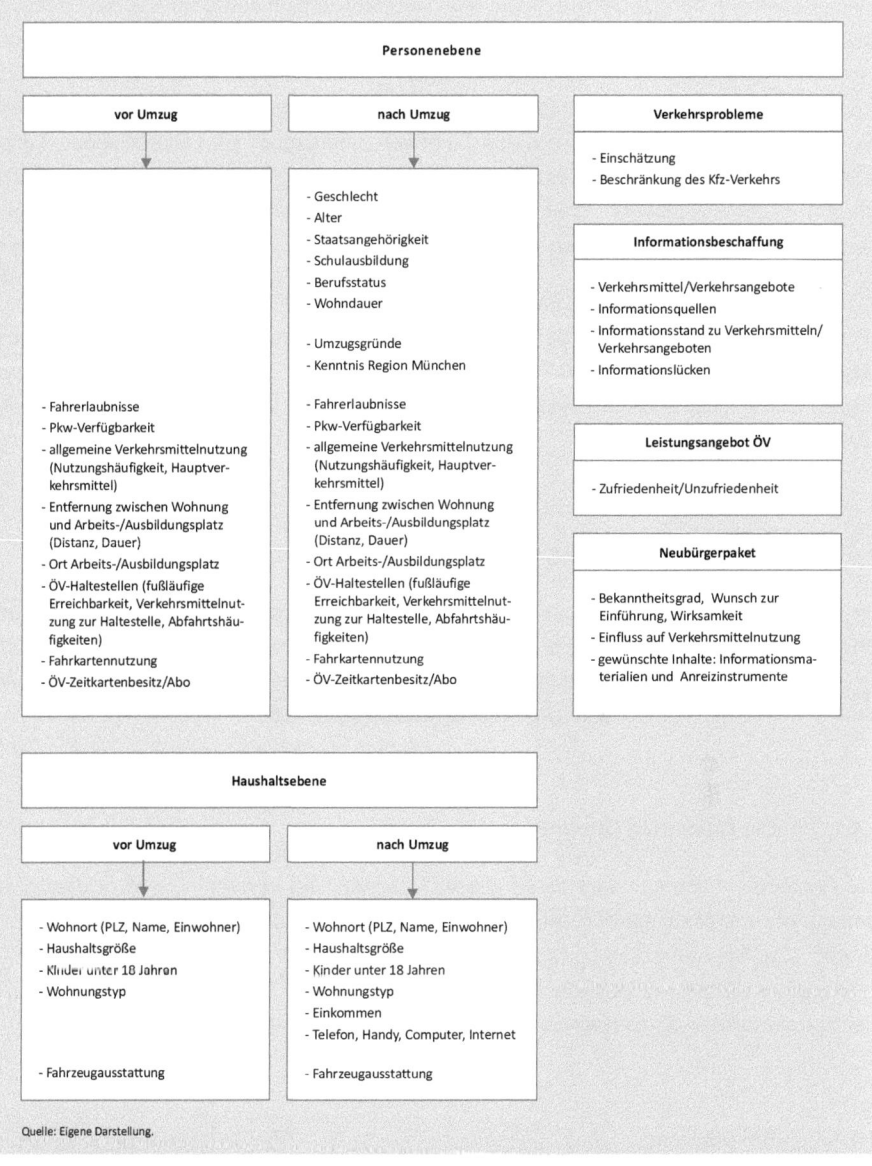

Quelle: Eigene Darstellung.

Darüber hinaus war ein wesentliches Element der Befragung die Einschätzung der Verkehrsprobleme in der Landeshauptstadt München, der Region sowie auf Gemeindeebene. Zusätzlich wurden Fragen zum Informationsbedarf zu verschiedenen Mobilitätsangeboten, den Leistungsangeboten im Öffentlichen Verkehr sowie dem geplanten Neubürgerpaket gestellt. Hinsichtlich des Neubürgerpakets war es wichtig herauszufinden, wie das Potenzial zur Einführung der Maßnahme aus Sicht von Neubürgern ist. Unterschieden wurde zwischen der Einführung auf Gemeindeebene sowie auf regionaler Ebene, d.h. eine Einführung in den Gemeinden einer Region, in denen eine erfolgreiche Umsetzung eines Neubürgerpakets zu vermuten ist (s. Kap. 7.2.5.1).

Pro neu zugezogenen Haushalt wurde nur eine Person befragt (es handelte sich also um eine Personenbefragung). Die Stichprobe selbst kann aufgrund ihrer Größe und Zusammensetzung nicht als repräsentativ angesehen werden, genügt aber dem Anspruch, Tendenzen bezüglich des Befragungsthemas aufzudecken und vor allem qualitative Aspekte herauszuarbeiten.

6.4   Strukturelle Entwicklung der Untersuchungsgemeinden

Um die Ergebnisse der Befragung auch vor dem Hintergrund des wirtschaftlichen und strukturellen Kontextes interpretieren zu können, werden nachfolgend zunächst die Bevölkerungs- und Siedlungsentwicklung, wirtschaftlichen Gegebenheiten sowie die Verkehrsstruktur der beiden Untersuchungsgemeinden herausgearbeitet.

6.4.1   Die Gemeinde Ottobrunn

Die Gemeinde Ottobrunn liegt im Landkreis München und befindet sich im südöstlichen Umland der Landeshauptstadt München, etwa 12 km von dessen Stadtzentrum entfernt (s. Abb. 23). Sie erstreckt sich über eine Fläche von 5,24 km². Bis auf die westliche Gemeindegrenze Richtung Unterhaching verläuft die Grenze Ottobrunns zu seinen übrigen Nachbargemeinden durch überwiegend dichte Siedlungsbereiche (s. Abb. 26).

6.4.1.1   Bevölkerung

Ottobrunn zählt mit 19.923 Einwohnern (Stand 31.12.2008) zur drittgrößten Gemeinde im Landkreis München (Landkreis München 2009c). Während im Jahr 1925 die Bevölkerung noch bei 641 lag, stieg die Zahl bis zum Jahre 1970 auf 13.413 Einwohner an, vor allem

Abb. 26   Steckbrief der Gemeinde Ottobrunn

Ottobrunn

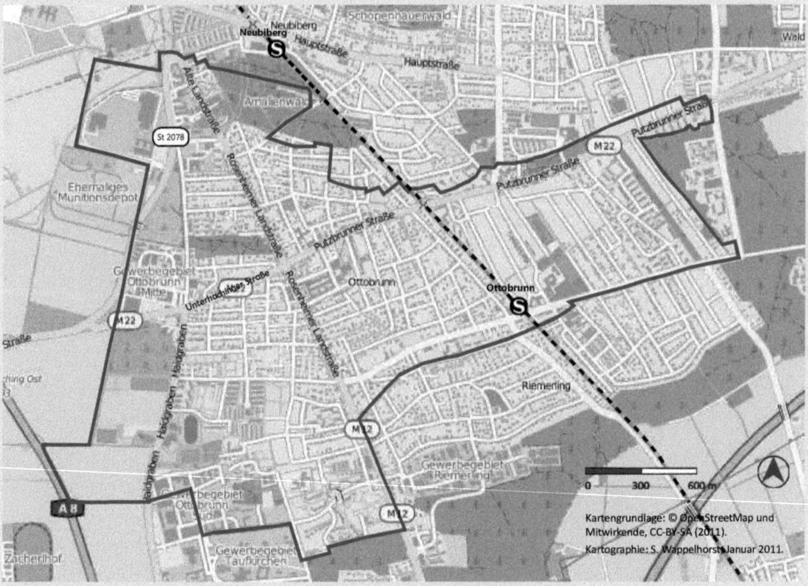

Kartengrundlage: © OpenStreetMap und Mitwirkende, CC-BY-SA (2011).
Kartographie: S. Wappelhorst, Januar 2011.

Lage			Wanderungen (2007)	
Bundesland	Bayern		Zuzüge	1.750 Personen
Landkreis	München		Fortzüge	1.712 Personen
			Wanderungssaldo	38 Personen
Bevölkerung (31.12.2008)				
Einwohner	19.923		**Fläche (30.06.2009, 31.12.2008)**	
Bevölkerungsdichte	3.802 Einwohner pro km²		Gemeindeflächengröße	5,24 km²
			Siedlungs- und Verkehrsfläche	85,9%
natürliche Bevölkerungsbewegung (2007)				
Lebendgeborene	213 Personen		**Verkehr (30.06.2009)**	
Gestorbene	162 Personen		Fahrzeugbestand	15.234 Kfz
Saldo insgesamt	51 Personen		Fahrzeugdichte	768 Kfz pro 1.000 Einwohner

bedingt durch Zuzugsgewinne sowie die zunehmende Suburbanisierung seit den 1960er Jahren. Nach der Abspaltung von der Gemeinde Unterhaching im Jahre 1955 nahm die Bevökerung weiter zu, auch bedingt durch die Anbindung Ottobrunns an die S-Bahn im Jahre 1972. In den letzten 10 Jahren (seit 1998) ist die Bevölkerungsentwicklung mehrheitlich positiv verlaufen (+7,2%). Seit 2002 (abgesehen vom Jahr 2006) übersteigen die Geburten die Sterbefälle und nach negativen Wanderungssalden in den Jahren 2002 und 2003 sind seit 2004 wieder positive Entwicklungen zu verzeichnen (Bayerisches Landesamt für Statistik und Datenverarbeitung 2009b: 2). Auch für die Zukunft wird von wachsenden Bevölkerungszahlen ausgegangen (z.B. Bertelsmann Stiftung 2011; Keßler 2009).

6.4.1.2 Siedlung

Der Siedlungs- und Verkehrsflächenanteil liegt in Ottobrunn bei 85,9% (Stand 31.12.2008). Damit zählt die Gemeinde zur am dichtesten besiedelten Gemeinde im Landkreis München (Landkreis München 2009c).

Der Regionalplan München weist Ottobrunn als Siedlungsschwerpunkt aus (RPV 2009a). Aufgrund des hohen Siedlungs- und Verkehrsflächenanteils sind der weiteren Siedlungsentwicklung und damit der Neuerrichtung von Gebäuden Grenzen gesetzt. Dies zeigt sich auch in der vergleichsweise hohen Bevölkerungsdichte: Sie liegt bei 3.802 Einwohner/km², im Vergleich dazu liegt der Wert der Landeshauptstadt München nur etwas höher bei 4.355 Einwohner/km² (Stand 2008) (Bayerisches Landesamt für Statistik und Datenverarbeitung 2009b).

Zahlen der Baufertigstellungen belegen, dass wegen der geringen Flächenressourcen vor allem Nachverdichtung betrieben wird: So wurden zwischen 2004 und 2007 insgesamt 137 neue Wohngebäude errichtet sowie 251 Wohnungen in Wohn- und Nichtwohngebäuden. Die Zahl fertiggestellter neuer Wohnungen je 1.000 Einwohner lag für das Jahr 2008 mit 1,6 unter dem Wert von Unterhaching mit 4,6 (Bayerisches Landesamt für Statistik und Datenverarbeitung 2009b).

6.4.1.3 Wirtschaft

Die wirtschaftliche Entwicklung Ottobrunns ist stark mit den Wirtschaftsclustern Luft- und Raumfahrt und Satellitennavigation verbunden. Diese Cluster tragen in Ottobrunn selbst sowie in den südlichen und südöstlichen Umlandgemeinden der Landeshauptstadt München wesentlich zu der positiven wirtschaftlichen Dynamik bei, die sich beispielsweise in der Bevölkerungsstruktur mit einem vergleichsweise hohen Qualifikationsniveau widerspiegelt. Außerdem ziehen die Cluster einen hohen Anteil hoch qualifizierter Arbeitskräfte an, die ihren Lebensmittelpunkt oftmals in räumlicher Nähe zum Arbeitsort ansiedeln. Entsprechend der wirtschaftlichen Dynamik und dem höheren Ausbildungsstand der Bevölkerung im Landkreis München ist die Arbeitslosenquote in der Gemeinde Ottobrunn vergleichsweise gering. Die Quote auf Landkreisebene (3,4% im Juni 2009) spiegelt sich auch in der Arbeitslosenquote auf Gemeindeebene wider: Sie betrug im vierten Quartal 2007 3,79% und lag damit unter der der Landeshauptstadt München (7,61%). Dies entspricht dem Trend in den südlichen Münchner Umlandgemeinden und hängt stark mit den geschilderten soziodemografischen Aspekten, wie z.B. dem höheren Bildungsniveau, zusammen (Landkreis München (2009a).

6.4.1.4 Verkehr

Die Gemeinde Ottobrunn ist sehr gut an das übergeordnete Straßennetz angebunden und liegt an der S-Bahn-Achse Richtung Münchner Zentrum. Ferner verfügt die Gemeinde über ein gut ausgebautes Rad- und Fußwegenetz. Auf den Internetseiten der Gemeinde wird unter anderem die Lösung der Verkehrsprobleme als wichtiger Aufgabenbereich der Gemeindeentwicklung genannt (Gemeinde Ottobrunn 2009). Nachfolgend werden vor diesem Hintergrund die verschiedenen Verkehrsträger und Mobilitätsangebote genauer betrachtet.

▶ Motorisierter Verkehr

An den Straßenfernverkehr ist Ottobrunn über zwei Anschlussstellen der Autobahn A8 Richtung München/Salzburg und eine Anschlussstelle der Autobahn A99 (Autobahnring München Nord/München Süd) angeschlossen (s. Abb. 23). Innerhalb der Gemeinde erfolgt die Hauptverkehrserschließung über eine Staatsstraße (St 2078) und zwei Kreisstraßen (M 12 Rosenheimer Landstraße und M 22 Unterhachinger Straße/Putzbrunner Straße) (s. Abb. 26).

Verkehrszahlen zwischen den Jahren 1973 bis 2005 belegen für ausgewählte Zählstellen an den Kreisstraßen quantitativ leichte Rückgänge der durchschnittlichen täglichen Verkehrsstärke (DTV) (Landratsamt München 2007: 39). So lag die durchschnittliche tägliche Verkehrsstärke im Jahr 2005 an den beiden Zählstellen im Ortszentrum bei 12.232 Kfz/Tag bzw. 13.152 Kfz/Tag. Grund für die weiterhin hohen Verkehrszahlen ist auch der nach wie vor zunehmende Motorisierungsgrad der Ottobrunner Bevölkerung. So lag die Fahrzeugdichte Mitte 2009 bei 768 Kfz je 1.000 Einwohner (Landkreis München 2009b). Damit liegt Ottobrunn im Vergleich zu den 29 Städten und Gemeinden des Landkreises München im Mittelfeld.

Auch der hohe Pendlersaldo in die Gemeinde trägt gerade auf den Hauptverkehrsachsen und zu den Hauptverkehrszeiten zur Belastung des Straßenverkehrs bei. So zeigt der Pendlersaldo in der Gemeinde, dass sich der Trend gleichbleibend hoher Einpendlerüberschüsse der vergangenen Jahre fortgesetzt hat: So lag der Pendlersaldo im Jahre 2007 bei +5.682 Personen, d.h. es gab mehr Einpendler als Auspendler (Bayerisches Landesamt für Statistik und Datenverarbeitung 2009b: 4). Damit belegte Ottobrunn auf Landkreisebene Platz 5 der Gemeinden mit den höchsten Einpendlerzahlen (Stand Juni 2007), was auch ein wesentlicher Indikator für die hohe Wirtschaftskraft der Gemeinde ist.

▶ **ÖPNV**

Die Gemeinde Ottobrunn ist gut an den ÖPNV angebunden. Eine S-Bahn-Linie führt durch die Gemeinde und verbindet sie im 20-Minuten-Takt mit der Landeshauptstadt München und dem Münchner Umland (s. Abb. 23 und Abb. 26). Auf dem Gemeindegebiet befindet sich die S-Bahn-Haltestelle Ottobrunn, die S-Bahn-Haltestelle Neubiberg derselben Linie grenzt unmittelbar an die nördliche Gemeindegrenze. Daneben dienen diverse Buslinien dem lokalen Nahverkehr und verbinden Ottobrunn mit den Nachbarorten und München.

Der 1.000 m Luftlinieneinzugsbereich zur nächsten S-Bahn-Haltestelle zeigt, dass aufgrund der räumlichen Ausdehnung des Gemeindegebietes und der Lage der S-Bahn-Stecke die Siedlungsgebiete im Westen nicht in fußläufiger Erreichbarkeit zur S-Bahn gelegen sind. Die Nutzung ist für die Mehrheit der dortigen Haushalte mit mindestens einer Umsteigebeziehung des Öffentlichen Verkehrs verbunden, was auch Auswirkungen auf die Nutzungsattraktivität laut Aussagen der Befragten hat.

▶ **Fuß- und Radverkehr**

Neben der Einbindung in das überörtliche Fuß- und Radwegesystem verfügt Ottobrunn über ein gut ausgebautes innerörtliches Fuß- und Radwegenetz. Das örtliche Radwegeleitsystems kennzeichnet diese Wege; darüber hinaus hat die Gemeinde zur besseren Orientierung einen Radwegenetzplan speziell für Ottobrunn erstellt (Gemeinde Ottobrunn 2009).

▶ **Weitere Mobilitätsangebote**

Zu den weiteren Mobilitätsangeboten zählen ein nächtlicher Disco-Shuttle an den Wochenenden, ein Anruf-Sammel-Taxi (AST) vom S-Bahnhof Ottobrunn sowie eine virtuelle Mitfahrzentrale (MIFAZ), die an die übergeordnete Internetplattform der Mitfahrzentrale der Region München angeschlossen ist. An der S-Bahn-Haltestelle Ottobrunn steht ferner ein Park & Ride Parkplatz mit 42 Stellplätzen zur kostenlosen Nutzung zur Verfügung, an der S-Bahn-Haltestelle Neubiberg sind es weitere 146 Stellplätze. Bike & Ride Stellplätze befinden sich ebenfalls an den S-Bahn-Haltestellen, in Ottobrunn sind es 414, an der Neubiberger S-Bahn-Haltestelle weitere 298 Stellplätze. In der Planungsregion München existieren darüber hinaus in einzelnen Umlandgemeinden Car Sharing-Stationen, die sich aber nicht in räumlicher Nähe zur Gemeinde Ottobrunn befinden. Die nächste Station liegt ca. 3 km vom Ottobrunner Zentrum entfernt, auf dem Gebiet der Landeshauptstadt München. In Ottobrunn selbst besteht kein derartiges Angebot, d.h. eine Nutzung im direkten lokalen Umfeld ist nicht möglich. Es kann davon ausgegangen werden, dass das vorhandene Angebot von der Ottobrunner Bevölkerung nur in geringem Maße genutzt wird, falls es überhaupt als Alternative wahrgenommen wird.

▶ **Informationsangebote**

Informationen zu den beschriebenen Mobilitätsangeboten werden in der Gemeinde Ottobrunn auf unterschiedliche Art und Weise zur Verfügung gestellt. So erhält beispielsweise jeder Neubürger bei der Anmeldung im Einwohnermeldeamt eine Informationsmappe, die unter anderem Informationen zum Thema Mobilität enthält (s. Abb 27). Im Einwohnermeldeamt liegen darüber hinaus weitere Informationsbroschüren aus, beispielsweise zum Öffentlichen Verkehr (s. Abb. 50).

Ferner informieren die Internetseiten der Gemeinde Ottobrunn im Abschnitt Umwelt/Verkehr unter der Überschrift „Förderung der Alternativen zum Auto" umfassend über das Thema Mobilität und Verkehr (Gemeinde Ottobrunn 2009).

Abb. 27 Mobilitätsinformationen für Neubürger der Gemeinde Ottobrunn

6.4.2 Die Gemeinde Unterhaching

Die 10 km südöstlich vom Münchner Stadtzentrum entfernte Gemeinde Unterhaching (s. Abb. 23 und 28) erstreckt sich über eine Fläche von 10,37 km² (Landkreis München 2009c). Die Gemeinde Unterhaching zählt ebenfalls zum Landkreis München.

Abb. 28 Steckbrief der Gemeinde Unterhaching

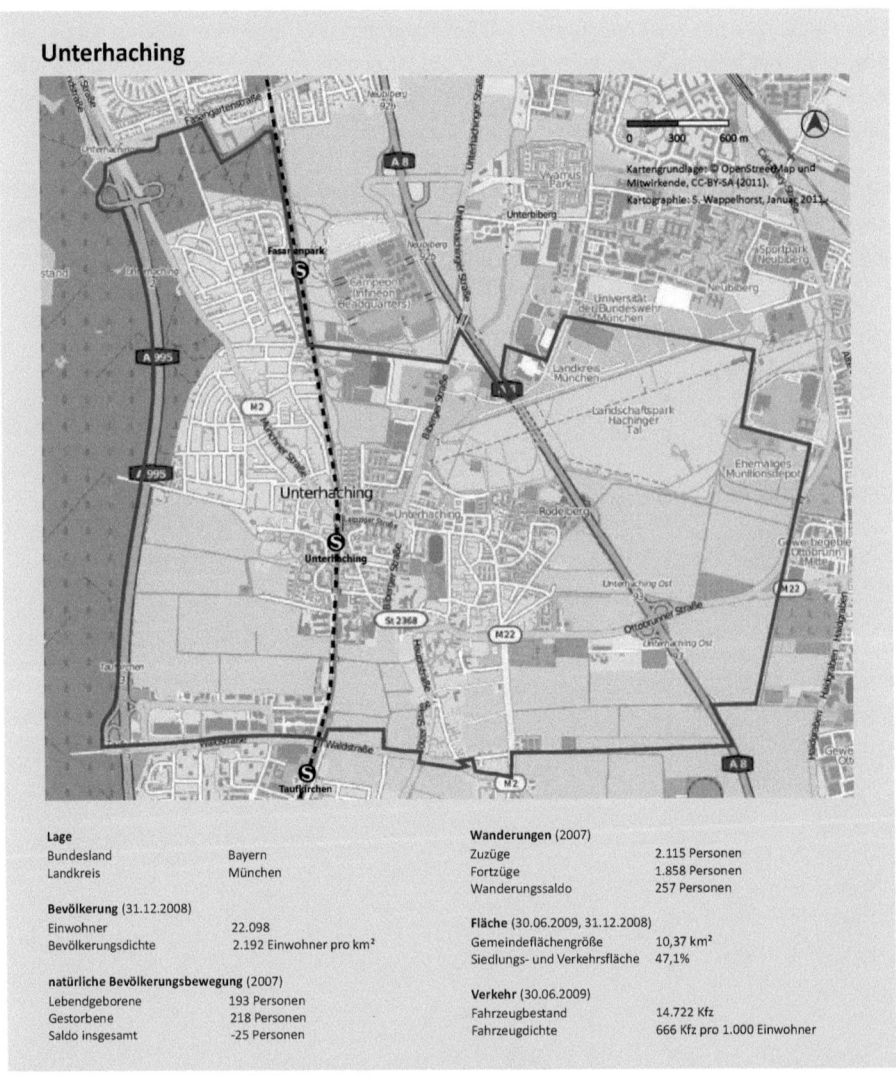

6.4.2.1 Bevölkerung

Unterhaching ist mit 22.098 Einwohnern (Stand 31.12.2008) die zweitgrößte Gemeinde im Landkreis München (Bayerisches Landesamt für Statistik und Datenverarbeitung 2009c: 2). Seit Beginn des letzten Jahrhunderts ist die Bevölkerung kontinuierlich gewachsen (Gemeinde Unterhaching 2003: 4ff). In den vergangenen 10 Jahren stieg die Bevölkerung von 19.964 auf 22.098 an (Bezugsjahr 1998). Auch wenn seit dem Jahr 2002 die Sterbefälle zum Teil leicht höher ausfielen als die Geburten, so konnte dieses Defizit durch stetige Wanderungsgewinne ausgeglichen werden, die ab dem Jahr 2002 zwischen 27 und 522 Personen pro Jahr lagen (Bayerisches Landesamt für Statistik und Datenverarbeitung 2009c). Auch in Zukunft wird mit Steigerungen gerechnet (z.b. Bertelsmann Stiftung 2011; Keßler 2009).

6.4.2.2 Siedlung

Eng verbunden mit der Bevölkerungsentwicklung ist die Siedlungsentwicklung in Unterhaching. Mit einem Siedlungs- und Verkehrsflächenanteil von 47,1% (Stand 31.12.2008) besitzt die Gemeinde noch Baulandpotenziale. Im Vergleich zu Ottobrunn zeigen sich vor diesem Hintergrund auch deutliche Unterschiede bei den Baufertigstellungen: Zwischen 2004 und 2007 lag die Anzahl der neu errichteten Wohngebäude mit 125 zwar unter dem Wert von Ottobrunn, allerdings fiel die Anzahl fertiggestellter Wohnungen in Wohn- und Nichtwohngebäuden mit 720 deutlich höher aus. Auch die Zahl fertiggestellter neuer Wohnungen je 1.000 Einwohner lag im Jahr 2008 mit 4,6 höher als in Ottobrunn (Bayerisches Landesamt für Statistik und Datenverarbeitung 2009c).

Die Siedlungsentwicklung der Vergangenheit hat auch die Trennung von Wohnen, Arbeiten und Einkaufen forciert, nicht zuletzt auch durch den Bau zweier Großwohnsiedlungen ab dem Jahre 1968 mit einer standardisierten Grundversorgung (Lebensmittelmarkt, Bank, Apotheke, Friseur), ohne dass ein langfristiges Verkehrskonzept entwickelt wurde (BMW AG/LHM 1998: 7).

6.4.2.3 Wirtschaft

Vergleichbare Wirtschaftcluster, wie in der Gemeinde Ottobrunn, existieren in der Gemeinde Unterhaching nicht, auch wenn einige größere Unternehmen ihren Firmenhauptsitz dort bzw. auch angrenzend zur Gemeinde Unterhaching haben. Die Arbeitslosenquote der Unterhachinger Bevölkerung lag Ende 2007 mit 3,87% ebenfalls weit unter der Münchens mit

7,61%. Dies entspricht der generellen Entwicklung in den südlichen Umlandgemeinden, verbunden mit einem höheren Ausbildungsstand der Bevölkerung im Landkreis und in der Gemeinde (Landkreis München (2009a).

6.4.2.4 Verkehr

Wie die Gemeinde Ottobrunn ist auch die Gemeinde Unterhaching gut an das Straßennetz angebunden und verfügt über ein gut ausgebautes Fuß-, Radwege- und ÖV-Netz.

▶ **Motorisierter Individualverkehr**

An das übergeordnete Straßennetz ist Unterhaching über zwei Anschlussstellen der Autobahn A8 Richtung München/Salzburg und über zwei Anschlussstellen der A995/E54 (Südzubringer München) angeschlossen (s. Abb. 23 und Abb. 28).

Die Hauptverkehrsachsen bilden eine Staatsstraße (St 2368 Unterhachinger Straße/Biberger Straße/Hauptstraße/Tölzer Straße) sowie zwei Kreisstraßen (M 2 Münchner Straße/Leipziger Straße, M 22 Ottobrunner Straße). Verkehrszählungen aus den Jahren 1973 bis 2005 zeigen, dass die täglichen Verkehrsstärken an den genannten Straßen zugenommen haben (Landratsamt München 2007: 39). Grund für diese Entwicklungen sind unter anderem die durch den Berufsverkehr bedingten Auspendlerquoten. Aber auch die Konzentration von Einkaufsgelegenheiten am Ortsrand (z.B. das Gewerbegebiet im südöstlichen Gemeindegebiet Unterhachings), die weitere Verdichtung der Siedlungsgebiete oder die Ansiedlung von Gewerbeneubauten tragen zu einem erhöhten Verkehrsaufkommen in der Gemeinde bei. Daneben spielt die Fahrzeugdichte der Unterhachinger Bewohner eine nicht unbedeutende Rolle. Sie lag Mitte 2009 bei 666 Fahrzeugen pro 1.000 Einwohner (Landkreis München 2009b). Dass dieser Wert unter dem Landkreisdurchschnitt von 773 Kfz/1.000 Einwohner liegt und im Vergleich zu den 29 Gemeinden des Landkreises einen der unteren Ränge einnimmt, kann unter anderem auf die direkte Nähe zur Landeshauptstadt München und das gute ÖPNV-Angebot (z.B. Qualität, Taktfrequenz der S-Bahn) zurückgeführt werden.

Der Ziel- und Quellverkehr wird vor allem durch die Unterhachinger Bevölkerung selbst verursacht. Bereits im Rahmen der Inzell-Initiative aus dem Jahre 1998 wird diese Problematik verdeutlicht: „Trotzdem leidet der Ort (Unterhaching, Anm. d. Verfassers) unter dem zu rund 85 Prozent selbstverursachten Ziel- und Quellverkehr [...]" (BMW AG/LHM 1998: 7).

Bezogen auf den Pendlerverkehr ist in der Gemeinde Unterhaching im Vergleich zu Ottobrunn aufgrund der weniger dynamischen wirtschaftlichen Entwicklung der Anteil der Beschäftigen, die täglich über die Gemeindegrenze hinweg pendeln, hoch: So lag der Pendlersaldo im Jahre 2007 im negativen Bereich (-1.300 Personen), d.h. Unterhaching verzeichnete einen Auspendlerüberschuss (Bayerisches Landesamt für Statistik und Datenverarbeitung 2009c). Mit diesem Wert lag die Gemeinde auf Landkreisebene an drittletzter Stelle. Damit zählt Unterhaching zu den Gemeinden, die im Wesentlichen als Wohnort dienen, während sich der Arbeitsplatz häufig außerhalb der Gemeinde befindet.

▶ **ÖPNV**

Unterhaching verfügt über eine Anbindung an die S-Bahn (s. Abb. 23 und Abb. 28). Sie bindet die Gemeinde an den Münchner Nahverkehr an und wird im 20-Minuten-Takt und zu den Hauptverkehrszeiten im 10-Minuten-Takt angefahren. Auf dem Gemeindegebiet befindet sich die S-Bahn-Haltestelle Unterhaching, die nördlich gelegene S-Bahn-Haltestelle Fasanenpark liegt auf dem Gebiet der Gemeinde Neubiberg, grenzt aber direkt an den Unterhachinger Siedlungsbereich. Die S-Bahn-Haltestelle Taufkirchen liegt in der Nähe der südlichen Gemeindegrenze. Diverse Buslinien dienen auch hier der Anbindung an die Nachbarorte und die Landeshauptstadt München.

Die Qualität der S-Bahn-Haltepunkte in einer Luftlinienentfernung von 1.000 m ist als gut zu bewerten. Lediglich die Gebiete im äußersten Osten und Westen der Gemeinde liegen nicht im 1.000 m Einzugsbereich der S-Bahn-Haltepunkte, was die Nutzung für die Bewohner dieser Siedlungsbereiche laut Angaben der befragten Neubürger unattraktiv macht.

▶ **Fuß- und Radverkehr**

Unterhaching verfügt über ein gut ausgebautes innerörtliches Fuß- und Radwegenetz mit Wegweisungen und bietet damit gute Möglichkeiten zur Nutzung der Infrastruktur. Auch ist die Gemeinde gut in das übergeordnete Radwegenetz eingebunden.

▶ **Weitere Mobilitätsangebote**

An der S-Bahn-Haltestelle Unterhaching befindet sich eine Park & Ride Anlage, die 71 Stellplätze zur Verfügung stellt, an der S-Bahn-Haltestelle Taufkirchen sind es weitere 152 Plätze. Ferner befinden sich 310 Bike & Ride Stellplätze an der S-Bahn-Haltestelle Unterhaching, 96 an der Haltestelle Fasanenpark und in Taufkirchen sind es weitere 316 Stellplätze. Die nächsten Car Sharing-Stationen befinden sich auf dem Gebiet der Landeshauptstadt München. Die nächste vom Unterhachinger Zentrum gelegene Station ist gut 5 km entfernt. Die Stationen in den südlichen Stadtteilen der Landeshauptstadt München sind noch weiter entfernt, befinden sich nicht in unmittelbarer S-Bahn-Nähe und stellen keine attraktive Mobilitätsalternative dar. Darüber hinaus ist auch Unterhaching in das Netzwerk der Mitfahrzentrale (MIFAZ) eingebunden.

▶ **Informationsangebote**

Informationen zu den Mobilitätsangeboten werden in der Gemeinde Unterhaching kaum zur Verfügung gestellt. Eine aktuelle Broschüre mit Informationen zu wichtigen Themen in der Gemeinde Unterhaching, z.b. zum Themenbereich Mobilität, gibt es derzeit nicht. Eine Broschüre aus dem Jahre 2003 (Gemeinde Unterhaching 2003) wurde nur zweimal aufgelegt und danach aus Kostengründen nicht mehr aktualisiert. Auch auf den Internetseiten der Gemeindeverwaltung finden sich keine speziellen Informationen zum Thema Verkehr oder Links zu entsprechenden Mobilitätsangeboten wie beispielsweise in Ottobrunn. Lediglich unter der Rubrik „Interessante Links" findet sich ein Hinweis auf die Mitfahrzentrale Unterhaching. Auch erhalten Neubürger keine speziellen (Mobilitäts-) Informationen von der Gemeinde und am Einwohnermeldeamt sind vergleichsweise wenige Mobilitätsinformationen hinterlegt. Hier sind noch Verbesserungspotenziale zu erkennen, insbesondere auch bezogen auf die Internetpräsenz der Gemeindeverwaltung.

6.4.3 Vergleich der beiden Untersuchungsgemeinden

Die vorangegangene Analyse der beiden Gemeinden zeigt, dass sie sich trotz räumlicher Nähe zum Teil wesentlich in ihren strukturellen Rahmenbedingungen unterscheiden. Dieser Sachverhalt ist für die spätere Interpretation der Analyseergebnisse von Bedeutung, da er wesentliche Erklärungsansätze für die zum Teil unterschiedlichen Ergebnisse der Neubürgerbefragung (s. Kap. 6.5) liefert, beispielsweise was das Mobilitätsverhalten oder die Einschätzung der Verkehrsprobleme betrifft. Zusammenfassend lassen sich folgende wesentliche Unterschiede bzw. Charakteristika festhalten:

▶ **Wohn- und Arbeitssituation:** Während Unterhaching vor allem Haushalte aus der näheren Umgebung anzieht, die die Gemeinde als Wohnstandort nutzen, ist Ottobrunn vielfach auch für Personen von außerhalb der Region als Wohnort von Interesse, was vor allem mit seiner wirtschaftlichen Ausprägung als Hochtechnologiestandort zusammenhängt. Während Ottobrunn über hochwertige, spezialisierte Arbeitsplatzangebote mit überregionaler Anziehungskraft verfügt, ist Unterhaching eher eine „Schlafstadt" vor den Toren Münchens.

▶ **Pendleranteile:** Entsprechend der Unternehmensstruktur pendeln viele Unterhachinger über die Gemeindegrenze zur Arbeit, während in Ottobrunn ein Einpendlerüberschuss vorherrscht. So kann man Unterhaching als „Wohngemeinde" bezeichnen, während es sich bei Ottobrunn aufgrund des hohen Einpendleranteils vornehmlich um eine „Arbeitsplatzgemeinde" handelt.

▶ **ÖV-Angebot:** Das Angebot im Öffentlichen Verkehr stellt sich in Unterhaching bezogen auf die Erreichbarkeit der S-Bahn-Haltestellen und Taktfrequenz im Vergleich zu Ottobrunn als besser dar. Hier liegen die meisten Siedlungsbereiche innerhalb von 1.000 m zur nächsten S-Bahn-Haltestelle, während in Ottobrunn aufgrund der Gemeindeausdehnung ein vergleichsweise geringer Teil in diesem Radius wohnt. Auch dürfte sich der 10-Minuten-Takt der S-Bahn in Unterhaching zu den morgendlichen und abendlichen Spitzenzeiten positiv auf die Nutzung auswirken, während in Ottobrunn die S-Bahn nur über einen 20-Minuten-Takt verfügt.

6.4.4 Strukturmerkmale der Befragten

Für die Interpretation der Befragungsergebnisse ist ebenfalls von Bedeutung, welche soziodemografischen und soziogeografischen Merkmale die Befragungsteilnehmer aufweisen und wie sich die beiden Untersuchungsgemeinden in diesen Punkten unterscheiden.

Die Struktur der Befragten ist für beide Gemeinden relativ homogen, Unterschiede ergeben sich in der Altersstruktur der Befragten sowie einem höheren Anteil von Personen mit abgeschlossenem Studium in Ottobrunn (s. Anhang, Abb. 56 und 57). Insgesamt weist die Stichprobe einen großen Anteil von Personen mit hohem Bildungsniveau aus, was zum einen dem bereits angesprochenen hohen Ausbildungsstand der Bewohner in den südlichen Münchner Umlandgemeinden entspricht. Zum anderen belegt auch eine Münchner Studie zur Stadt-Umland-Wanderung, dass das Bildungsniveau der aus der Stadt München ins Umland fortgezogenen Haushalte höher ausfällt als das der Münchner Gesamtbevölkerung (LHM 2002b: 47).

Bei den Merkmalen Wohnungstyp, Wohnort und Gemeindegrößenklasse (vor Umzug), Kenntnis der Region München, Arbeitsplatzstandort, Arbeitsplatzwechsel und Wanderungsmotive ergeben sich für die beiden Gemeinden vor allem Unterschiede beim alten Wohnort und damit zusammenhängend der Gemeindegröße des alten Wohnortes: Während gut drei Viertel (76%) der Neu-Unterhachinger vor ihrem Umzug in München oder der

Region lebten, waren es von den Neu-Ottobrunnern lediglich 40%. Damit verbunden ist auch der Arbeitsplatzstandort, der gerade bei den Neu-Unterhachingern (weiterhin) in der Landeshauptstadt München liegt und damit auch die hohen Auspendlerquoten erklärt.

Die befragten Neubürger, die vor ihrem Umzug in der Landeshauptstadt München gewohnt haben, hatten dort vor allem in den südlichen bzw. südöstlichen Stadtteilen ihren Wohnsitz (s. Abb. 29). Dies bestätigt die Erkenntnis aus der Forschung, dass Stadt-Umland-Wanderer Gemeinden bevorzugen, die an ihren Stadtteil grenzen oder in der gleichen Himmelsrichtung liegen, um z.b. bestehende soziale Kontakte besser aufrecht erhalten zu können (BMVBS/BBR 2007b: 10). Auch kann davon ausgegangen werden, dass Verhaltensänderungen bei der Verkehrsmittelwahl aufgrund der räumlichen Nähe nach einem Umzug weniger ausgeprägt sind als bei Personen, die von weiter her in die Gemeinden ziehen, wie z.B. die Ergebnisse zum Münchner Neubürgerpaket belegen (s. Kap. 4.3.6.1).

Abb. 29 Herkunftsorte der Ottobrunner und Unterhachinger Neubürger

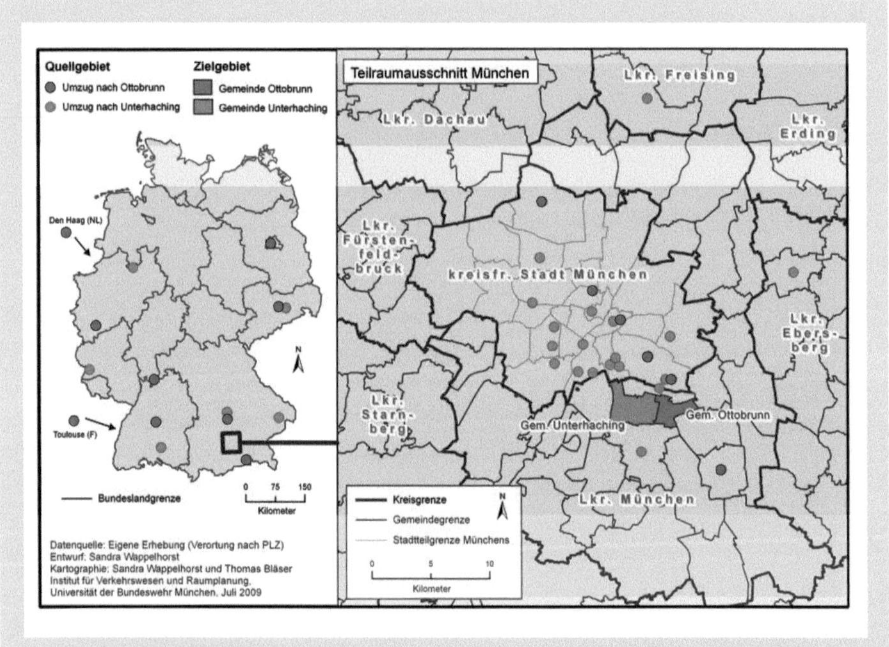

6.5 Analyse und Interpretation der Befragungsergebnisse

Grundlage für die folgende Auswertung bilden die insgesamt 40 ausgewerteten Fragebögen der mündlichen Befragung. Für die Datenauswertung und -interpretation sei darauf verwiesen, dass aufgrund der Stichprobengröße sowohl für die Gesamtbetrachtung als auch für die beiden Untersuchungsgemeinden keine eindeutigen Aussagen zur statistischen Signifikanz getroffen werden können. Die Ergebnisse können immer nur Tendenzen abbilden, was für die vorliegende Fragestellung aber hinreichend ist. Ein wichtiger Punkt spielt neben der quantitativen Auswertung die qualitative Ebene, d.h. die Aussagen, die von den Befragten zu den verschiedenen Fragestellungen getroffen wurden. Aufgrund der Schwierigkeiten bei der Adresserfassung und den vergleichsweise geringen Zuzugszahlen (z.B. im Vergleich zur Landeshauptstadt München) waren einer größeren Stichprobenausschöpfung in dem geplanten Befragungszeitraum ohnehin Grenzen gesetzt.

Darüber hinaus ist bei der Ergebnisdarstellung zu beachten, dass die Summen der Prozent-Anteile der Merkmalsausprägungen rundungsbedingt von 100% abweichen können (+/-1%).

6.5.1 Statistische Auswertung der Daten

Die Auswertung der Daten erfolgte anhand des Statistik-Programms SPSS. Für die Analyse wurden sowohl bivariate als auch multivariate Analysemethoden herangezogen.

Zunächst wurden Häufigkeitstabellen ausgewertet, um die Verteilung bestimmter Merkmale zu erfassen. Diese umfassten im Wesentlichen soziodemografische und soziogeografische Aspekte sowie mobilitätsbestimmende Kriterien. Ziel war es, deren Verteilung für die Gesamtstichprobe zu erfassen sowie die Unterschiede bestimmter Kennzahlen für die Gemeinden Ottobrunn und Unterhaching herauszuarbeiten.

Darüber hinaus wurde der Zusammenhang zwischen zwei und mehr kategorialen Variablen getestet und darauf aufbauend mit hilfe von Signifikanztests überprüft, inwieweit die beobachteten Zusammenhänge Rückschlüsse auf die Gesamtheit der Bevölkerung zulassen. Aufgrund der Stichprobengröße konnten hier allerdings keine zuverlässigen Ergebnisse produziert werden.

Vor dem Hintergrund, dass Neubürgerhaushalte keine merkmals- und verhaltenshomogene Gruppe darstellen, wurden ebenfalls Clusteranalysen durchgeführt, um zu prüfen, ob sich mit hilfe der vorhandenen Daten bereits Neubürgercluster identifizieren lassen. Weitere statistische Methoden wie Korrelations- und Faktorenanalyse sowie Regressions-, Varianz- und Diskriminanzanalyse wurden ebenfalls durchgeführt, konnten aber vor dem Hintergrund der bereits mehrfach angesprochenen kleinen Stichprobe keine eindeutigen Aussagen liefern. Insbesondere ein Vergleich der beiden Untersuchungsgemeinden ließ keine gesicherten Rückschlüsse zu.

Die folgenden Ausführungen basieren im Wesentlichen auf bivariaten Analysemethoden. Für die vorliegende Arbeit waren neben der quantitativen Erfassung bestimmter Sachverhalte vor allem qualitative Aspekte von Bedeutung. Diese lassen sich allerdings in der Mehrheit nicht empirisch prüfen, sondern erschließen sich vor allem aus den einzelnen Interviews selbst.

Um zukünftig gesicherte Aussagen für den untersuchten Themenbereich treffen zu können, sind hier weitere Forschungen notwendig, die eine größere Anzahl von Neubürgern in das Zentrum empirischer Untersuchungen stellen.

6.5.2 Analysegrundlagen

Bei der Auswertung der Befragungsergebnisse ist zu beachten, dass diese die Sicht der befragten Interviewteilnehmer widerspiegeln. Die Analyse und Interpretation der Befragungsergebnisse selbst konzentrieren sich dabei im Wesentlichen – in Anlehnung an den Fragebogen – auf folgende Punkte:

▶ Einfluss eines Umzugs sowie Einfluss soziodemografischer/-geografischer und mobilitätsbestimmender Faktoren auf das Mobilitätsverhalten.

▶ Einschätzung von Verkehrsproblemen in der Landeshauptstadt München, Region München (ohne Landeshauptstadt München) und in der neuen Wohngemeinde der Befragten (Ottobrunn, Unterhaching) sowie Handlungsbedarf zur Verbesserung der Verkehrsverhältnisse (nach Umzug).

▶ Informationsbeschaffung zum Thema Mobilität (nach Umzug).

▶ Zufriedenheit mit den Leistungen der ÖPNV-Verkehrsdienstleister.

▶ Neubürgerpaket zum Thema Mobilität: Bekanntheitsgrad, Wunsch zur Einführung, Wirksamkeit, Einfluss auf die persönliche Verkehrsmittelnutzung sowie bevorzugte bzw. gewünschte Informationsmaterialien.

Dabei ist beim Einfluss eines Umzugs auf das Mobilitätsverhalten auf der einen Seite zu beachten, dass bestimmte soziodemografische und soziogeografische Merkmale unabhängig vom Umzug sind und unverändert bleiben bzw. nur für den Befragungszeitpunkt abgefragt wurden (Geschlecht, Alter, Haushaltsnettoeinkommen, Berufsstatus, alter Wohnort, Größe des alten Wohnortes). Auf der anderen Seite gibt es personen- bzw. haushaltsbezogene Aspekte, die sich nach dem Umzug geändert haben (z.B. Haushaltsgröße, Lebensform, Wohnungstyp). Die mobilitätsbestimmenden Kriterien (z.b. Pkw-Ausstattung, Nutzungshäufigkeit von Verkehrsmitteln) wurden im Gegensatz dazu sowohl für die Zeit vor (retrospektiv) als auch für die Zeit nach dem Umzug erhoben. Dies gilt es zu berücksichtigen, insbesondere, wenn personen- bzw. haushaltsbezogene Faktoren mit ausgewählten Mobilitätsparametern in Zusammenhang gebracht werden. Darüber hinaus ist bei retrospektiven Fragen, in diesem Fall zu mobilitätsbestimmenden Faktoren, zu beachten, dass die Antworten durch Erinnerungslücken oder -fehler verzerrt werden können, beispielsweise was die Häufigkeiten vergangener Tätigkeiten (z.b. Nutzungshäufigkeit bestimmter Verkehrsmittel) betrifft.

6.5.3 Einfluss eines Umzugs auf das Mobilitätsverhalten

Ein Umzug in eine neue Gemeinde geht einher mit tief greifenden Veränderungen, die sich nicht nur auf den räumlichen Kontext beziehen, sondern auch Auswirkungen haben können auf mobilitätsbestimmende Faktoren, die Haushaltsstruktur (z.B. Vergrößerung oder Verkleinerung des Haushalts), die Verfügbarkeit von Verkehrsmitteln (Anzahl von Verkehrsmitteln im Haushalt), die verkehrstechnischen und infrastrukturellen Gegebenheiten (z.B. Anschluss an das Fernstraßennetz, ÖPNV-Angebot) oder den individuellen Handlungskontext (beispielsweise die Nähe oder Erreichbarkeit von Zielen). Diese Veränderungen haben einen entscheidenden Einfluss auf das Mobilitätsverhalten von Neubürgern. Ihre komplexen Wirkungszusammenhänge, die sich mit individuellen Entscheidungsmustern überlagern, haben auf der einen Seite unterschiedliche Auswirkungen auf die persönliche Verkehrsmittelwahl am neuen Wohnort, bieten auf der anderen Seite gleichzeitig die Chance, im neuen Handlungskontext auf die individuellen Mobilitätsbedürfnisse der Haushaltsmitglieder und damit auf die Verkehrsmittelwahl im Sinne einer nachhaltigen Mobilität einzuwirken.

6.5.3.1 Umzugsmotive

Der Ergebnisse der Befragung zeigen, dass der Umzug ins Münchner Umland maßgeblich durch persönliche Anlässe und wohnungsbezogene Gründe bestimmt wird. Während Erstere sich im Wesentlichen auf die Vergrößerung (Geburt eines Kindes, Zusammenziehen mit Partner) oder die Verkleinerung des Haushalts (Trennung vom Partner, Scheidung, Auszug bei den Eltern/der Kinder) beziehen, betreffen wohnungsbezogene Faktoren die

Größe, Kosten und Ausstattung der alten bzw. neuen Wohnung. Dagegen sind wohnumfeldbezogene und verkehrsbezogene Gründe von untergeordneter Bedeutung. Bei den beruflichen Anlässen dominiert der Wechsel des Arbeitsplatzes als Hauptumzugsgrund.

Die These, dass bei innerregionalen Wanderungen (d.h. Wanderungen innerhalb der Region München) vor allem persönliche sowie wohnungsbezogene Gründe dominieren und bei überregionalen Wanderungen (Wanderungen von außerhalb in die Region München) berufliche Gründe im Vordergrund stehen, bestätigen auch die Aussagen der Befragten. So wünschen sich 53% der innerregionalen Umzügler eine Verbesserung der Wohnsituation, mehr als jeder Dritte nennt persönliche Anlässe für den Wohnstandortwechsel. Dagegen geben mehr als die Hälfte der Interviewteilnehmer von außerhalb der Region München an, dass eine berufliche Veränderung Grund für die Verlagerung des Wohnstandorts war. Wohnumfeld- und verkehrsbedingte Faktoren sind von sekundärer Bedeutung.

Für 53% der Neu-Ottobrunner ist der Wechsel des Arbeitsplatzes Grund für den Umzug in die Gemeinde, 20% geben an, dass die Vergrößerung des Haushalts (Zusammenziehen mit einem Partner) ebenfalls eine wichtige Rolle gespielt hat. Dieses Ergebnis überrascht nicht, da 60% der befragten Personen von außerhalb der Region München nach Ottobrunn gezogen sind und überregionale Wanderungen oftmals aus beruflichen Gründen erfolgen. Weitere Aussagen bestätigen, dass auch das ÖPNV-Angebot bei der Wohnstandortwahl eine Rolle gespielt hat.

Dass die meisten Haushalte vor ihrem Umzug nach Unterhaching in der Landeshauptstadt München oder in der Region gewohnt haben (76%), spiegelt sich auch in den Umzugsgründen wider: Diese werden einerseits geprägt durch wohnungsbezogene Faktoren wie Unzufriedenheit mit der alten Wohnsituation (Wohnung/Haus zu klein, zu teuer) und persönliche Anlässe (Verkleinerung bzw. Vergrößerung des Haushalts). Andererseits spielt aber auch der Wechsel des Arbeitsplatzes bzw. der Ausbildungs-/Arbeits-/Studienbeginn eine Rolle. Dies trifft vor allem auf die Personen zu, die von außerhalb der Region München nach Unterhaching gezogen sind.

Zwischenfazit

Insgesamt bestätigen die Wanderungsmotive der Interviewteilnehmer, dass innerregionale Wanderungen vornehmlich aus persönlichen oder wohnungsbezogenen Gründen stattfinden, während überregionale Wanderungen oftmals beruflich motiviert sind. Bei der Durchführung von Interventionsmaßnahmen zur Förderung umweltverträglicher Verkehrsmittel spielt es allerdings nicht nur eine Rolle, von wo die Personen hergezogen sind, sondern auch die Veranlassung des Wohnstandortwechsels. Gerade bei Personenkreisen, die von außerhalb in die Region ziehen, bestehen große Potenziale zur Veränderung des gewohnheitsmäßigen Mobilitätsverhaltens, da noch keine habitualisierten Verhaltensmuster in der neuen Wohnumgebung eingeübt worden sind.

6.5.3.2 Einfluss soziodemografischer und -geografischer Faktoren

Inwiefern ausgewählte soziodemografische und soziogeografische Faktoren Einfluss auf das Mobilitätsverhalten der Befragungsteilnehmer nach ihrem Umzug ausüben, wird nachfolgend kurz betrachtet. Die Erkenntnisse werden mit dem Mobilitätsverhalten vor und nach erfolgtem Umzug verglichen.

▶ **Haushaltsgröße**

Die Ergebnisse zeigen, dass die Haushaltsgröße einen Einfluss auf die Verkehrsmittelwahl hat. Die Vermutung, dass beispielsweise mit zunehmender Haushaltsgröße die Anzahl der Autos pro Person abnimmt, bestätigt sich auch für die vorliegende Befragung: Während 75% der Personen in 1-Personen-Haushalten vor ihrem Umzug über mindestens einen Pkw verfügen konnten, sind es in 2-Personen-Haushalten 64%, in 3-Personen-Haushalten 50% und in 4-Personen-Haushalten 38%. Nach dem Umzug bleiben die Werte im Wesentlichen konstant.

Die Hauptverkehrsmittelnutzung für Arbeitswege zeigt sowohl Unterschiede zwischen den verschiedenen Haushaltsgrößenklassen als auch für die Phase vor und nach dem Umzug: Während Personen in großen Haushalten beispielsweise für Arbeitswege vor dem Umzug vor allem das Auto nutzen, kehrt sich das Verhältnis nach dem Umzug um: Je größer der Haushalt, desto weniger bis gar nicht wird der Pkw zur Arbeit genutzt, gleichzeitig nimmt der Anteil der Personen zu, die auf öffentliche Verkehrsmittel zurückgreifen.

▶ **Wohndauer**

Mit zunehmender Wohndauer am neuen Wohnort ändern sich auch die Mobilitätsmuster. Dieser Sachverhalt lässt sich am Beispiel des MVV-Abonnements (IsarCardAbo, IsarCard9Uhr im Abo, IsarCard60 im Abo) belegen: Personen, die weniger als einen Monat an ihrem Wohnort leben, haben zu 10% ein MVV-Abonnement, und wer länger als drei Monate dort lebt, besitzt zu 43% eine Zeitkarte.

Hingegen zeigt die Verkehrsmittelnutzung für Wege zur Arbeit, dass mit zunehmender Wohndauer der Anteil derer, die für den Weg zu ihrer Arbeitsstätte mit dem Auto fahren, ansteigt. Dieser Zuwachs geht zulasten des Öffentlichen Verkehrs.

▶ **Wohnort und Gemeindegrößenklasse**

Eine genauere Differenzierung des Wohnortes nach Gemeindegrößenklasse in Abhängigkeit zum Mobilitätskriterium Hauptverkehrsmittelnutzung zeigt, dass gerade in größeren Gemeinden die Einwohner einfacher auf einen Pkw verzichten können, weil unter anderem gute öffentliche Verkehrsangebote bereitgestellt werden und mehr Aktivitätsziele (Einkaufsmöglichkeiten, Freizeiteinrichtungen etc.) in Wohnumfeldnähe zu erreichen sind als in kleineren Gemeinden. Je kleiner also die Gemeinde ist, desto eher wird auf das Auto zurückgegriffen.

Diese These bestätigen auch die Ergebnisse der Befragung, hier exemplarisch dargestellt an der Hauptverkehrsmittelnutzung für Arbeitswege, wobei klare Aussagen nur für Großstadtbewohner gemacht werden können: Vor dem Umzug ist der Anteil von Personen, die in der Großstadt das Auto zur Arbeit nutzen, im Vergleich zu Personen aus kleineren Gemeinden am geringsten. Nach dem Umzug ins Münchner Umland ändert sich an dem Mobilitätsverhalten der ehemaligen Großstädter wenig, vielmehr findet lediglich eine Verschiebung innerhalb des Umweltverbunds statt, bei allen anderen Personenkreisen lassen sich – aufgrund der geringen Fallzahlen – zwar nur vage Tendenzen erkennen, allerdings sind die Veränderungen vergleichsweise größer und es wird vermehrt der Öffentliche Verkehr nach dem Umzug genutzt.

6.5.3.3 Einfluss mobilitätsrelevanter Kriterien

Aspekte wie die Ausstattung mit Verkehrsmitteln, die Pkw-Verfügbarkeit oder der Zeitkartenbesitz für den Öffentlichen Verkehr entscheiden im Wesentlichen über die Verkehrsmittelwahl durch die Nutzer am neuen Wohnort. Vor diesem Hintergrund ist es von Interesse, inwiefern ein Wohnungsumzug zu Veränderungen führt, um entsprechend zielgerichtete Maßnahmen zur Förderung des Umweltverbunds am neuen Wohnort umzusetzen.

▶ **Ausstattung mit verschiedenen Verkehrsmitteln**

Die Ausstattung eines Haushalts mit verschiedenen Verkehrsmitteln (z.B. verkehrstüchtigen Fahrrädern, Privat-Pkw) lässt Rückschlüsse auf das Mobilitätsverhalten zu, da der Besitz im Allgemeinen auch deren Nutzung fördert.

So besitzt ein Großteil der befragten Personen mindestens 1 verkehrstüchtiges Fahrrad in seinem Haushalt, sowohl vor als auch nach erfolgtem Umzug (s. Abb. 30). Die leichten Zuwächse der Haushalte ohne Fahrrad lassen sich laut Aussagen der Befragten damit begründen, dass der Umzug bei einigen Personen zum Befragungszeitpunkt noch nicht komplett vollzogen war. Die Rückgänge sind unter anderem aber auch auf die veränderte Haushaltssituation, d.h. die Verkleinerung der Haushalte, zurückzuführen.

Abb. 30 Anteil von Haushalten mit verkehrstüchtigen Fahrrädern vor und nach Umzug

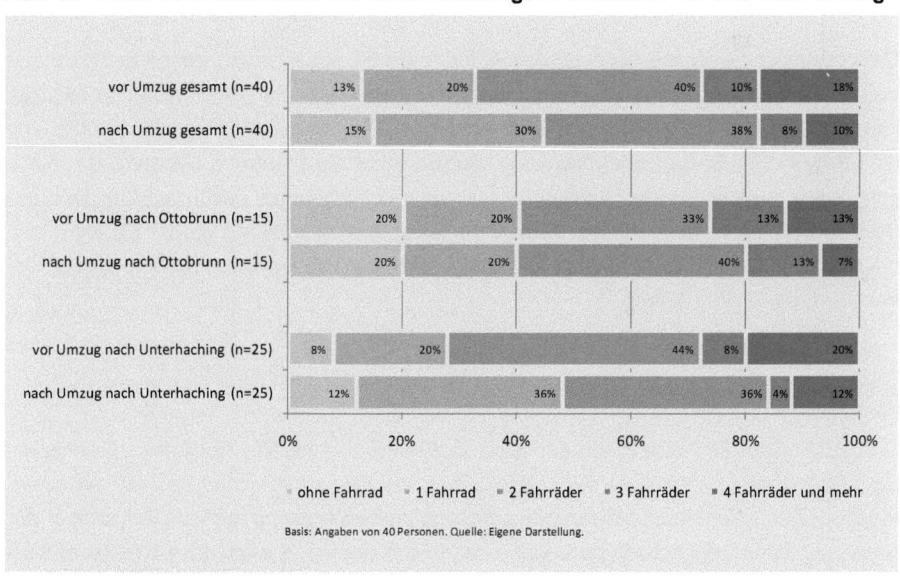

Die durchschnittliche Anzahl verkehrstüchtiger Fahrräder auf Personenebene zeigt, dass im Schnitt jede Person auf 1 Fahrrad zurückgreifen kann, sowohl vor als auch nach dem Umzug. Eng verbunden mit der Anzahl der Fahrräder ist auch deren Nutzungshäufigkeit: Personen, deren Haushalt über viele Fahrräder verfügt, nutzen diese auch regelmäßig (mindestens 1 x pro Woche), auch nach dem Umzug verändern sich diese Mobilitätsmuster nicht. Lediglich in Haushalten, denen weniger Fahrräder zur Verfügung stehen, verringert sich auch deren Nutzung.

Bezogen auf die Pkw-Ausstattung zeigt die Untersuchung, dass der Anteil von Haushalten ohne Pkw und mit 1 Pkw nach dem Umzug deutlich ansteigt. Diese Entwicklung geht zulasten der Haushalte mit 2 Pkw, diese nehmen deutlich ab, was im Wesentlichen auf die Verkleinerung der Haushalte zurückzuführen ist. Die Haushalte ohne Pkw setzen sich dabei zusammen aus Haushalten, die auch vor ihrem Umzug nicht im Besitz eines Autos waren (kein Führerschein 10%, kein Auto am alten Wohnort 3%) und Haushalten, die vor ihrem Umzug im Besitz eines Pkw waren und aufgrund der Verkleinerung des Haushalts (Auszug der Kinder/Auszug bei den Eltern 5%) oder finanzieller Gründe (Unterhaltungskosten, Geldnot 5%) am neuen Wohnort nicht mehr über einen Pkw verfügen. Auch die Zahl der Haushalte mit 1 Pkw steigt leicht an, während Haushalte mit 2 Pkw rückläufig sind. Grund hierfür sind ebenfalls vor allem haushaltsspezifische Faktoren, d.h. aufgrund der Verkleinerung der Haushalte nimmt auch hier die Pkw-Ausstattung ab. Die durchschnittliche Anzahl der Pkw pro Person verändert sich nach dem Umzug allerdings kaum, weiterhin steht jeder zweiten Person 1 Auto zur Verfügung.

Dass aber der Besitz die Nutzung des Autos fördert, zeigt auch die generelle Nutzungshäufigkeit: Vor dem Umzug sind Personen, die in Haushalten mit 1 Pkw leben, in 78% der Fälle Häufignutzer (Nutzung mindestens 1 x pro Woche), 9% sind Gelegenheitsnutzer und die übrigen 13% Selten- oder Nienutzer. Sobald mehr als 1 Auto im Haushalt zur Verfügung steht, wird es immer mindestens 1 x pro Woche genutzt, davon in 92% der Fälle (fast) täglich. Nach dem Umzug bleiben die Relationen annähernd gleich. Es kann also davon ausgegangen werden, dass Haushalte, die über mindestens 1 Auto verfügen, dieses auch regelmäßig nutzen.

▶ **ÖV-Zeitkartenbesitz**

Der Besitz einer Zeitkarte (darin enthalten sind alle Arten von Wochenkarten, Monatskarten, Jahreskarten, Jobtickets sowie speziell für die Region München das MVV-Abonnement) für den Öffentlichen Verkehr steigert auch dessen Nutzung, da eine Zeitkarte in der Regel nur dann angeschafft wird, wenn davon ausgegangen wird, dass öffentliche Verkehrsmittel regelmäßig genutzt werden.

Den Vergleich eines Zeitkartenbesitzes für den Öffentlichen Verkehr vor und nach Umzug veranschaulicht Abbildung 31. Obwohl die Befragten aus unterschiedlichen Orten in die Region München gezogen sind, bleibt der Anteil der Stammkunden unverändert. Der Anteil der Zeitkartennutzer fällt insgesamt relativ hoch aus (40%), insbesondere auch in Unterhaching, wo fast jeder zweite Befragte eine Zeitkarte besitzt. Bei 88% der Zeitkartenbezieher ergeben sich nach dem Umzug keine Veränderungen, es existieren lediglich Verschiebungen beim Zeitkartentyp aufgrund der veränderten Fahrkartenstruktur am neuen Wohnort.

Abb. 31 ÖV-Zeitkartenbesitz vor und nach Umzug

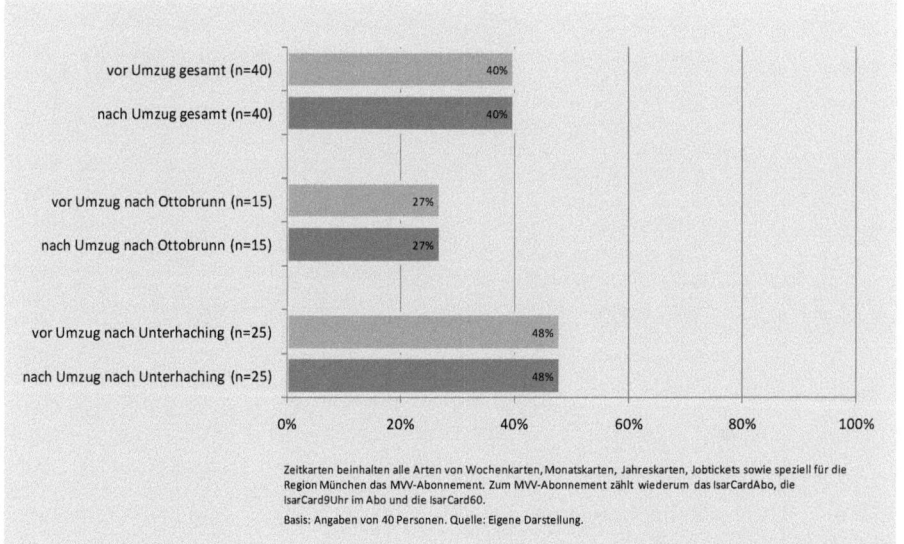

Auch zeigt sich, dass ein Zusammenhang besteht zwischen den Auspendleranteilen nach München und den ÖPNV-Zeitkarten-Anteilen: Je größer der Auspendleranteil nach München ist (Unterhaching 75%, Ottobrunn 31%), desto höher fällt auch der Anteil der Zeitkartenbezieher aus, in Unterhaching liegt dieser bei 48%, in Ottobrunn bei 27%.

Interessant ist in diesem Zusammenhang auch zu erwähnen, dass vor dem Umzug 32% der Zeitkartenbezieher jederzeit über einen Pkw verfügen konnten, am neuen Wohnort ändert sich dieser Sachverhalt nur geringfügig (29%). D.h. knapp ein Drittel dieser sogenannten Wahlfreien nutzen öffentliche Verkehrsmittel. Dass fast ein Drittel der Zeitkartenbesitzer auch jederzeit über einen Pkw verfügen kann, zeigt, dass auch das Auto alternativ zum ÖV genutzt werden könnte.

Auch die Ticketform lässt Rückschlüsse auf das Mobilitätsverhalten zu: Vollzeiterwerbstätige, die öffentliche Verkehrsmittel häufig nutzen, kaufen bevorzugt Wochen-/Monatskarten, Abonnements/Jahreskarten oder Jobtickets/Semestertickets (s. Abb. 32). Nach dem Umzug ist der Anteil der Zeitkartenbezieher geringer, was damit zusammenhängt, dass die Angebote laut Aussagen der Interviewteilnehmer zum Befragungszeitpunkt zum Teil noch nicht bekannt waren.

Abb. 32 Gewählte Ticketform Vollzeiterwerbstätiger ÖV-Häufignutzer

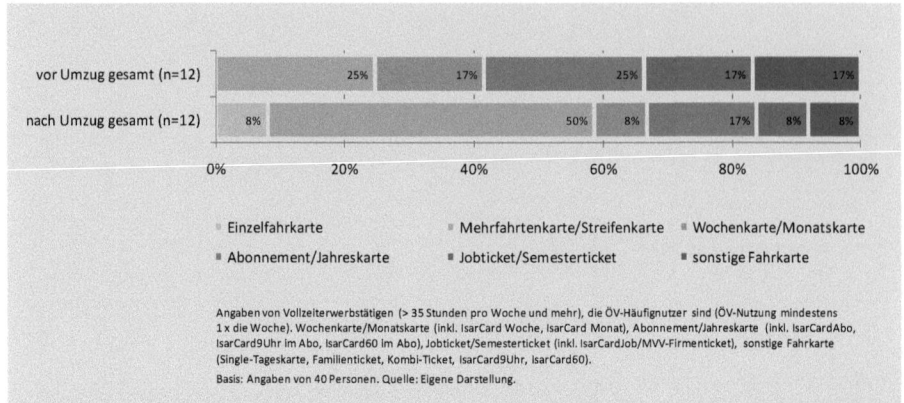

6.5.3.4 Hauptverkehrsmittelnutzung

Ein weiterer wesentlicher Aspekt der Verkehrsmittelwahl ist die Betrachtung der Hauptverkehrsmittelnutzung von Neubürgern, die wiederum stark von den entsprechenden Aktivitäten abhängig ist. Nachfolgend werden dazu verschiedene Wegezwecke betrachtet. Dabei wird der Fokus auf Arbeitswege gelegt, da das hohe Pendleraufkommen besonders zu den regionalen Verkehrsproblemen beiträgt.

▶ **Arbeits- und Ausbildungswege**

Insgesamt zeigt die Analyse, dass bei Wegen zur Arbeit das Auto dominiert (s. Abb. 33). Damit bestätigen sich auch Ergebnisse aus anderen Studien, die die Dominanz des Autos für die Aktivität Arbeit belegen (BMVBS/BBR 2007b, Bauer/Holz-Rau/Scheiner 2005: 275). Allerdings erhöhen sich die Anteile des Öffentlichen Verkehrs nach dem Umzug erheblich, sodass dieser zu fast gleichen Anteilen genutzt wird wie das Auto. In Ottobrunn steigt der ÖV-Anteil für Arbeitswege um 17%, in Unterhaching um 23%. Dieser Zuwachs geht vor allem zulasten des Fahrradverkehrs, was laut Aussagen der Befragungsteilnehmer saisonal zu begründen ist. Zu Fuß gelangt nach dem Umzug niemand mehr zu seinem Arbeitsplatz, da keiner der Befragten seine Arbeitsstätte in fußläufiger Reichweite zur Wohnstätte hat.

Abb. 33 Hauptverkehrsmittelnutzung für Wege zur Arbeit

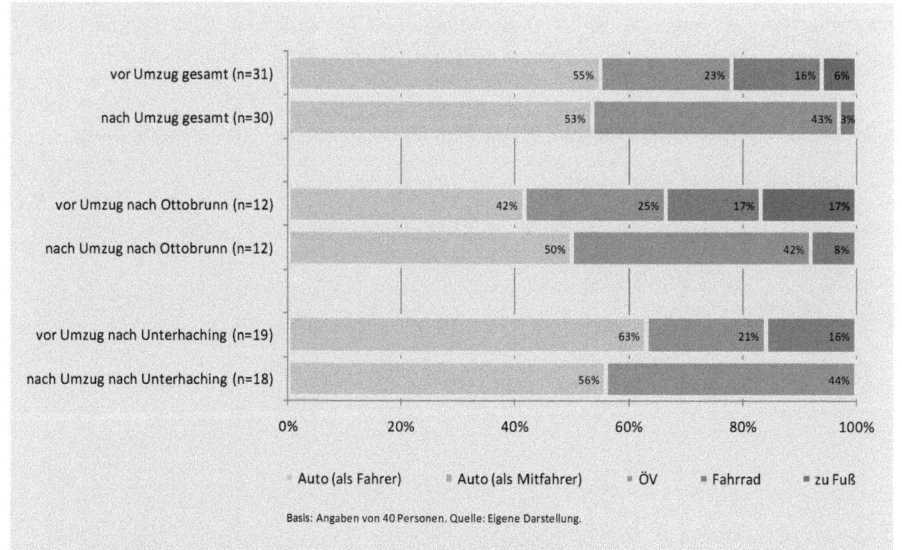

Basis: Angaben von 40 Personen. Quelle: Eigene Darstellung.

Die selbst geschätzten mittleren Wegelängen (s. Abb. 34) vom Wohnort zum Arbeits-/Ausbildungsplatz der Personen, die berufstätig sind und ihre Wirkungsstätte außerhalb der Wohnung haben, nehmen nach dem Umzug deutlich ab, insgesamt um 6,8 km, in der Gemeinde Ottobrunn um 4,7 km, in der Gemeinde Unterhaching um 8,4 km. Bei den mittleren Wegedauern ändert sich hingegen kaum etwas: Diese bleiben trotz kürzerer Wege in der Wahrnehmung der Befragten zeitlich etwa gleich.

Auch ändern sich nach dem Wohnstandortwechsel die auf Distanz und Zeit bezogenen Spannweiten: Während vor dem Umzug die Pendeldistanzen insgesamt zwischen 100 m und 180 km und die Unterwegszeiten zwischen 1 Minute und 2 Stunden lagen, verändern sich die Parameter nach dem Umzug maßgeblich. Die Pendeldistanzen liegen am neuen Wohnort zwischen 3 km und 40 km, die Zeiten bewegen sich in einer Zeitspanne von 7 Minuten bis 1,5 Stunden. Nach dem Umzug ins Münchner Umland konzentrieren sich die Verkehre der Arbeits- und Ausbildungswege ausschließlich auf die Landeshauptstadt München (insgesamt 58%) und die Region München (42%). Der Anteil derer, die in der Stadt München arbeitet, ist in Unterhaching besonders hoch, sowohl vor als auch nach dem Umzug (68% und 75%). Damit bestätigt sich, dass in den näheren Umlandgemeinden hohe Auspendleranteile nach München zu finden sind. In Unterhaching selbst arbeiten 5% der Unterhachinger Befragten nach erfolgtem Umzug, 20% im Umland. In Ottobrunn konzentrieren sich die Arbeitsstätten der Neu-Ottobrunner nach dem Umzug auf das Münchner Umland (69%). Von diesen 69% arbeiten 23% in Ottobrunn selbst und 46% in Münchner Umlandgemeinden, was die These bekräftigt, dass Ottobrunn als Wohn- und Arbeitsort genutzt wird, während man in Unterhaching vornehmlich wohnt.

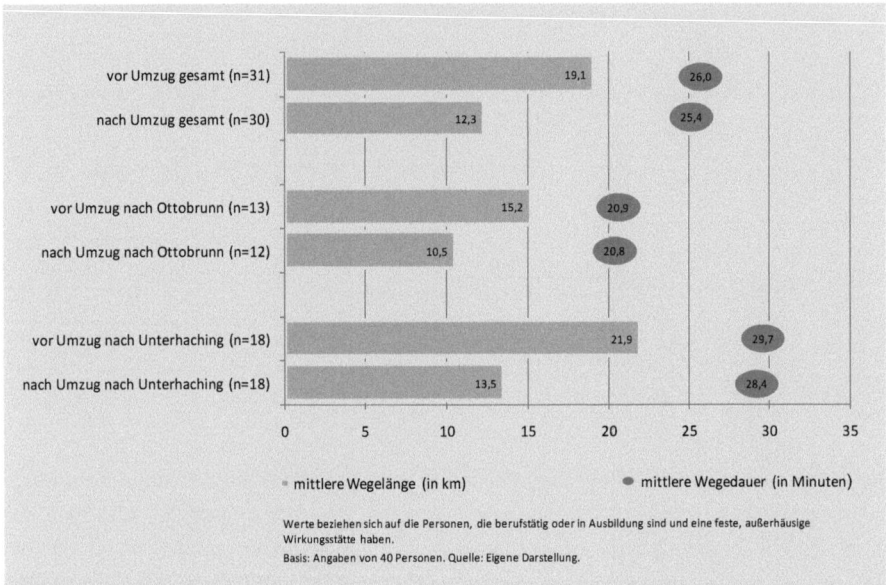

Abb. 34 Selbst geschätzte mittlere Wegelängen und -zeiten zur Arbeit/Ausbildung

Vor dem Hintergrund der Verlagerungsmöglichkeiten des Autoverkehrs auf den Umweltverbund ist es auch von Interesse, welche Distanzen mit dem Auto zur Arbeit/Ausbildung zurückgelegt werden. Abbildung 35 zeigt die Entfernungen zwischen Wohnstätte und Arbeits-/Ausbildungsplatz am alten und neuen Wohnort. Dunkelgrau dargestellt sind die Distanzen, die zu Fuß bzw. mit dem Fahrrad zurückgelegt werden könnten (0 bis 5,0 km), hellgrau die Entfernungen ab 5,1 km, die alternativ auch mit öffentlichen Verkehrsmitteln bewältigt werden könnten. Dass in Ottobrunn fast jeder Vierte im Ort selbst arbeitet, spiegelt sich auch in den Pendeldistanzen nach dem Umzug wieder: Insgesamt 50% der Beschäftigten fahren 1,1 bis 5,0 km mit dem Pkw zur Arbeit/Ausbildung. Die Neu-Unterhachinger legen dagegen weitere Distanzen zurück: Lediglich 6% bewegen sich in einem Umkreis von 3,1 bis 5,0 km, alle übrigen fahren mehr als 5,1 km, fast die Hälfte fährt mehr als 10 km, um zur Arbeit/Ausbildung zu gelangen.

Abb. 35 Entfernung zwischen Wohnung und Arbeits- bzw. Ausbildungsplatz

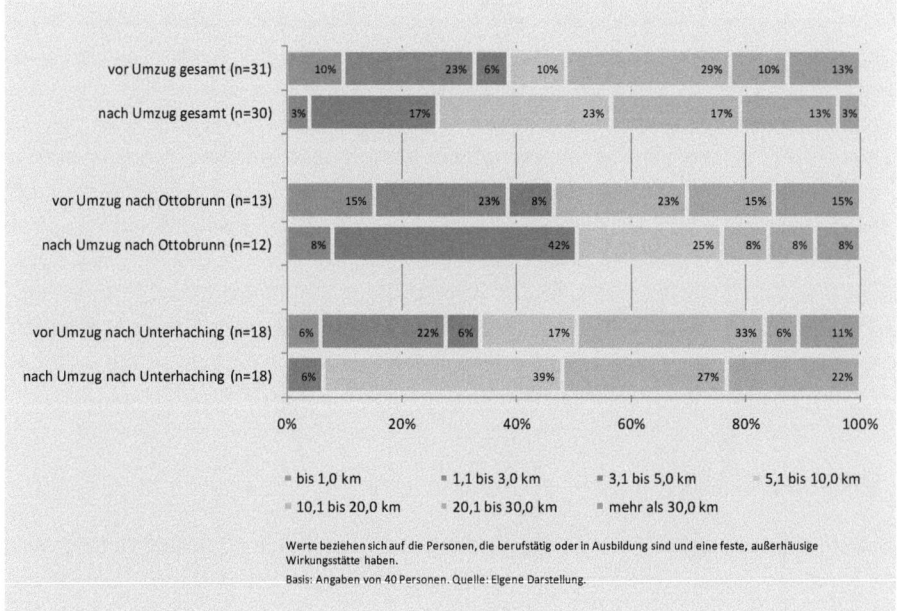

► **Einkaufswege und sonstige private Erledigungen**

Für die vorliegende Stichprobe werden Einkäufe vor allem mit dem Auto erledigt, die Veränderungen nach dem Umzug sind allerdings nur geringfügig bzw. bleiben konstant. Der Öffentliche Verkehr ist für Einkaufswege zu vernachlässigen. Vielmehr wird neben dem Auto auch zu Fuß gegangen oder auf das Fahrrad zurückgegriffen, je nach Art des Einkaufs (z.B. Abdeckung des täglichen Bedarfs, Großeinkauf). Der hohe Anteil der Fuß- und Fahrradnutzung hängt auch laut Aussagen der Befragten mit der engen Einzelhandelsdichte in den beiden Untersuchungsgemeinden und der guten Erreichbarkeit der Einkaufsstätten im Nahbereich zusammen, vor allem in der Gemeinde Unterhaching. Diese Ergebnisse decken sich mit Studien, wonach je nach zentralörtlicher Funktion bzw. Infrastrukturausstattung insbesondere tägliche Einkäufe nach einem Umzug in der jeweiligen Umlandgemeinde selbst getätigt werden (Wulfhorst/Hunecke 2000).

Sonstige private Erledigungen, wie z.B. der Besuch beim Arzt oder der Gang zur Bank, werden ebenfalls vornehmlich mit dem Auto vorgenommen. Vermehrt wird auch hier zu Fuß gegangen oder Rad gefahren. Allerdings merken einige Befragte an, dass sie gewohnte Ziele (wie Ärzte, Bank, Friseur) nach dem Umzug noch beibehalten haben. In diesem Fall bleibt der Einfluss der konkreten Wohnumgebung auf das Mobilitätsverhalten zunächst geringer bzw. verändert sich zeitlich verzögert. Dies trifft vor allem auf die Personenkreise zu, die überwiegend aus dem nahen Umfeld in die Gemeinden gezogen sind. Damit bestätigt sich der Sachverhalt, dass Umlandwanderer kurz- und mittelfristig ihre Aktivitätsstandorte in den Städten beibehalten und beispielsweise Ärzte über einen langen Zeitraum nicht aufgegeben werden. Die erhöhte Nutzung des Umweltverbunds nach dem Umzug lässt allerdings darauf schließen, dass sonstige private Erledigungen häufig auch ohne Zeitverzögerung im Nahbereich abgewickelt werden. Eine genaue Betrachtung des vorherigen Wohnorts bestätigt diese These: Je weiter der ehemalige Wohnsitz von der Landeshauptstadt München entfernt war, desto häufiger werden am neuen Wohnort sonstige private Erledigungen zu Fuß oder mit dem Fahrrad erledigt (und damit im Nahbereich vollzogen). Umgekehrt ist die Autonutzung von den Personen am höchsten, die vorher in der Landeshauptstadt München gelebt haben.

▶ **Bring- und Holwege**

Vor dem Umzug wird in 81% der Fälle für Bring- und Holwege auf das Auto zurückgegriffen. Nach dem Umzug unterscheiden sich die beiden Gemeinden erheblich: Während der Anteil der Autofahrer in Ottobrunn auf 83% ansteigt, verringert sich der Anteil in Unterhaching um gut ein Viertel (-26%). Begründet wird die vermehrte Nutzung des Umweltverbunds der Neu-Unterhachinger unter anderem mit der Nähe zur S-Bahn. Dagegen werden in Ottobrunn viele Fahrten mit dem Auto unternommen, was zum Teil mit der Entfernung zur S-Bahn (z.B. Notwendigkeit von Servicefahrten von der S-Bahn aufgrund der eingeschränkten Busverbindungen zu bestimmten Tageszeiten) kommentiert wird.

▶ **Freizeitwege**

Auch bei Freizeitwegen ist das Auto das dominierende Verkehrsmittel, allerdings verringert sich sein Anteil nach dem Umzug, wenn auch nur geringfügig. Im Gegenzug steigt die Nutzung umweltverträglicher Verkehrsmittel.

6.5.3.5 Nutzungshäufigkeit verschiedener Verkehrsmittel

Die Analyse zur allgemeinen Nutzungshäufigkeit von Verkehrsmitteln auf Personenebene dient als wichtiger Anhaltspunkt für die Einteilung der Bevölkerung in unterschiedliche Nutzergruppen mit entsprechenden Mobilitätsprofilen (z.B. Häufig-, Gelegenheits-, Selten- und Nienutzer), was auch Auswirkungen auf Interventionsstrategien hat.

Anhand vorgegebener Kategorien wurden die Interviewpartner nach ihrer Nutzungshäufigkeit der Verkehrsmittel Auto (als Fahrer), Auto (als Mitfahrer), Fahrrad, zu Fuß, dem Öffentlichen Verkehr in der Region (bis 100 km) sowie auf längeren Strecken (ab 100 km) gefragt, die „in der Regel" vor und seit erfolgtem Umzug genutzt wurden/werden.

▶ **Auto (als Fahrer) und Auto (als Mitfahrer)**

Die Ergebnisse zeigen, dass die tägliche Autonutzung zwar nach dem Umzug zurückgeht, allerdings verdeutlicht sich hier erneut die Dominanz des Autos. Mit dem Rückgang geht gleichzeitig eine Erhöhung des Anteils der Personen einher, die selten oder (fast) nie mit dem Auto fahren. Entsprechend nimmt die mittlere Nutzungshäufigkeit des Autos sowohl insgesamt als auch in den beiden Untersuchungsgemeinden ab. Diese liegt vor dem Umzug im Mittel bei 3 bis 4 Tagen pro Woche, nach dem Umzug liegen die mittleren Nutzungshäufigkeiten leicht darunter (s. Abb. 36).

Abb. 36 Mittlere Nutzungshäufigkeit des Autos (als Fahrer)

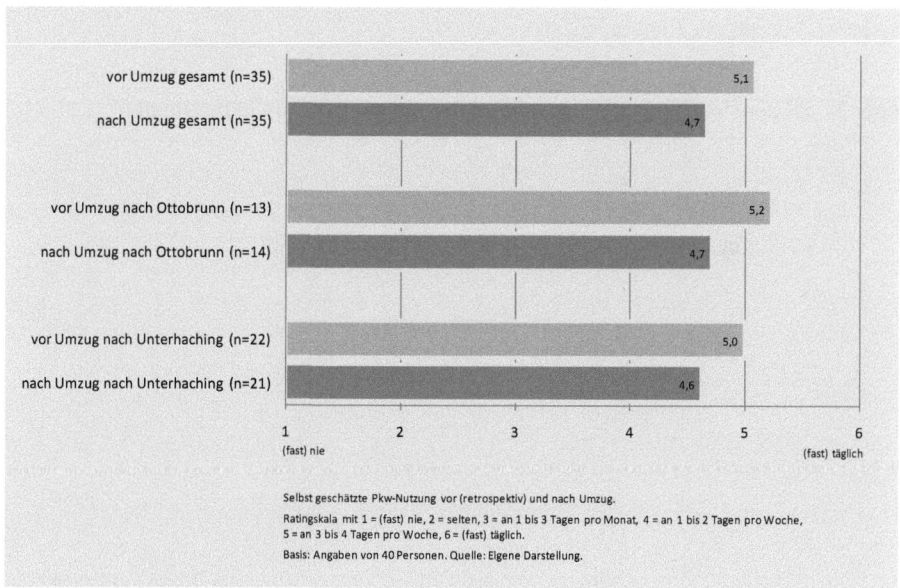

Die Anmerkungen der Befragten zur täglichen Autonutzung verweisen auf die Bindung an das Auto und die eigene Bequemlichkeit. Zu berücksichtigen ist in diesem Zusammenhang die Straßeninfrastruktur, d.h. die Nähe beider Gemeinden zu den Autobahnanschlüssen, die positiv aufgenommen wird und die Autonutzung nach Aussagen einiger Interviewteilnehmer begünstigt.

Aufgrund des geringen Anteils von Personen, die als Mitfahrer im Auto unterwegs sind, wird an dieser Stelle auf eine ausführliche Analyse verzichtet. Die mittlere Nutzungshäufigkeit steigt zwar nach dem Umzug leicht an, liegt aber durchschnittlich im Bereich der Kategorie „selten".

▶ **Öffentlicher Verkehr in der Region**

Die dargestellten Abnahmen im Bereich des motorisierten Verkehrs gehen nach dem Umzug mit einer Steigerung der Anteile im Öffentlichen Verkehr einher. Die tägliche Nutzung nimmt hier zu. Diese Zuwächse drücken sich auch in der mittleren Nutzungshäufigkeit aus (s. Abb. 37): Während der Öffentliche Verkehr in der jeweiligen Region vor erfolgtem Umzug im Schnitt mehrmals pro Monat genutzt wurde, sind es nach dem Umzug „an 1 bis 2 Tagen pro Woche". Die Personen, die das Angebot in der Region selten oder (fast) nie nutzen, verweisen z.B. auf die schlechte Anbindungsqualität zwischen Bus und S-Bahn (Taktfrequenz, Fahrtdauer, Entfernung).

Abb. 37 Mittlere Nutzungshäufigkeit des Öffentlichen Verkehrs in der Region

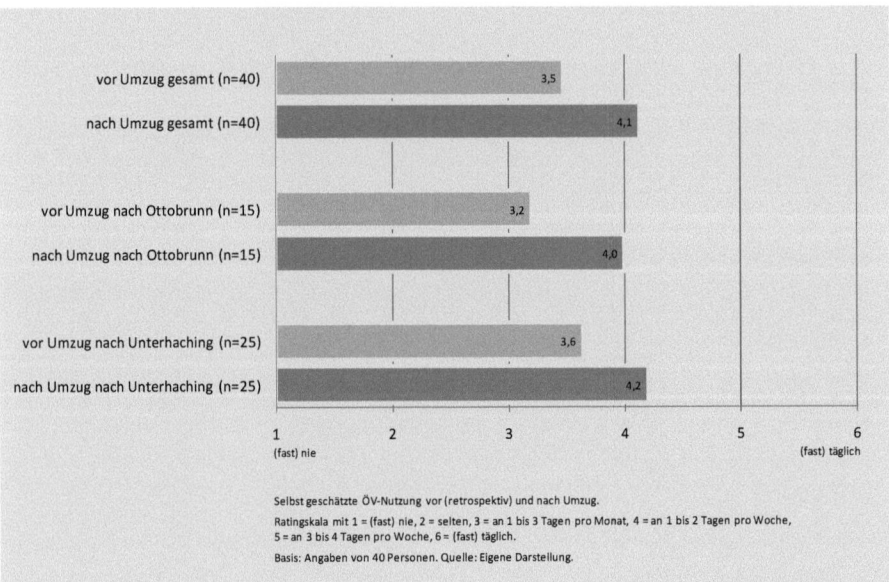

▶ **Fahrrad und zu Fuß**

Die Fahrradnutzung selbst geht am stärksten zurück, allerdings ist dieser Sachverhalt saisonal begründet und weniger umzugsbedingt, da die Befragung vornehmlich in den Wintermonaten stattfand. Vor allem in Unterhaching sinkt der Fahrradanteil nach dem Umzug deutlich. Vor dem Umzug wird das Fahrrad durchschnittlich an 1 bis 2 Tagen pro Woche genutzt, nach dem Umzug sind es nur noch wenige Male pro Monat. Fast ein Drittel der Befragten weist auf die jahreszeitliche Abhängigkeit hin („Wetterabhängig." „Jahreszeitlich bedingt."), auch wird angemerkt, dass, sobald beispielsweise die Fahrradwege bekannt sind, das Fahrrad wieder häufiger genutzt wird.

Fast so häufig wie mit dem Auto sind die Befragten zu Fuß unterwegs, im Schnitt mehrere Male pro Woche, sowohl vor als auch nach dem Umzug. Als Gründe werden die Erkundung der Gegend oder auch gesundheitliche Aspekte genannt, aber auch Aktivitätsziele (z.B. Einkaufsstätten) werden zu Fuß erreicht, ebenso wie der Weg zu den Haltestellen des Öffentlichen Verkehrs.

Zwischenfazit

Die Ergebnisse der Befragung untermauern die Erkenntnisse der fachlichen Grundlagen, dass das individuelle Mobilitätsverhalten durch eine Reihe von Faktoren beeinflusst wird (s. Kap. 2.2.2). So spielen nicht nur soziodemografische und -geografische Merkmale eine Rolle, sondern auch mobilitätsbestimmende Kriterien wie die Ausstattung der Haushalte mit Verkehrsmitteln oder der ÖV-Zeitkartenbesitz. In engem Zusammenhang dazu stehen auch die Hauptverkehrsmittelnutzung, hier dargestellt anhand der verschiedenen Wegezwecke, und die Nutzungshäufigkeit von Verkehrsmitteln.

Während soziodemografische und -geografische Faktoren sowie mobilitätsbestimmende Kriterien und ihr Einfluss auf das Mobilitätsverhalten für die vorliegende Untersuchung in der Mehrheit unabhängig vom Umzug sind, ist der Einfluss des neuen Wohnkontextes auf die Hauptverkehrsmittelnutzung für verschiedene Wegezwecke und die Nutzungshaufigkeit der Verkehrsmittel erkennbar. Dennoch darf nicht außer Acht gelassen werden, dass neben dem Umzug weitere Kriterien bei der Verkehrsmittelwahl eine Rolle spielen, wie die Nähe zur S-Bahn, saisonale Effekte oder auch Bequemlichkeitsgründe. Auch lässt sich erkennen, dass die Verhaltensänderungen individuell unterschiedlich stark ausfallen und neben den neuen örtlichen Rahmenbedingungen unter anderem auch die bereits oben genannten Kriterien die Stärke der Verhaltensänderung bestimmen.

Differenziert nach Verkehrsmitteln zeigt sich insgesamt eine Dominanz des Autos, ein Umzug ändert kaum diese Nutzungsgewohnheiten, Verlagerungen sind in der Regel nur innerhalb des Umweltverbunds zu verzeichnen. Dies gilt es, bei Interventionsmaßnahmen für Neubürger zu berücksichtigen. Auch zeigen sich noch erhebliche Verlagerungspotenziale im Nahbereich, vor allem bei Arbeits- und Ausbildungswegen.

6.5.4 Verkehrsprobleme – Einschätzung und Handlungsbedarf

Um auf das individuelle Mobilitätsverhalten einwirken zu können, spielt neben der Analyse von haushalts-, personen- und mobilitätsbestimmenden Kriterien sowie von Nutzungsgewohnheiten auch die subjektive Wahrnehmung von Verkehrsproblemen eine wichtige Rolle. Denn erst wenn die Notwendigkeit erkannt wird, sein eigenes Verkehrsverhalten zu verändern, können Maßnahmen zur Förderung einer umweltverträglichen Mobilität greifen und damit langfristig einen Beitrag zur Bewältigung des regionalen Verkehrswachstums leisten.

6.5.4.1 Einschätzung der Verkehrsprobleme

Für die vorliegende Untersuchung wurden die Einschätzungen der Interviewteilnehmer zur Verkehrssituation in der Landeshauptstadt München, der Region München sowie den beiden Untersuchungsgemeinden erhoben. Bei der Analyse und Interpretation der Frage ist allerdings zum einen der vorherige Wohnort der Befragten zu berücksichtigen, da je nach Kenntnis der Region München ein mehr oder weniger realistisches Urteil zur Verkehrssituation gegeben werden kann. Zum anderen gilt es zu beachten, dass bei der Beantwortung der Frage für die städtische und gemeindliche Ebene ein klar definierter räumlicher Bezugsrahmen hergestellt werden kann, während die Eingrenzung der Regionsebene und damit die Beurteilung der Frage für die Interviewteilnehmer grundsätzlich schwieriger zu beantworten ist, da es unterschiedliche Formen der Regionsabgrenzungen gibt, wie vorherige Ausführungen gezeigt haben (s. Kap. 4.3.1).

Insgesamt werden die durch den Autoverkehr verursachten Verkehrsprobleme von den Befragten in der Landeshauptstadt München am größten eingeschätzt (s. Abb. 38), im Mittel werden sie als „groß" eingestuft. Insbesondere die Neu-Unterhachinger schätzen die Situation in der Landeshauptstadt München am schlechtesten ein. Im Vergleich dazu wird die Situation auf regionaler Ebene weniger schlecht beurteilt („teils/teils"). Der Mittelwert spiegelt auch die allgemeine Unsicherheit der Befragten wider, ist doch, wie bereits angedeutet, die regionale Ebene weniger gut eingegrenzt bzw. fassbar und eine Einschätzung der Frage für die Befragten entsprechend schwieriger. Die geringsten Verkehrsprobleme sehen die Interviewteilnehmer auf Gemeindeebene, wobei die Neu-Ottobrunner die Verkehrsprobleme in ihrer Gemeinde etwas schlechter („teils/teils") einschätzen als die Unterhachinger Interviewteilnehmer die Situation in ihrer Gemeinde („gering").

Abb. 38 Einschätzung der durch den Kfz-Verkehr verursachten Verkehrsprobleme

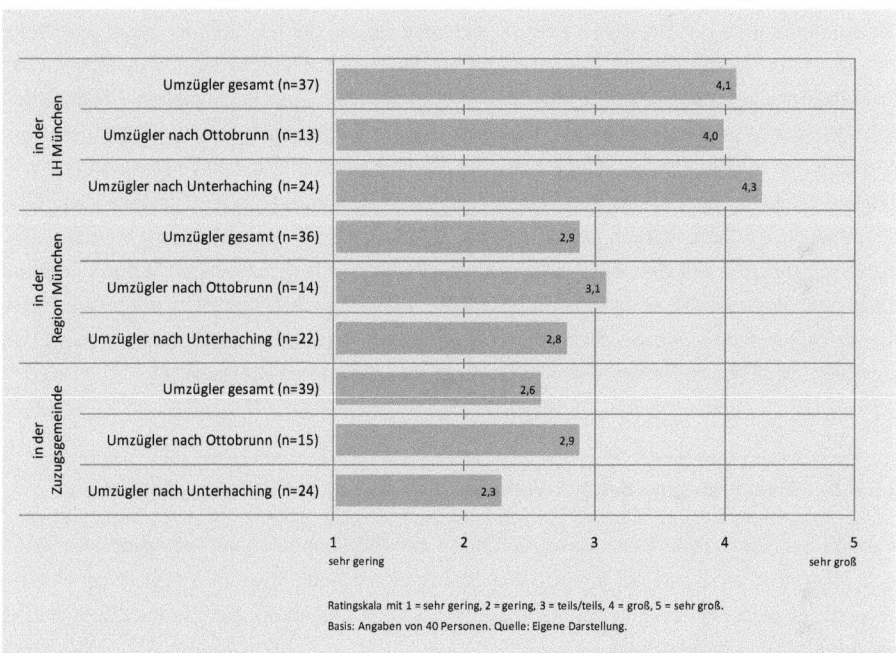

Setzt man die Aussagen mit mobilitätsbestimmenden Kriterien in Zusammenhang, so besteht zwischen der Nutzungshäufigkeit des Autos und der Einschätzung der Verkehrsprobleme eine Wechselbeziehung: Je häufiger das Auto genutzt wird, desto weniger schlecht wird die Verkehrssituation eingeschätzt. Dies trifft sowohl für die Beurteilung der Verkehrsprobleme in der Landeshauptstadt München, als auch für die Verkehrssituation auf Regions- und Gemeindeebene zu. Grund für diese eher positive Sichtweise der Vielfahrer ist zum einen, dass sie nach eigenen Aussagen die Situation aufgrund täglicher Erfahrungswerte realistischer beurteilen können. Zum anderen belegen die Gespräche, dass die Autofahrer als Mitverursacher der Verkehrsprobleme die Situation besser darstellen, als sie tatsächlich ist.

Auch die Kenntnis der Region München ist für die Einschätzung entscheidend: Je besser die Region vor dem Umzug bekannt war, desto weniger groß werden die Verkehrsprobleme im Mittel eingeschätzt. Dies bestätigt die Tatsache, dass die Sichtweisen beispielsweise auch durch Vorurteile geprägt werden. Allerdings schätzen Personen, die die Region gar nicht kannten, die Verkehrslage auf städtischer, regionaler und gemeindlicher Ebene im Mittel am besten ein, was allerdings auf Unwissenheit zurückgeführt werden kann.

Die Anmerkungen der Befragten zeigen, dass auf Ebene der Landeshauptstadt München vor allem auf Verkehrsstaus, insbesondere zu den Hauptverkehrszeiten, verwiesen wird. Als Lösungsvorschläge wird auf das eigene Verkehrsverhalten hingewiesen („Habe meinen Arbeitsweg und andere Wege so gewählt, dass ich Stauungen umgehe.") oder es werden allgemeine Lösungsvorschläge gemacht, die vor allem auf restriktive Maßnahmen abzielen („Es sollte mehr kontrolliert werden und es sollten nur Leute rein gelassen werden, die umweltfreundliche Verkehrsmittel nutzen."). Auf regionaler Ebene werden vor allem die Verkehrsprobleme auf den Autobahnen angesprochen. Auf gemeindlicher Ebene werden insgesamt wenige Verkehrsprobleme gesehen, diese beschränken sich nach Aussagen der Befragten auf die morgendlichen und abendlichen Stoßzeiten und bündeln sich an bestimmten Straßenabschnitten, insbesondere an den genannten Kreisstraßen.

6.5.4.2 Beschränkung des Kfz-Verkehrs zur Lösung der Verkehrsprobleme

Anhand der subjektiven Meinungsäußerungen zur Behebung der Verkehrsprobleme lässt sich erkennen, inwieweit auf individueller Ebene eine Handlungsnotwendigkeit zur Veränderung des eigenen Verkehrshandelns abgeleitet wird. Die Art der Beschränkungen wurde bei der Abfrage offengelassen.

Die unterschiedlichen Ergebnisse zur Einschätzung der Verkehrsproblematik spiegeln sich auch in der Notwendigkeit beschränkender Maßnahmen wider: Der größte Handlungsbedarf wird in der Landeshauptstadt München gesehen, was vor dem Hintergrund der als „groß" angesehenen Verkehrsprobleme nicht erstaunt (s. Abb. 39). Auf Regions- und Gemeindeebene sind sich alle Befragten einig: Hier sind beschränkende Maßnahmen eher nicht notwendig.

Ein Zusammenhang besteht zwischen der Nutzungshäufigkeit des Autos und der Notwendigkeit, den Autoverkehr zu beschränken: Vielfahrer sehen auf allen Ebenen (Stadt, Region, Gemeinde) im Schnitt einen geringen Handlungsbedarf. Dieses Ergebnis überrascht nicht, sind doch die regelmäßigen Autofahrer selbst von diesen Beschränkungen betroffen. Seltenfahrer sehen hingegen eine größere Notwendigkeit. Personen, die nie mit dem Auto fahren, empfinden die geringste Notwendigkeit, was damit zusammenhängt, dass sie mit den Problemen nur in einem geringen Maße bzw. indirekt konfrontiert werden.

Abb. 39 Beschränkung des Kfz-Verkehrs zur Lösung der Verkehrsprobleme

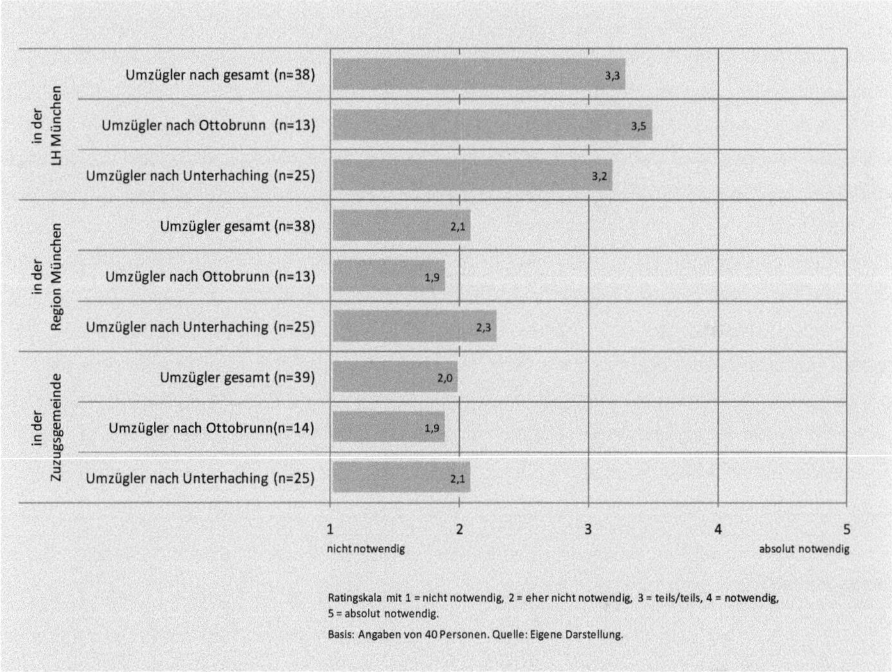

in der LH München	Umzügler nach gesamt (n=38)	3,3
	Umzügler nach Ottobrunn (n=13)	3,5
	Umzügler nach Unterhaching (n=25)	3,2
in der Region München	Umzügler gesamt (n=38)	2,1
	Umzügler nach Ottobrunn (n=13)	1,9
	Umzügler nach Unterhaching (n=25)	2,3
in der Zuzugsgemeinde	Umzügler gesamt (n=39)	2,0
	Umzügler nach Ottobrunn(n=14)	1,9
	Umzügler nach Unterhaching (n=25)	2,1

1 nicht notwendig — 5 absolut notwendig

Ratingskala mit 1 = nicht notwendig, 2 = eher nicht notwendig, 3 = teils/teils, 4 = notwendig, 5 = absolut notwendig.
Basis: Angaben von 40 Personen. Quelle: Eigene Darstellung.

Mit zunehmender Kenntnis der Region München nimmt im Schnitt die Notwendigkeit ab, den Kfz-Verkehr speziell in der Landeshauptstadt München zu beschränken. Während Personen, die die Region München vor ihrem Umzug gar nicht kannten, im Schnitt eine „absolute Notwendigkeit" sehen, halten Befragte, die die Region etwas kannten, Beschränkungen für „notwendig", bei guten bzw. sehr guten Kenntnissen liegen die Werte im Mittelfeld („teils/teils"). Auf regionaler Ebene lässt sich kein Zusammenhang zwischen Kenntnis der Region und Beschränkungsnotwendigkeit erkennen, Gleiches gilt für die lokale Ebene. Diese Aussagen decken sich beispielsweise auch mit einer Befragung zum Thema Klimaschutz in der Region München: So halten 25% der Umlandbewohner Münchens die Einschränkung des Pkw-Individualverkehrs (als Maßnahme für den Klimaschutz) für besonders wichtig, bei den Stadtbewohnern liegt der Anteil höher mit 36% (LHM 2007: 16). Auch wenn sich die Fragestellung leicht unterscheidet, so kann doch insgesamt festgehalten werden, dass die Einschränkung des Kfz-Verkehrs insbesondere im Umland aus Sicht der

Befragten keine dringliche Maßnahme ist, was auch mit der weniger großen Betroffenheit bzw. Problemwahrnehmung der Umlandbewohner im Vergleich zu den Stadtbewohnern begründet werden kann.

Zur Beschränkung des Kfz-Verkehrs wurden ebenfalls vielfältige Anmerkungen gemacht. Vor allem in der Landeshauptstadt München werden zur Beschränkung des Kfz-Verkehrs sehr unterschiedliche Aspekte aufgegriffen, die die Bandbreite individueller Ansichten widerspiegeln. Die Lösung der Verkehrsprobleme in der Landeshauptstadt München wird vor allem in Ausbaumaßnahmen und Angebotsverbesserungen im Bereich des Öffentlichen Verkehrs gesehen. Auf gemeindlicher Ebene spiegeln auch die Anmerkungen die geringe Notwendigkeit bzw. den geringen Handlungsbedarf von beschränkenden Maßnahmen wider. Nach Meinung der Interviewpartner sollte der Kfz-Verkehr vor allem zu den morgendlichen und abendlichen Stoßzeiten eingedämmt werden. In diesem Zusammenhang wird einschränkend auf den jeweiligen individuellen Handlungskontext hingewiesen und die Entscheidungsfreiheit jedes Einzelnen betont. Darüber hinaus sollten aus Sicht der Befragten gute Alternativen zum Pkw existieren, konkrete restriktive Maßnahmen wie die Auto-Maut und das Parkraummanagement werden als sinnvoll erachtet. Vertraut wird aber auch auf selbst regulierende Prozesse zur Lösung der Verkehrsprobleme sowie technische Verbesserungen.

Zwischenfazit

Mit Ausnahme der Landeshauptstadt München sehen die Befragten die durch den Kfz-Verkehr verursachten Verkehrsprobleme nicht als ernst an. Entsprechend ist eine direkte Betroffenheit für die regionale und lokale Ebene nicht erkennbar. Diese verminderte Problemwahrnehmung entspricht nicht der Verkehrswirklichkeit und zukünftig prognostizierten Entwicklungen, auch wenn die Befragten in ihren Anmerkungen auf die zeitliche und räumliche Konzentration von Verkehrsproblemen hinweisen. Ein direkter Zusammenhang zwischen den Verkehrsproblemen und dem eigenen Verkehrsverhalten wird in den meisten Fällen ebenfalls nicht gesehen. Allerdings zeigen die Anmerkungen, dass das Thema von Interesse ist und eine kritische Auseinandersetzung mit Mobilitätsfragen erfolgt. Ein Zusammenhang besteht auch zwischen den erkannten Verkehrsproblemen und den notwendigen Beschränkungen: Je größer die verkehrlichen Probleme beurteilt werden, desto notwendiger werden beschränkende Maßnahmen gesehen.

6.5.5 Mobilitätsinformationen

Der subjektive Informationsgrad zu den verschiedenen Verkehrsmitteln und -angeboten des Umweltverbunds gibt Aufschluss darüber, welche Mobilitätsinformationen nach dem Umzug bevorzugt abgefragt werden und bei welchen Themen noch Informationsdefizite bzw. Potenziale zur verstärkten Informationsbereitstellung bestehen. Auch lässt sich erkennen, welche Medien bevorzugt zur Informationsbeschaffung genutzt werden, was wiederum Auswirkungen auf Interventionsmaßnahmen für Neubürger in diesem Kontext hat.

6.5.5.1 Informationsbeschaffung zu den Verkehrsmitteln und Wegezwecken

Die meisten Informationen werden nach erfolgtem Umzug zum Thema Öffentlicher Verkehr eingeholt (90%), fast jeder Dritte informiert sich über den Fahrradverkehr und jeder Vierte über die fußläufige Erreichbarkeit von Zielen (s. Abb. 40). Über Park & Ride Angebote haben sich 13% der Neubürger informiert und jeder Zehnte zum Thema Fahrgemeinschaften. Mit den Angeboten Bike & Ride und Car Sharing hatte sich zum Befragungszeitpunkt noch niemand auseinandergesetzt. Lediglich 5% der Interviewteilnehmer geben an, noch keine Informationen eingeholt zu haben, weil die Angebote aus eigener Sicht bereits bekannt sind bzw. keine Informationen benötigt werden.

Abb. 40 Informationsbeschaffung zu Verkehrsmitteln und -angeboten nach Umzug

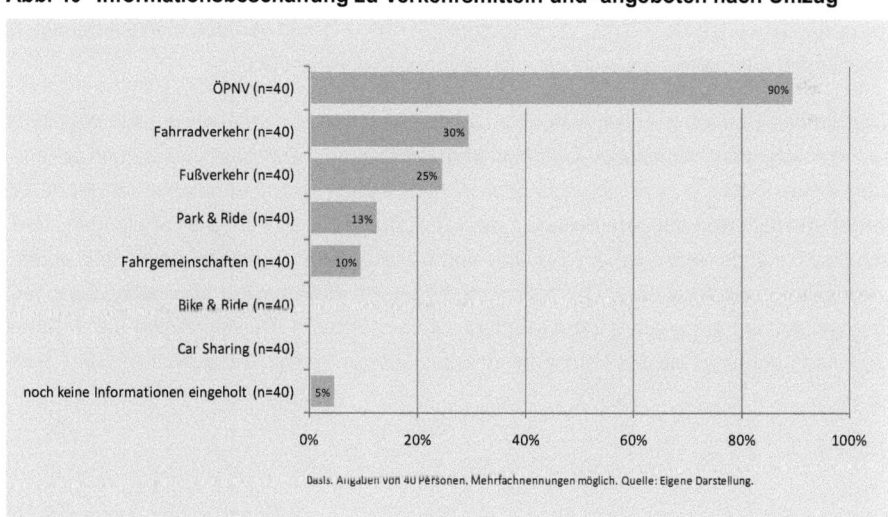

Betrachtet man die Informationsbeschaffung differenziert nach Wegezwecken, so holen die meisten Interviewteilnehmer Erkundigungen zu Ausbildungs- (100%) und Arbeitswegen (70%) ein. Aber auch Freizeitfahrten und Fahrten zum Einkaufen bzw. für sonstige private Erledigungen sind für die meisten Befragten interessant (53%, 48% bzw. 30%). Lediglich 5% geben an, noch keine Informationen zu den unterschiedlichen Wegezwecken besorgt zu haben. Als Grund geben diese Personen ebenfalls an, sich bereits gut auszukennen oder keine Informationen zu benötigen.

6.5.5.2 Informationsquellen

Um sich über die verschiedenen Verkehrsangebote und Wegezwecke zu informieren, werden von den Befragten zahlreiche Informationsquellen nach erfolgtem Umzug genutzt (s. Abb. 41). Vor allem wird das Internet für Informationszwecke in Anspruch genommen: Hier werden sowohl allgemeine Informationen abgefragt als auch auf die Internetseiten der Verkehrsunternehmen und des Verkehrsverbundes zurückgegriffen. Daneben werden die Gemeindeseiten sowie Routenplaner genutzt, um sich über die Gemeinde sowie Wegebeziehungen und Mobilitätsangebote zu informieren. Fahrpläne von MVV und MVG sind jedem Dritten eine wichtige Informationsquelle. Gut jeder Vierte fragt bei nahestehenden Personen (z.B. Partner, Verwandten, Freunden, Bekannten, Kollegen, Nachbarn) nach. Die Erkundung der Gegend, insbesondere was die fußläufige Erschließung und die Radverkehrsverbindungen betrifft, wird von 20% der Befragten durchgeführt. Der Informationsfolder für Neubürger der Gemeinde Ottobrunn (s. Abb. 27) wird von den meisten befragten Neubürgern Ottobrunns als wichtige Informationsquelle verwendet.

Werden den Befragten Antwortvorgaben zu den genutzten Informationsquellen gegeben, so zeigt sich, dass Haltestellen- und Aushangfahrpläne am häufigsten in Anspruch genommen werden (83%), mehr als jeder Zweite macht auch vom Internetangebot des MVV (55%) und 28% von den Internetseiten der MVG Gebrauch. Printmedien (Zeitungen, Zeitschriften) und Informationen am Schalter sind für fast jeden vierten Befragungsteilnehmer wichtige Informationsquellen. Die telefonische Auskunft spielt bei der Informationsbeschaffung so gut wie keine Rolle (MVG-Hotline, MVV-Infotelefon, Service-Dialog der S-Bahn München), genauso wie das Fernsehen oder technische Geräte (Handy/Palm).

Abb. 41 Genutzte Informationsquellen nach Umzug – offene Abfrage

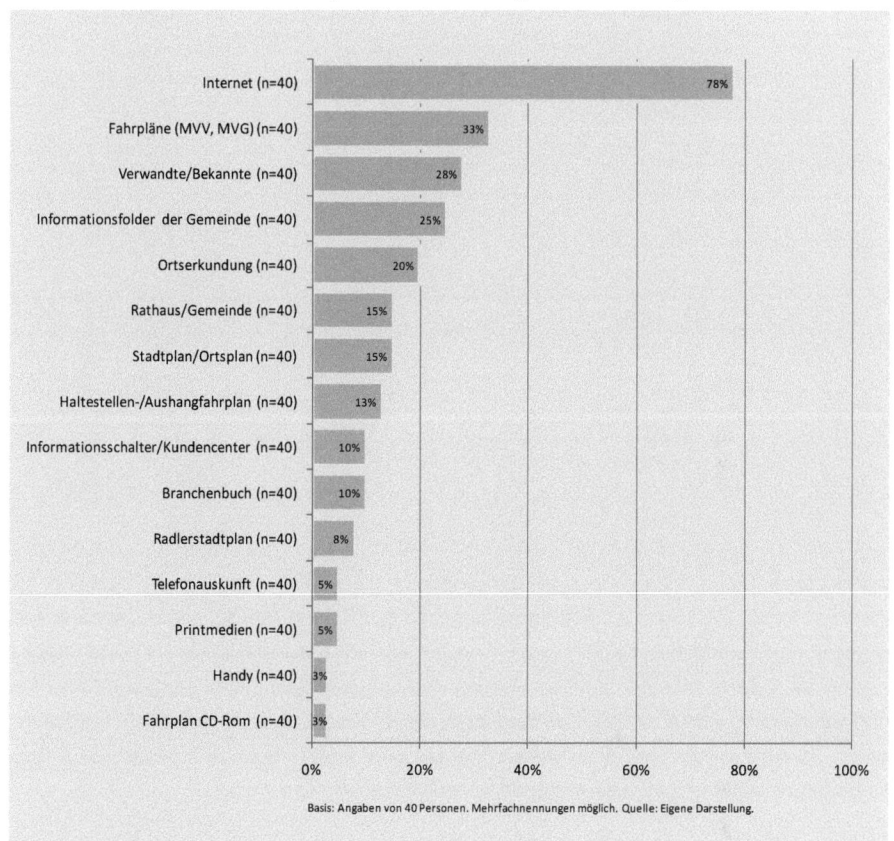

6.5.5.3 Informationsstand zu den verschiedenen Verkehrsmitteln

Der Wissensstand zur Benutzung der verschiedenen Verkehrsmittel gibt einen ersten Überblick über die Kenntnis bestimmter Angebote und zeigt, für welche Bereiche Wissensdefizite vorherrschen und vermehrte Informationen notwendig sind.

Die Befragten fühlen sich am besten über den Öffentlichen Verkehr informiert, im Durchschnitt gut, der Fuß- und Radverkehr liegt im Mittelfeld (s. Abb. 42). Über die Benutzung von Park & Ride, Fahrgemeinschaften, Car Sharing und Bike & Ride ist der Kenntnisstand nur ausreichend bis nicht ausreichend.

Abb. 42 Informationsstand zu den verschiedenen Verkehrsmitteln und -angeboten

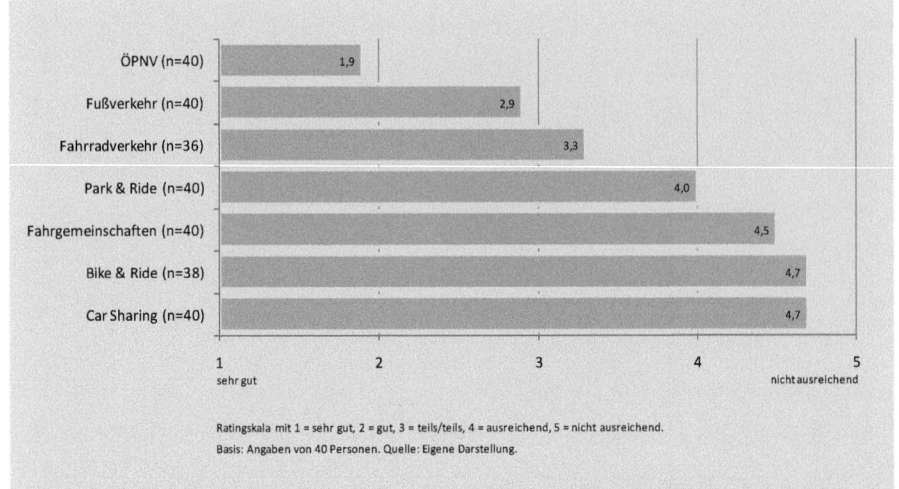

Um herauszufinden, warum sich die Befragen nur ausreichend bzw. nicht ausreichend über die Benutzung einzelner Verkehrsmittel informiert fühlen, wurde jeweils nachgehakt, was fehlt oder gefehlt hat. Deutlich wird, dass bei den interviewten Personen zu den Angeboten Park & Ride, Bike & Ride, Car Sharing und Fahrgemeinschaften nicht unbedingt Informationslücken vorherrschen, sondern dass die Angebote vorwiegend nicht interessant sind, nicht infrage kommen, nicht benutzt werden oder andere Sachzwänge vorherrschen, die gegen eine Benutzung dieser Verkehrsdienstleistungen sprechen.

Insgesamt sind viele der Befragten der Meinung, dass man sich die Informationen auch selbst besorgen kann, insbesondere über das Internet. Dass das Internet eine große Rolle auch bei der Informationsbeschaffung spielt, belegt die Tatsache, dass 93% der Befragten nach ihrem Umzug über einen Internetzugang verfügen und 90% einen Computer besitzen und damit Mobilitätsinformationen bequem bei Bedarf per Internet abgefragt werden können.

Zwischenfazit

Informationen werden nach einem Umzug vor allem zum Öffentlichen Verkehr und zu Arbeits- und Ausbildungswegen eingeholt. Es zeigt sich, das zur Informationsbeschaffung vor allem das Internet genutzt wird, aber auch Haltestellen- und Aushangfahrpläne sowie Fahrpläne der öffentlichen Verkehrsträger dienen als wichtige Informationsquelle. Ein gutes Informationsmedium stellen auch Neubürgerordner dar, so wie er in Ottobrunn bei der Anmeldung herausgegeben wird. Die Mehrheit der Ottobrunner Interviewteilnehmer gibt an, diesen als Informationsquelle genutzt zu haben bzw. zu nutzen. Nicht zu unterschätzen sind auch Erfahrungswerte aus dem Bekanntenkreis, die bereits im Vorfeld einen Einfluss auf Einstellungen gegenüber bestimmten Verkehrsmitteln ausüben können. Bezogen auf die genutzten Informationsquellen belegen die Vielfältigkeit und Differenziertheit der Angaben die Wichtigkeit individualisierter und maßgeschneiderter Informationen.

6.5.6 Zufriedenheit mit den Leistungen der ÖPNV-Verkehrsanbieter

Die Zufriedenheit mit den Leistungen der Mobilitätsdienstleister und -leistungen ist ein wichtiges Kriterium, das unter anderem einen entscheidenden Einfluss auf das Verkehrsmittelwahlverhalten hat. Allgemein dienen Zufriedenheitsuntersuchungen im Öffentlichen Verkehr sowohl der Qualitätssicherung als auch der Kundenbindung und Neukundengewinnung.

Insgesamt sind die Befragten mit den Leistungen des Verkehrsverbunds (MVV) zufrieden. Der Wert von 2,90 deckt sich dabei mit Ergebnissen eines MVV-Kundenbarometers, bei dem die Globalzufriedenheit bei 2,86 lag (MVV 2009: 9). Bei den Verkehrsunternehmen rangiert die Bayerische Oberlandbahn (BOB) an erster Stelle mit einem guten Ergebnis (2,4), dicht gefolgt von der Münchner Verkehrsgesellschaft mbH (MVG) mit einem Wert von 2,5. Mit den Leistungen der regionalen Busunternehmen, der S-Bahn München und der Deutschen Bahn/Deutsche Bahn Regio sind die Interviewteilnehmer im Schnitt zufrieden.

Die Anmerkungen lassen erkennen, welcher individuelle Bewertungsmaßstab zur Beurteilung der Frage geführt hat. Vor allem werden diese bestimmt durch eigene Erfahrungen mit dem Öffentlichen Verkehr, allerdings ist nicht auszuschließen, dass die Urteile beispielsweise aufgrund von berichteten Erfahrungen, Vorurteilen, Einstellungen etc. zustande gekommen sind. Zu berücksichtigen ist auch das Verständnis der Befragten hinsichtlich des Begriffs „Leistungen", d.h., welche Leistungsmerkmale zur Bewertung der Frage herangezogen wurden (z.B. Preis-Leistungs-Verhältnis, Angebotsqualität, Linien- und Streckennetz, Taktfrequenz, Tarifsystem, Pünktlichkeit und Zuverlässigkeit, Platzangebot im Fahrzeug, Sicherheit im Fahrzeug, Sauberkeit und Gepflegtheit im Fahrzeug, Informationen an Haltestellen und Stationen oder Informationen bei Störungen/Verspätungen).

Die Auswertung zeigt auch, dass ÖV-Zeitkartenbesitzer die Leistungen des Verkehrsverbundes und der darin operierenden Verkehrsunternehmen etwa gleich gut einschätzen mit Werten zwischen 2,4 und 2,8. Personen, die häufig öffentliche Verkehrsmittel nutzen, sind im Vergleich zu den Gelegenheitskunden zufriedener mit den Leistungen des ÖPNV in der Region München. Damit decken sich die Aussagen wiederum mit den Ergebnissen des MVV-Kundenbarometers (MVV 2009: 9).

Zwischenfazit

Die Zufriedenheit mit alternativen Mobilitätsangeboten ist ein wichtiges Kriterium für dessen Nutzung. Vor diesem Hintergrund spielt die Aufrechterhaltung bestimmter Leistungsmerkmale, unabhängig vom neuen Wohnkontext, eine wichtige Rolle. Dabei geht es darum, die regelmäßigen Nutzer am neuen Wohnort zu binden und Neukunden von den Angeboten zu überzeugen und im besten Fall als Kunden zu gewinnen. Nur die Zufriedenheit mit bestimmten Angeboten kann auch die Nutzung erhöhen und damit als positiver Verstärker wirken.

6.5.7 Einführung eines Neubürgerpakets zum Thema Mobilität

In Kapitel 4 wurde bereits der Ansatz des Münchner Neubürgerpakets zur Förderung des Umweltverbunds dargestellt. Dabei handelt es sich um einen Folder, der Informationen zu den verschiedenen umweltfreundlichen Mobilitätsangeboten zur Verfügung stellt. Den Befragten wurde ein derartiges Neubürgerpaket kurz vorgestellt und anschließend gebeten, ihre Einschätzung zu derartigen Informationsangeboten abzugeben. Zu beachten ist bei der Analyse, dass es sich um die Beurteilung einer Maßnahme handelt, die fast keinem Interviewpartner zum Befragungszeitpunkt bekannt war.

6.5.7.1 Bekanntheitsgrad von Neubürgerpaketen

Der Bekanntheitsgrad von Maßnahmen zur Förderung umweltfreundlicher Verkehrsmittel liefert wichtige Hinweise darüber, inwieweit auf der einen Seite ähnliche Aktivitäten, beispielsweise die der Landeshauptstadt München zum Münchner Neubürgerpaket, wahrgenommen werden. Auf der anderen Seite ist die Abfrage dieses Sachverhaltes für die Folgefragen wichtig, da eine Maßnahme, die bekannt ist, anders bewertet und eingeschätzt werden kann als eine Maßnahme, die unbekannt ist.

Den meisten Interviewteilnehmern ist diese Form der Informationsbereitstellung nicht bekannt (95%). Lediglich 5% der Befragten haben schon einmal von diesem Angebot gehört. Eine Befragungsperson gab an, dass ein Familienmitglied nach erfolgtem Umzug in die

Landeshauptstadt München den dortigen Mobilitätsordner erhalten hatte. Ein weiterer Befragungsteilnehmer hatte ein ähnliches Paket in einer anderen Stadt erhalten.

Allerdings sei darauf verwiesen, dass die Informationsbroschüre der Gemeinde Ottobrunn mit Informationen zu verschiedenen Themenbereichen wie Mobilität, Abfall etc. allen Neu-Ottobrunnern bekannt war und die Informationen nach Angaben der Befragten zum größten Teil auch genutzt wurden bzw. hilfreich waren.

6.5.7.2 Wunsch zur Einführung eines Neubürgerpakets

Der Wunsch zur Einführung einer derartigen Maßnahme zeigt, inwieweit aus Sicht der Verkehrsteilnehmer Interesse an dieser speziellen Mobilitätsdienstleistung besteht und ob diese von den Nutzern angenommen bzw. genutzt würde.

Die Befragten wurden gebeten, den Wunsch zur Einführung eines Neubürgerpakets auf einer Ratingskala von „1 = sehr wünschen" bis „5 = nicht wünschen" zu äußern. Insgesamt zeigen die Ergebnisse, dass der durchschnittliche Wert bei 2,0 liegt, d.h. die Befragten halten die Einführung dieser Maßnahme im Mittel für wünschenswert, sowohl in ihrer neuen Wohngemeinde als auch in der gesamten Region. Dieses insgesamt positive Ergebnis überrascht nicht, da es sich um eine Maßnahme handelt, die unter anderem nicht mit direkten Kosten bzw. Restriktionen für den Verkehrsteilnehmer verbunden ist.

Generell drückt sich die positive Resonanz auch in den Anmerkungen der Befragten aus. So wird es als Vorteil gesehen, wenn man Informationen zu verschiedenen Mobilitätsangeboten bekommt („Man kann nie genug wissen."), um auch die Motivation zur Nutzung zu steigern („Man wäre motivierter, seine Umgebung kennenzulernen."). Vor allem wird darauf hingewiesen, dass dieses Angebot gerade für Personen interessant ist, die die Region noch nicht gut kennen („Grundsätzlich gut, wenn man neu ist." „Gerade am Anfang wäre das sehr positiv gewesen." „Trifft eher auf neue Bürger zu, gerade die von weiter weg zuziehen, nicht notwendig, wenn man schon seit vielen Jahren in München wohnt."). Gelobt wird auch der Informationsfolder der Gemeinde Ottobrunn („Gibt es ja quasi schon in Ottobrunn, sehr gut, dass man Informationen zu verschiedenen Themen bekommt." „Mappe der Gemeinde Ottobrunn für Neubürger war ausreichend." „Nicht notwendig, die Umweltbroschüre der Gemeinde Ottobrunn war gut."). Dass bereits genug Informationen zur Verfügung gestellt werden und man sich bei Interesse selber informieren kann, wird ebenfalls angesprochen („Wenn man Informationen benötigt, kann man auch tragen oder sich selbst informieren. Ist auch eine Kostenfrage, viel landet ohnehin im Papierkorb." „Schaue selbst nach. Bei viel Papier ist es schwierig herauszufiltern, ob die Informationen wirklich interessant für einen sind. Es ist wichtiger, schnell Informationen im Internet abrufen zu können." „Zu viel Papier." „Es sind genug Informationen da."). Kritisch wird angemerkt, dass das Verhalten oftmals gruppendynamischen Prozessen unterworfen ist („Menschen agieren in Gruppen und fühlen sich als Individuen nicht verantwortlich.") und deshalb weitere Maßnahmen notwendig sind („Man müsste aber härtere Maßnahmen einsetzen.").

6.5.7.3 Wirksamkeit eines Neubürgerpakets zur Reduzierung des Kfz-Verkehrs

Die Aussagen zur Wirksamkeit der Maßnahme können aufgrund der vorwiegenden Unkenntnis dieser Mobilitätsdienstleistung nur eine Tendenz liefern, dennoch lassen sich daraus wichtige Hinweise für die Entwicklung, Umsetzung und Akzeptanz eines Neubürgerpakets gewinnen.

Die Wirksamkeit wurde auf einer Skala von „1 = sehr wirksam" bis „5 sehr unwirksam" abgefragt. Die Wirksamkeit eines Neubürgerpakets zur Reduzierung des regionalen Kfz-Verkehrs wird insgesamt mittelmäßig eingeschätzt (3,0). Ein ähnlicher Wert ergibt sich für die Reduzierung des Kfz-Verkehrs auf gemeindlicher Ebene (3,1). Eine Erklärung für diese mittelmäßige Einschätzung dürfte sein, dass die Maßnahme den meisten Interviewteilnehmern nicht bekannt war und aufgrund dieser Unkenntnis häufig eine mittlere Bewertungsstufe gewählt wird.

Die Anmerkungen der Befragten spiegeln die Bandbreite der Meinungen zu diesem Thema wider: So halten sie das Angebot zwar für wichtig, sie gehen aber davon aus, dass Informationen alleine nicht ausreichen, um Autofahrer zum Umstieg zu bewegen. Damit decken sich die Aussagen mit der gängigen Planungspraxis, die in der Regel unterschiedliche Maßnahmen einsetzt, d.h. sowohl informatorische als auch preispolitische und ordnungsrechtliche Instrumente zur Reduzierung der regionalen Verkehrsaufkommen.

6.5.7.4 Einfluss eines Neubürgerpakets auf die persönliche Verkehrsmittelnutzung

Ein wesentlicher Aspekt ist ferner die Einschätzung eines derartigen Angebots auf die persönliche Verkehrsmittelnutzung, um zu prüfen, ob Verhaltensänderungen durch diese Maßnahme realistisch sind und welchen Effekt diese Maßnahme möglicherweise auf die individuelle Verkehrsmittelwahl hat. Auch wenn es sich bei den Antworten um hypothetische Aussagen handelt, so ist doch eine erste Annäherung an Einstellungs- und Verhaltensrelationen möglich.

Insgesamt 30% der Befragten glauben, dass ein Neubürgerpaket mit Mobilitätsinformationen Einfluss auf ihre persönliche Verkehrsmittelwahl haben würde, 10% sind sich nicht ganz sicher („vielleicht") und über die Hälfte (60%) verneint diese Frage (s. Abb. 43). Die Personen, die keinen Einfluss eines Neubürgerpakets auf ihre persönliche Verkehrsmittelnutzung sehen, geben an, dass sie bereits umweltfreundliche Verkehrsmittel nutzen (5%), hinreichend informiert sind (18%) oder sich bei Bedarf selber informieren (10%). Die verbleibenden 8% geben Sachzwänge an und 20% kritisieren verschiedene Leistungsmerkmale öffentlicher Verkehrsmittel bzw. geben an, dass sie zu bequem sind, diese zu nutzen.

Abb. 43 Einfluss eines Neubürgerpakets auf die persönliche Verkehrsmittelnutzung

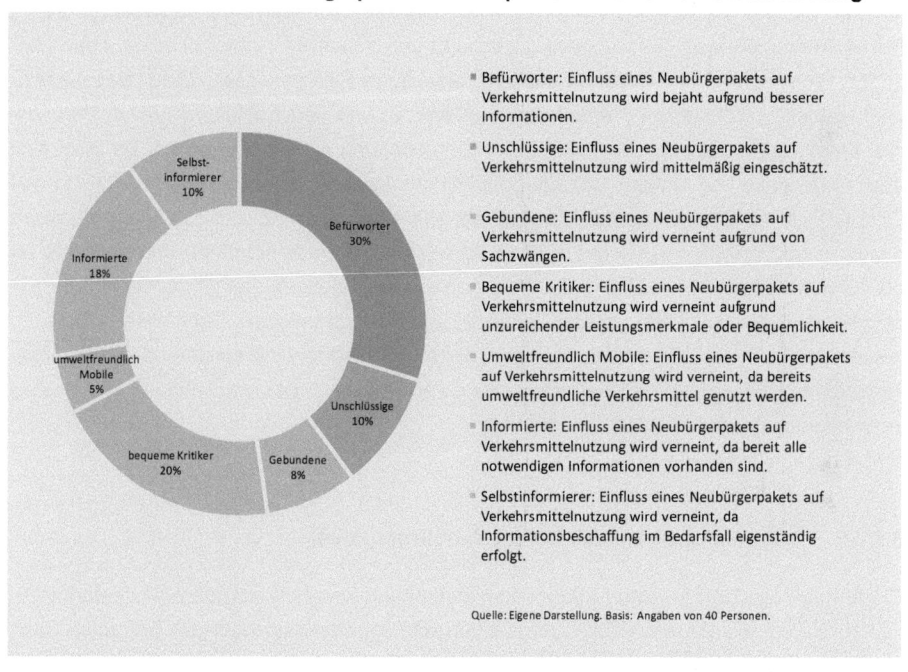

Quelle: Eigene Darstellung. Basis: Angaben von 40 Personen.

Die Aussagen lassen auch einen Zusammenhang zwischen der Einschätzung und der Wohndauer in der neuen Gemeinde erkennen: Je länger die Personen bereits am neuen Wohnort leben, desto geringer wird der Einfluss eines Neubürgerpakets auf die persönliche Verkehrsmittelnutzung eingeschätzt. Dies bestätigt die These, dass es bestimmte Zeitfenster gibt, in denen Interventionsmaßnahmen greifen bzw. am wirkungsvollsten sind, und dass sich mit zunehmender Wohndauer das Verkehrsmittelwahlverhalten verfestigt.

Die Anmerkungen der Befragten machen deutlich, wie unterschiedlich der jeweilige persönliche Handlungskontext mit entsprechenden Auswirkungen auf die Verkehrsmittelwahl ist. Unabhängig von der Einschätzung des Einflusses der Maßnahme auf die persönliche Verkehrsmittelwahl lassen sich die Befragten grob unterteilen nach ihrem Interesse und ihrer Aufgeschlossenheit gegenüber Mobilitätsinformationen, dem Grad der Informiertheit, der Ausübung umweltbewussten Mobilitätsverhaltens oder Sachzwängen, die gegen eine Nutzung alternativer Mobilitätsangebote sprechen. Die Aussagen sind bereits ein Indikator dafür, inwieweit Mobilitätsinformationen und Anreize im Hinblick auf die Maßnahme selbst Erfolg haben würden und inwieweit eine Veränderung des Modal Split potenziell möglich wäre. Auch liefern die Angaben der Befragten Hinweise auf die unterschiedlichen Einflussfaktoren auf das Verkehrsmittelwahlverhalten, die bereits in Kapitel 2 dargestellt wurden: Die Verkehrsmittelwahl wird abhängig gemacht von situativen Rahmenbedingungen (Angebot, Wegezweck, Mobilitätsalternativen), objektiven Faktoren (Zeit, Geld, Bequemlichkeit), subjektiven Faktoren (Informiertheit, Interesse) und dem sozialen Kontext. Persönliche Einstellungen lassen sich anhand der Fragestellung nicht identifizieren. Es zeigt sich aber auch, dass von einigen Befragten Mobilitätsangebote, insbesondere im Bereich des Öffentlichen Verkehrs, nach dem Umzug als Alternative zum Auto in Erwägung gezogen worden sind (Verhaltensabsicht zur Nutzung alternativer Verkehrsmittel) und im Sinne einer Kosten-Nutzen-Abschätzung die Wahl gegen deren Nutzung gefällt worden ist. Ferner werden zum Teil Absichten erklärt, eventuell vermehrt alternative Mobilitätsangebote zu nutzen. Auch die subjektive Wahrnehmung der Mobilitätsangebote spielt eine wichtige Rolle, werden doch von einigen Befragten das ÖPNV-Angebot, dessen Fahrtzeit und Kosten im Vergleich zum Auto schlechter bewertet.

6.5.7.5 Informationswünsche für ein Neubürgerpaket

Die Abfrage von gewünschten Informationsmaterialien für ein Neubürgerpaket liefert wichtige Hinweise, welche Mobilitätsinformationen und Anreize aus Sicht der Befragten nach einem Wohnstandortwechsel von besonderem Interesse sind. Dazu wurden die Informationswünsche zunächst in einer offenen Frage erhoben, um anschließend anhand elf vorgegebener Informationsmaterialien die Wünsche der Befragten genauer abzufragen.

Bei offener Abfrage wünschen sich die meisten Befragten Informationen zum Öffentlichen Verkehr (39%), knapp ein Drittel der Befragten speziell zu U- und S-Bahnen. Auch Informationen zu Bussen wie Fahrpläne, Abfahrzeiten und Anschlussmöglichkeiten werden von 22% der Interviewteilnehmer gewünscht. Fast jeder Fünfte hält Materialien zum Fahrradverkehr sowie allgemeine Informationen zu verschiedenen Themenbereichen für sinnvoll. Die Detailangaben lassen erkennen, wie vielfältig die Wünsche sind. Dies unterstreicht noch einmal die Notwendigkeit, individuell zugeschnittene Informationen zur Verfügung zu stellen.

Die Beurteilung von insgesamt elf vorgegebenen Informationsmaterialien bzw. Anreizen erfolgte anhand einer Ratingskala von „1 = sehr sinnvoll" bis „5 = nicht sinnvoll" (s. Abb. 44). Danach rangieren Fahrplanhefte mit Abfahrtzeiten von U- und S-Bahnen ganz oben, ähnlich wertvoll werden Schnupperticketangebote für den Öffentlichen Verkehr eingeschätzt. Ganz hinten rangieren Informationen zur Bildung von Fahrgemeinschaften und zum Car Sharing sowie Fahrplanhefte mit Abfahrtzeiten aller Linien in einem Landkreis.

Abb. 44 Beurteilung ausgewählter Informationsmaterialien für ein Neubürgerpaket

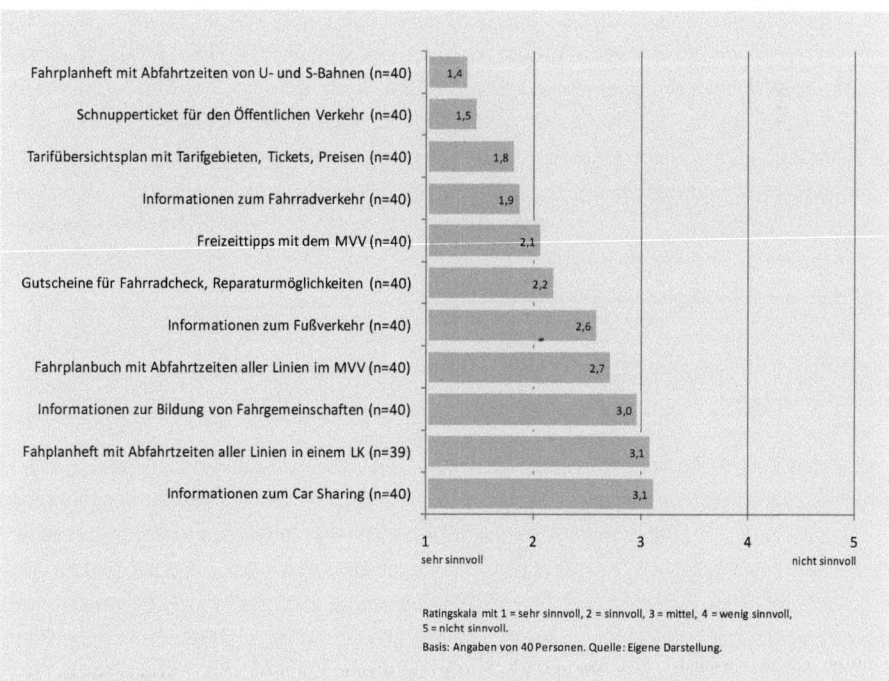

Differenziert nach dem vorherigen Wohnort halten gerade Personen, die vor ihrem Umzug in der Landeshauptstadt München gewohnt haben, Informationen zum Fuß- und Fahrradverkehr für sinnvoll, aber auch Informationen zu alternativen Mobilitätsangeboten wie Car Sharing und Fahrgemeinschaften. Personen von außerhalb der Landeshauptstadt München sind hingegen vor allem an Informationen zum Öffentlichen Verkehr interessiert, mehr als Personen mit vorherigem Wohnsitz in der Landeshauptstadt München. Dies zeigt, dass Kenner der Region München andere Informationswünsche haben als Nichtkenner, die es bei der Entwicklung von Maßnahmen bzw. der Informationsbereitstellung zu berücksichtigen gilt.

Zwischenfazit

Insgesamt zeigt die Auswertung zum Thema Neubürgerpaket, dass die Maßnahme aus Sicht der Befragten zwar wünschenswert ist, die Wirksamkeit im Hinblick auf die Reduzierung des regionalen und gemeindlichen Kfz-Verkehrs aber eher mittelmäßig beurteilt wird. Das fast unbekannte Neubürgerpaket alleine wird von den Befragten nicht unbedingt als adäquate Lösungsstrategie zur Verringerung der Verkehrsprobleme angesehen. Allerdings kann davon ausgegangen werden, dass eine höhere Bekanntheit dieser Mobilitätsdienstleistung auch mit einer höheren Beurteilung der Effektivität einhergehen würde. Deshalb ist die Einführung der Maßnahme in den Gemeinden als sinnvoll zu beurteilen, insbesondere auch vor dem Hintergrund der Anmerkungen der Ottobrunner Befragten, die eine ähnliche Maßnahme (den Informationsfolder der Gemeinde Ottobrunn) positiv bewerten. Insgesamt kann davon ausgegangen werden, dass neben restriktiven und infrastrukturellen Maßnahmen bessere Informationen für einige Neubürger ausschlaggebend sein könnten, (vermehrt) umweltfreundliche Verkehrsmittel zu nutzen.

6.6 Fazit

Maßnahmen in Richtung einer umweltverträglichen Mobilität können nur dann greifen, wenn Verkehrsprobleme als solche von den Verkehrsteilnehmern wahrgenommen werden. Zwar werden die Probleme auf städtischer Ebene von den Befragten in der Mehrheit erkannt, allerdings fehlt eine vergleichbare Problemwahrnehmung für die Umlandgemeinden. Um auf diese Personenkreise einzuwirken, muss zunächst ein Problemwahrnehmungsprozess auf individueller Ebene in Gang gesetzt werden. Diese Aufklärung kann von allgemeinen Sensibilisierungskampagnen bis hin zur persönlichen Ansprache der Verkehrsteilnehmer in Form von Aufklärungsangeboten über das eigene Verkehrshandeln reichen oder auch Teil eines Neubürgerpakets sein.

Die Ergebnisse der Befragung zeigen auch, dass hinsichtlich der Informationsbeschaffung Erkundigungen nach einem Umzug vor allem für den ÖPNV und für Ausbildungs- und Arbeitswege eingeholt werden. Für diesen Teilmarkt sind ergänzende Informationen sinnvoll, für alle übrigen Verkehrsangebote und -wege ist eine intensivere Informationsbereitstellung notwendig, sofern dies gewünscht wird und Alternativen zum Auto zur Verfügung stehen. Als Informationsquelle gilt es, das Internet weiter zu nutzen sowie Haltestellen- und Aushangfahrpläne der öffentlichen Verkehrsträger zur Verfügung zu stellen. Eine gute Informationsquelle bieten auch Neubürgerordner, deren Umsetzung bzw. Ergänzung zu bestehenden Maßnahmen sinnvoll ist. Gerade die vielfältigen Informationswünsche sind ein Indikator dafür, dass Informationsdefizite in einigen Mobilitätsbereichen vorherrschen und deshalb eine Informationsbereitstellung notwendig ist. Dabei ist die Art der Übergabe entscheidend, damit die Neubürgerinformationen nicht zwischen anderen Materialien untergehen. Das Beispiel Ottobrunn zeigt, dass die persönliche Übergabe der Gemeindeinformation bei der Anmeldung im Einwohnermeldeamt von den Neubürgern positiv aufgenommen wird und für Mobilitätsentscheidungen hilfreich ist.

Die Verfügbarkeit von verkehrstüchtigen Fahrrädern im Haushalt bietet ebenfalls gute Ansatzmöglichkeiten zur Förderung des Radverkehrs nach dem Umzug, beispielsweise durch die Bereitstellung von Informationen oder Handlungsanreizen zur Nutzung oder Nutzbarmachung von Fahrrädern. Die Witterungsabhängigkeit des Fahrrads macht die Förderung zwar etwas schwieriger, die Nutzung des Fahrrads am alten Wohnort bestätigt aber, dass mehrheitlich bereits eine positive Grundeinstellung besteht. Allerdings zeigt sich auch, dass noch Steigerungspotenziale vorhanden sind. Die Verfügbarkeit eines Autos selbst ist nur schwierig zu beeinflussen. Maßnahmen, die darauf abzielen, das Auto abzuschaffen, sind wenig Erfolg versprechend. Dennoch erscheint eine Information über alternative Angebote oder eine effizientere Nutzung des Autos sinnvoll, beispielsweise durch die Bildung von Fahrgemeinschaften oder Nutzung von Car Sharing-Angeboten. Interessant sind vor allem auch Haushalte, die nach ihrem Umzug kein Auto mehr besitzen und sich neu orientieren müssen, was die Verkehrsmittelwahl betrifft. Hier bestehen gute Ansatzmöglichkeiten der Ansprache. Zu berücksichtigen sind aber auch die Gründe der Autolosigkeit, die vor allem auf persönliche und finanzielle Aspekte zurückführen und nicht immer eine bewusste Entscheidung gegen das Auto sind. Gerade im Bereich des Autoverkehrs sind noch deutliche Potenziale vorhanden, wenn es beispielsweise um die Steigerung des Besetzungsgrades geht. Dass sie noch nicht ausgeschöpft sind, belegt beispielsweise der geringe Anteil an Personen, die als Mitfahrer im Auto unterwegs sind.

Insbesondere Arbeitswege, die mit dem Pkw zurückgelegt werden, tragen maßgeblich zu den Verkehrsproblemen auf regionaler Ebene bei. Gemeindliche Maßnahmen, die sich auf diesen Wegezweck beziehen, sind besonders Erfolg versprechend, da es sich um Wege handelt, die regelmäßig zu einem bestimmten Zeitpunkt durchgeführt werden und sich auf ein konkretes Ziel richten. Deshalb sind die Verkehrsteilnehmer in der Regel gut über die Mobilitätsalternativen zum Arbeitsort informiert. Gerade nach einem Wohnumzug und bei guter Qualität alternativer Mobilitätsangebote zeigt sich, dass diese auch in Anspruch genommen werden. Dabei ist zu beachten, dass der Modal Split vom motorisierten Individualverkehr in Richtung umweltverträglicher Verkehrsmittel verändert wird und es nicht nur zu Verschiebungen innerhalb des Umweltverbunds kommt. Eine Reduzierung der Pendelzeiten analog zur Verringerung der Wegelängen ist ebenfalls anzustreben. Dass ein Großteil der Arbeitswege nach dem Umzug innerhalb einer Entfernung von 3 km und 10 km liegt, zeigt, dass noch deutliche Verlagerungspotenziale vom Auto auf den Fahrradverkehr und ÖV vorhanden sind. Maßnahmen zur effizienten, umweltverträglichen Abwicklung von Einkaufswegen sind vergleichsweise schwierig, weil die Wegebeziehungen nicht klar definiert und frei wählbar sind. Aus institutioneller Sicht sind hier die Einzelhandelsunternehmen und andere Verkaufseinrichtungen angesprochen. Beispielsweise können Homeshoppingangebote oder Bringservices dazu beitragen, Einkaufswege zu reduzieren. Kooperationen zwischen den Gemeinden mit den lokalen und regionalen Einkaufsstätten sind deshalb anzustreben. Auch muss es Ziel sein, den Anteil an Begleit- und Holwegen, die mit dem Auto zurückgelegt werden, zu minimieren. Allerdings sind auch hier die Wegebeziehungen vielfältig. Eine Sensibilisierung zur Nutzung umweltverträglicher Verkehrsmittel ist hier ebenfalls sinnvoll. Zu den klassischen Begleit- und Holwegen gehören beispielsweise Autofahrten der Eltern, um ihre Kinder zum Kindergarten/zur Schule/zum Sportverein zu bringen. Auch wenn dieser Aspekt aufgrund der Struktur der Befragungsteilnehmer im Rahmen der Untersuchung eine untergeordnete Rolle gespielt hat, so ist hier eine Kooperation der Gemeinden mit den Schulen, Kindergärten oder Sportvereinen sinnvoll, beispielsweise durch die organisatorische und beratende Unterstützung zur Bildung von Fahrgemeinschaften. Bezogen auf Freizeitwege, die sowohl zweckorientiert sind als auch dem Selbstzweck dienen können und zu unterschiedlichen Zielbeziehungen in unregelmäßigen Abständen durchgeführt werden, sind konkrete Maßnahmen ebenfalls schwierig umzusetzen. Informationen zu Freizeitaktivitäten und deren Erreichbarkeit mit verschiedenen Verkehrsmitteln sind im lokalen, regionalen oder überregionalen Kontext allerdings sinnvoll.

Insgesamt zeigt sich, dass bei der Zielgruppe der Neubürger aufgrund der Änderung des gewohnheitsmäßigen Mobilitätskontextes gute Potenziale bestehen, durch eine persönliche Ansprache auf eine nachhaltige Mobilität hinzuwirken sowie Hemmnisse und subjektive Wahrnehmungen abzubauen bzw. aufzubrechen. Der Erfolg ist allerdings auch immer an bestimmte Rahmenbedingungen gekoppelt, die es bei der Erstellung persönlich zugeschnittener Maßnahmen für Neubürger zu berücksichtigen gilt: So sind beispielsweise Kenner der Region München besser über lokale und regionale Mobilitätsangebote informiert und haben andere Informationsbedürfnisse als Personen, die von außerhalb in die Region ziehen und über kein bis geringes Vorwissen zu den verschiedenen Mobilitätsangeboten verfügen. Bei diesen Personenkreisen sind die Potenziale zu Verhaltensänderungen auch am höchsten zu bewerten. Daneben verlangen auch die sehr detaillierten Informationswünsche für ein Neubürgerpaket nach einer individualisierten Herangehensweise.

7 Konzeptionelle Vorschläge zur Umsetzung eines Regionalen Neubürgerpakets

Da die Verkehrsprobleme nicht an den Gemeindegrenzen haltmachen, ist zur Verbesserung der regionalen Verkehrsverhältnisse zu prüfen, ob konkrete Mobilitätsmanagementmaßnahmen, die bereits erfolgreich auf lokaler Ebene umgesetzt und etabliert wurden, im regionalen Maßstab ebenfalls Erfolge erzielen können. So belegen die Ergebnisse der vorliegenden Arbeit, dass die Möglichkeiten zur Übertragung von Mobilitätsmanagementmaßnahmen auf die regionale Ebene noch nicht vollkommen ausgeschöpft sind. Dies trifft auch auf den Maßnahmenbereich Neubürgerpaket zu. Da bisher kein gesamtstrategischer Ansatz zur Umsetzung eines Regionalen Neubürgerpakets in den Metropolregionen Deutschlands existiert und es an konzeptionellen Überlegungen fehlt, werden im Folgenden Empfehlungen zur Einbindung und Umsetzung eines Regionalen Neubürgerpakets in organisatorischer, institutioneller und konzeptioneller Hinsicht gegeben und ihre Vor- und Nachteile diskutiert.

Der Maßnahmenbereich Regionales Neubürgerpaket in der Anwendung bedeutet konkret, dass eine regional abgestimmte flächendeckende Überprüfung von Potenzialen zur Umsetzung eines Neubürgerpakets in den einzelnen Gemeinden einer Region anhand struktureller Rahmenbedingungen erfolgt. Die konkrete Umsetzung eines Neubürgerpakets findet dann auf Gemeindeebene statt, zunächst in Form von Pilotprojekten. Dabei ist zu beachten, dass der Begriff „Region" keine eindeutigen Aussagen hinsichtlich seiner Abgrenzung zulässt. Deshalb müssen für Maßnahmen im regionalen Maßstab entsprechende Gebietsabgrenzungen im Vorfeld festgelegt werden. Da sich die nachfolgenden konzeptionellen Überlegungen auf die Planungsregion München als Kernraum der Metropolregion München konzentrieren, wird als räumlicher Maßstab auch die Planungsregion betrachtet.

Für die Umsetzung eines Regionalen Neubürgerpakets sind grundsätzlich folgende wesentliche Punkte zu berücksichtigen:

▶ auf landes- und regionalplanerischer Ebene sind geeignete Organisationsstrukturen sowie formelle und informelle Instrumente zur Integration des Maßnahmenfelds zu prüfen;

▶ auf gemeindlicher Ebene sind zunächst im Rahmen von Pilotprojekten konzeptionelle Vorschläge, organisatorische und institutionelle Verantwortlichkeiten sowie Wirkungen der Maßnahme zu untersuchen, die dann als Grundlage für die Erweiterung der Maßnahme auf die gesamte Region dienen. Gegebenenfalls ist zu prüfen, wie die Maßnahme in bereits vorhandene Aktivitäten für Neubürger eingebunden werden kann.

Die folgenden Ausführungen stellen zunächst Grundvoraussetzungen für die strategische Planung eines Regionalen Neubürgerpakets dar und erläutern, welche Rahmenbedingungen für die Umsetzung der Maßnahme wichtig sind. Darauf aufbauend, werden konzeptionelle Vorschläge für die Planungsregion München vorgestellt und geklärt, welche Aufgaben hier das Land, die Träger der Regionalplanung oder die staatliche Mittelinstanz (Regierung) übernehmen und welche Rolle das Regionalmanagment auf Landkreisebene und die Gemeinden spielen können. Daran anschließend werden relevante Akteure und deren Beitrag zur Umsetzung eines Neubürgerpakets auf gemeindlicher Ebene dargestellt und konzeptionelle Vorschläge für eine Pilotanwendung in ausgewählten Gemeinden gemacht.

7.1 Rahmenbedingungen zur Umsetzung der Maßnahme

Die Einführung und Umsetzung eines Regionalen Neubürgerpakets ist an verschiedene Faktoren gekoppelt. Wichtig ist zunächst, neben dem Projektanlass auch Ziele bezogen auf die verkehrliche Entwicklung zu formulieren sowie die organisatorischen Rahmenbedingungen abzuklären.

7.1.1 Projektanlass

Eine wichtige Voraussetzung für die Umsetzung eines Regionalen Neubürgerpakets ist, dass in Politik und Verwaltung und/oder von öffentlicher Seite eine Handlungsnotwendigkeit zur Verbesserung der regionalen Verkehrsverhältnisse erkannt wird. Diese Handlungsnotwendigkeit entsteht in der Regel aus einer Problemwahrnehmung bzw. einem bestimmten Problemdruck heraus.

▶ **Problemwahrnehmung in Politik und Verwaltung:** Häufig entsteht eine Handlungsnotwendigkeit zur Verbesserung der Verkehrsverhältnisse vor dem Hintergrund regionaler oder gemeindlicher Verkehrsprobleme, wie z.B. Verkehrsüberlastungen im Straßenverkehr. Aber auch verkehrliche Ziel- und Grundsatzformulierungen in übergeordneten Plänen und Programmen (s. Kap. 4.3.5) geben Politik und Verwaltung häufig Anlass, einen Diskussions- und Problemlösungsprozess zu starten.

▶ **Individuelle/öffentliche Problemwahrnehmung:** Ein Handlungsdruck kann auch aus einem individuellen bzw. öffentlichen Problembewusstsein heraus entstehen (z.b. von seiten bürgerschaftlicher Interessengruppen). Die Aussagen der Interviewteilnehmer im Rahmen der Neubürgerbefragung (s. Kapitel 6) zeigen allerdings auch, dass die Mehrheit der befragten Neubürger die durch den Kfz-Verkehr verursachten Verkehrsprobleme in den Umlandgemeinden für gering erachten. Es ist zu vermuten, dass diese Problemsicht bei einem Großteil der Bürger in den Umlandgemeinden ähnlich ausfällt, da sich in diesen Räumen die Verkehrslasten in der Regel „lediglich" auf bestimmte Zeiten und Straßenabschnitte konzentrieren und diese aus subjektiver Sicht weniger Probleme verursachen (z.b. Staus, Lärmbelästigung) als beispielsweise in den Großstädten.

Vor Einführung eines Regionalen Neubürgerpakets gilt es deshalb, neben Politik und Verwaltung auch die Problemsicht der Bürger zu schärfen. Dies kann beispielsweise im Rahmen von Versammlungen, Initiativen oder Arbeitsgruppen auf den unterschiedlichen räumlichen Ebenen geschehen, um einen Sensibilisierungsprozess hinsichtlich regionaler Verkehrsprobleme zu starten. Dies soll dazu beitragen, in Politik und Verwaltung sowie bei den Bürgern eine breite Akzeptanz verkehrlicher Maßnahmen, wie dem Regionalen Neubürgerpaket zur Verbesserung der regionalen Verkehrsverhältnisse, zu schaffen.

7.1.2 Zielformulierung

Erst wenn gegenwärtige oder zukünftige Verkehrsprobleme erkannt werden, kann davon ausgegangen werden, dass über konkrete Projekte zur Reduzierung der regionalen Verkehrsprobleme, wie das Regionale Neubürgerpaket, auf regionaler oder gemeindlicher Ebene nachgedacht wird.

Dabei ist es zunächst wichtig, den Maßnahmenbereich Neubürgerpaket in eine regionale Strategie oder ein lokales Handlungskonzept bzw. -programm einzubinden. Aus Regions- oder Gemeindesicht kann das Ziel bezogen auf ein Neubürgerpaket beispielsweise lauten: „Mit dem Neubürgerpaket sorgen wir in unserer Region/unserer Gemeinde für eine bessere Information unserer Neubürger und leisten damit einen wichtigen Beitrag zu einer nachhaltigen Mobilität. Ziel ist es, dass viele Personen umweltfreundlich mobil sind." Der Nutzen gebündelter Mobilitätsinformationen in einem Neubürgerpaket besteht für eine Region oder Gemeinde darin, dass ihre neu zuziehenden Bürger dazu motiviert werden, bewusster über Mobilitätsalternativen in ihrem neuen Wohnkontext nachzudenken und dadurch veranlasst werden, häufiger umweltfreundliche Verkehrsmittel zu nutzen bzw. weiterhin umweltfreundlich mobil zu sein. Darüber hinaus können durch die Maßnahme das Image der Region oder Gemeinde verbessert und Kosten (z.B. für den Bau neuer Straßeninfrastruktur) gesenkt werden. Weitere wichtige Argumente sind neben dem gesellschaftlichen Nutzen (z.B. durch die Verbesserung der Verkehrsverhältnisse) auch individuelle Vorteile der Nutzung umweltfreundlicher Verkehrsmittel (z.B. gesundheitliche Gründe, Sicherheitsaspekte oder die Erhöhung der Lebensqualität).

Mit der Formulierung von Zielen, die mit dem Neubürgerpaket erreicht werden sollen (Prozessumsetzung sowie Wirkung der Maßnahme), werden auch wichtige Grundlagen für die spätere Erfolgskontrolle festgelegt. Dazu sind Indikatoren und Verfahren festzulegen, um den Erfolg der Maßnahme im Rahmen des späteren Monitorings und der Evaluation zu überprüfen (s. Kap. 7.3.4).

7.1.3 Institutionalisierung

Für die Umsetzung eines Regionalen Neubürgerpakets lässt sich aufgrund der unterschiedlichen Institutionalisierung der Regionalplanung in den einzelnen Bundesländern keine idealtypische Organisationsstruktur festlegen. Grundsätzlich wird die Organisation der Regionalplanung unterschieden nach:

▶ der staatlich organisierten Regionalplanung (Behördenmodell), bei der Behörden (z.B. Regierungspräsidien) die Trägerschaft der Regionalplanung übernehmen und

▶ der kommunal verfassten Regionalplanung (Verbandsmodell), bei dem ein eigenständiger Planungsverband als Träger der Regionalplanung gebildet wird.

Je nach Institutionalisierung regionaler Aufgaben kann die regionale Ebene deshalb in unterschiedlicher Weise zur Vorbereitung und Umsetzung eines Regionalen Neubürgerpakets beitragen. So können Verbände, die über einen operativen Geschäftsbereich verfügen (z.B. der Verband Region Stuttgart), verkehrliche Projekte, wie das Regionale Neubürgerpaket, vorbereiten und umsetzen. Verbände, denen kein operativer Geschäftsbereich zur Umsetzung von verkehrlichen Maßnahmen zur Verfügung steht (z.B. dem Regionalen Planungsverband München), müssen die Umsetzung hingegen den kreisfreien Städten, Landkreisen und gegebenenfalls den Gemeinden überlassen.

Für Regionen ohne operative Aufgaben müssen deshalb alternative Wege der Maßnahmenumsetzung überprüft werden. Grundsätzlich wird empfohlen, in zwei Richtungen zu agieren, d.h. die übergeordneten Instanzen (Landes- oder Regionalplanung) geben in ihren formellen Programmen und Plänen (Landesentwicklungsprogramm, Regionalplan) die angestrebten verkehrlichen Ziele vor und ergänzen diese um konkrete Mobilitätsmanagementmaßnahmen. Die Initiative zur Umsetzung eines Regionalen Neubürgerpakets kommt aus dem Landkreis oder der Gemeinde selbst und beruht damit auf dem Freiwilligkeits- bzw. Bottom-up-Prinzip. Dies hat den Vorteil, dass das Projekt in der Regel die notwendige Unterstützung durch die beteiligten Akteure erhält. Die Landes- oder Regionalplanung kann neben der formellen Verankerung des Maßnahmenbereichs die Kommunen bzw. Landkreise bei der konkreten Umsetzung des Projekts unterstützen, z.B. im Rahmen von Regionalmanagement-Initiativen oder Beratungsangeboten (s. Kap. 7.2.1).

7.2 Umsetzung der Maßnahme in der Planungsregion München

Die folgenden Ausführungen zur Umsetzung eines Regionalen Neubürgerpakets konzentrieren sich vor dem Hintergrund der Ausrichtung der Arbeit auf die Planungsregion München als Kern der Metropolregion München. Zunächst werden dazu im Folgenden die institutionellen Rahmenbedingungen in der Region überprüft und geklärt, welche Aufgaben von den verschiedenen Verwaltungsebenen übernommen werden können. Dabei geht es nicht darum, neue Organisationsmodelle zu schaffen, beispielsweise in Anlehnung an den Verband Region Stuttgart, sondern darum, die vorhandenen Strukturen zu nutzen. Dies hat den Vorteil, dass zeitliche Verzögerungen bei der Projektumsetzung, beispielsweise durch den Aufbau neuer Strukturen und Netzwerke, minimiert werden.

7.2.1 Akteure auf den verschiedenen Verwaltungsebenen

Nachfolgend wird dargestellt und diskutiert, welche Aufgaben seitens der Verwaltung auf Landes-, Regions-, Landkreis- und Gemeindeebene zur Umsetzung eines Regionalen Neubürgerpakets in der Planungsregion München übernommen werden können und welche Instrumente dafür geeignet sind. Dabei ist festzuhalten, dass das Thema Verkehr zum Teil auf verschiedene Ressorts verteilt ist.

▶ **Landesplanung:** Für die Landesplanung ist in Bayern das Bayerische Staatsministerium für Wirtschaft, Infrastruktur, Verkehr und Technologie (StMWIVT) zuständig. Neben den klassischen Instrumenten, wie der Erstellung des Landesentwicklungsprogramms mit Festlegung von (verkehrlichen) Zielen und Grundsätzen, setzt die Landesplanung in jüngerer Vergangenheit vermehrt auf informelle Instrumente, um regionale Kräfte zu bündeln sowie das Selbstbewusstsein und die Identität einer Region zu stärken. Zu diesen informellen und umsetzungsorientierten Instrumenten zählt z.B. das Regionalmanagement. Hierbei geht es im Wesentlichen um den Aufbau regionaler, fachübergreifender

Netzwerke in den Landkreisen und kreisfreien Städten, um dadurch die Selbsthilfekräfte einer Region zu stärken sowie konkrete Projekte zu entwickeln und umzusetzen. Daneben stellt die Unterstützung bei Finanzierungs- und Fördermöglichkeiten eine wichtige Aufgabe des Regionalmanagements dar (StMWIVT 2010; ARL 2005: 942f). Unterstützt wird das Regionalmanagement in fachlicher Hinsicht durch das Fachreferat für Teilraumkonzepte, Regionalmanagement und grenzüberschreitende Zusammenarbeit. Die Landesplanung kann im Rahmen des Regionalmanagements auf diese Weise regionale Initiativen unterstützen. Um die Interessen der beteiligten Akteure zu koordinieren, wirkt sie zum Teil auch als Moderator und Mediator (StMWIVT 2010).

▶ **Regierungen:** Bei den Regierungen stehen Regionsbeauftragte zur Verfügung, die ebenfalls ein Neubürgerpaket voranbringen bzw. unterstützen können. Hierzu stehen bei den Regierungen sogenannte „Beauftragte für Regionalmanagement und Regionalinitiativen" den Regionalmanagement-Initiativen fachlich zur Seite und helfen bei der Akquirierung von Fördermitteln. In der Planungsregion München sind die entsprechenden Mitarbeiter bei der Regierung von Oberbayern die zuständigen Ansprechpartner (Regierung von Oberbayern 2010).

▶ **Regionalplanung:** Aufgabe der Regionalplanung ist primär die Erstellung und Fortschreibung der formellen Regionalpläne, die aus dem Landesentwicklungsprogramm entwickelt werden. In der Planungsregion München ist der Regionale Planungsverband München (RPV) für die Aufstellung des Regionalplans zuständig. Wie bereits dargestellt, wird der Themenbereich „Verkehrsmanagement/Mobilitätsmanagement" unter einer eigenen Kapitelüberschrift im Regionalplan genannt, die dort aufgeführten Maßnahmen beziehen sich aber im Wesentlichen auf den Ausbau von Infrastrukturen. Dennoch unterstreicht die Aufnahme des Mobilitätsmanagements auf formeller Planebene dessen Bedeutung als ein Handlungsfeld zur Reduzierung regionaler Verkehrsprobleme. Da im Regionalen Planungsverband alle Landkreise, kreisfreien Städte und kreisangehörigen Gemeinden als Mitglieder vertreten sind, kann diese Plattform genutzt werden, bereits vorhandene Neubürgeraktivitäten vorzustellen, um so den Wissens- bzw. Erfahrungsaustausch auf dieser Ebene zu fördern. Regionalkonferenzen, die von seiten des RPV organisiert werden, bisher aber nur in unregelmäßigen Abständen durchgeführt wurden, sollten zusätzlich als regelmäßige Austauschplattform genutzt werden. Zusätzlich kann der Planungsverband Äußerer Wirtschaftsraum München (PV) den Landkreisen, Städten und Gemeinden der Planungsregion München beratend zur Seite stehen, beispielsweise bei der Umsetzung eines Regionalen bzw. gemeindlichen Neubürgerpakets. Eine finanzielle Förderung von Projekten ist auf dieser Ebene nicht möglich. Vor dem Hintergrund der Bestrebungen, die Regionalplanung mehr in Richtung der Verwirklichung von Projekten zu entwickeln (im Sinne der Regionalentwicklung), könnte in Zukunft eventuell auch auf dieser Ebene eine stärkere Umsetzungsorientierung erfolgen (Höhnberg/Jacoby 2011).

▶ **Landkreise und kreisfreie Städte:** Landkreise und kreisfreie Städte initiieren häufig regionale Entwicklungsprozesse, um zu einer Stärkung der Region beizutragen. Dazu zählen oftmals auch Themen aus dem Bereich der Mobilität bzw. nachhaltigen Mobilitätsabwicklung. Wesentlich für die Initiierung eines Neubürgerpakets in den Gemeinden eines Landkreises ist dabei die Unterstützung durch politische Gremien bzw. die Landräte auf Landkreisebene und die Sicherung der finanziellen Unterstützung. Die Finanzierung kann beispielsweise im Rahmen des Regionalmanagements erfolgen (s. Kap. 7.2.4).

▶ **Kleinere Städte und Gemeinden:** Auch in kleineren Städten und Gemeinden finden sich Aktivitäten zur Förderung einer nachhaltigen Mobilitätsabwicklung der Bürger. In der Planungsregion München haben vereinzelt Gemeinden ein Neubürgerpaket initiiert und umgesetzt (s. Kap. 4.3.6.2), um damit beispielsweise gegenwärtige und zukünftige Verkehrsleistungen im MIV zu reduzieren. Mit der Umsetzung eines Neubürgerpakets können diese Gemeinden auch eine Vorbildfunktion gegenüber anderen Gemeinden übernehmen. Auf dieser Ebene ist analog zu den Landkreisen und kreisfreien Städten eine Unterstützung beispielsweise durch die Bürgermeister der Gemeinden wichtig. Die Finanzierung kann auf unterschiedliche Weise erfolgen, beispielsweise durch Festsetzung eines Etats im Gemeindehaushalt oder andere Fördermittel (s. Kap. 7.2.4).

Insgesamt hat die Umsetzung eines Regionalen Neubürgerpakets im Rahmen des Regionalmanagements von seiten der Landesplanung den Vorteil, dass so den interessierten Landkreisen und kreisfreien Städten ein fachlicher und finanzieller Rahmen geboten wird, in dem (mobilitätsrelevante) Projekte umgesetzt werden können. Die zuständigen Ansprechpartner beim StMWIVT und den Regierungen stellen dabei wichtige Unterstützer dar.

Im Vergleich zur Landesplanung oder den Regierungen kann die Regionalplanung in der Planungsregion München bisher weniger in personeller, organisatorischer und finanzieller Hinsicht auf Projekte einwirken bzw. diese fördern. Die Ebene der Regionalplanung ist deshalb vor allem als Austauschplattform zu verstehen, die das Thema Regionales Neubürgerpaket zusätzlich im Rahmen der formellen Planfestlegungen weiter forcieren kann.

Insgesamt gibt es von seiten der verschiedenen räumlichen Verwaltungsebenen unterschiedliche Möglichkeiten, die Umsetzung eines Regionalen Neubürgerpakets in der Planungsregion München zu unterstützen. Im Wesentlichen erscheinen nachfolgende zwei Varianten in Bayern bzw. der Planungsregion München sinnvoll und realisierbar, vorausgesetzt, von seiten der Landkreise bzw. Gemeinden besteht das Interesse, ein Neubürgerpaket federführend umzusetzen:

▶ **Variante 1 – Umsetzung auf Landkreisebene im Rahmen des Regionalmanagements:** Die Umsetzung eines Regionalen Neubürgerpakets mit hilfe informeller Instrumente wie dem Regionalmanagement ist insbesondere vor dem Hintergrund der Schwäche der Regionalplanung in der Planungsregion München (vor allem im Hinblick auf finanzielle Fördermöglichkeiten und operative Tätigkeiten) sinnvoll. Die staatlichen Instanzen in Form der Landesplanung sowie der Regierung sollten dabei als unterstützende Institutionen zur Einführung eines Regionalmanagements auftreten, während das operative Geschäft in den Landkreisen erfolgen sollte, die wiederum zusammen mit dem Regionalmanagement die Gemeinden bei der Umsetzung unterstützen. Landkreise, die bereits über Regionalmanagement-Initiativen verfügen, sollten prüfen, inwieweit Maßnahmen im Bereich der Mobilität und speziell ein Neubürgerpaket im Rahmen der Initiative zusätzlich zu realisieren sind. Für alle übrigen Landkreise sollte zunächst ein Regionalmanagement eingerichtet werden. Die Realisierung einzelner Projekte erfolgt dann auf Gemeindeebene.

▶ **Variante 2 – Umsetzung auf Gemeindeebene:** Die Umsetzung eines Neubürgerpakets erfolgt wie in Variante 1 auf Gemeindeebene. Die Initiative kommt von seiten der Gemeinde, die ihr Neubürgerpaket allerdings in einer abgestimmten Weise, beispielsweise mit den Nachbargemeinden, umsetzt. Um dem Anspruch eines Regionalen Neubürgerpakets gerecht zu werden, erfolgen ein überörtlicher Austausch und eine überörtliche Abstimmung auf Ebene des Landes, der Region oder des Landkreises. Dazu können die bereits erwähnten Plattformen genutzt werden. Da die Umsetzung auf Gemeindeebene stattfindet, ohne in einen übergeordneten Rahmen (im Sinne eines Regionalmanagements) eingebunden zu sein, ist die Finanzierung der Maßnahme sicherzustellen, beispielsweise durch Festsetzung der finanziellen Mittel im gemeindlichen Haushalt.

Der Vorteil von Variante 1 besteht darin, dass eine intensive fachliche und finanzielle Unterstützung erfolgt. Die Umsetzung eines Regionalen Neubürgerpakets sollte deshalb in Bayern bzw. der Planungsregion München im Rahmen von Regionalmanagement-Initiativen erfolgen, da hier bereits vielfältige Erfahrungen vorliegen (Regierung von Oberbayern 2010) und eine fachliche sowie eine (allerdings zeitlich begrenzte) finanzielle Unterstützung gewährleistet ist. Auch ist es sinnvoll, dass im Rahmen des Regionalmanagements Projekte unterschiedlicher Handlungsfelder umgesetzt werden. Dadurch lassen sich Synergien mit anderen Projekten nutzen, um das Neubürgerpaket als integrativen Teil einer regionalen bzw. gemeindlich abgestimmten Strategie zu etablieren.

Der Vorteil von Variante 2 besteht darin, dass eine in der Regel schnellere Umsetzung eines Neubürgerpakets möglich ist, da die Einrichtung eines Regionalmanagements an bestimmte Förderrichtlinien gebunden ist und damit einen zeitlichen Mehraufwand bedeutet. Dies trifft allerdings nur dann zu, sofern die Maßnahme nicht in bereits vorhandene Regionalmanagement-Initiativen eingebunden werden kann.

Insgesamt lassen sich beide Varianten in der Planungsregion München umsetzen. Daneben sind bereits etablierte regionale Strukturen (z.b. Regionalkonferenz des RPV, Regionalkonferenz Mobilitätsmanagement der EMM) oder auch Initiativen und Netzwerke (z.b. die Inzell-Initiative oder der Verein Europäische Metropolregion München) mit ihren themenbezogenen Arbeits- und Projektgruppen als zusätzliche Austauschplattform zu verstehen und zu nutzen.

7.2.2 Organisation

Abbildung 45 stellt eine mögliche Projektorganisation für die Umsetzung eines Neubürgerpakets zunächst für Variante 1 im Rahmen des Regionalmanagements dar. Dabei ist zu beachten, dass beim Regionalmanagement in der Regel mehrere Handlungsfelder fokussiert werden, innerhalb derer verschiedene, im Vorfeld definierte Projekte, über einen bestimmten Zeitraum realisiert werden. Ein Neubürgerpaket kann deshalb als eines von mehreren Projekten im Handlungsfeld Mobilität verstanden werden. Der Prozess auf Landkreisebene bzw. Gemeindeebene von der Leitbilddefinition über Zielformulierungen, Entwicklung von Projektideen bis hin zur Priorisierung bestimmter Projekte wird im Folgenden nicht näher fokussiert. Vielmehr konzentrieren sich die nachfolgenden Ausführungen auf die Umsetzung eines Pilotprojekts auf gemeindlicher Ebene.

Für Variante 1 wird davon ausgegangen, dass das Regionalmanagement auf Landkreisebene angesiedelt wird und vor Ort vertreten ist. Dazu wird auf Landkreisebene beim Landratsamt beispielsweise eine Stabsstelle für das Regionalmanagement eingerichtet, die durch folgende Organisationsstrukturen unterstützt wird:

▶ **Lenkungsgruppe Regionalmanagement:** Strategisch und fachlich wird das Regionalmanagement von einer Lenkungsgruppe begleitet, die sich beispielsweise aus Vertretern des StMWIVT und der Regierung von Oberbayern sowie dem Landrat, Bürgermeistern, dem Regionalmanager und lokalen, fachbezogenen Akteuren zusammensetzt. Aufgabe der Lenkungsgruppe ist vor allem die Beratung der Gemeinden bei der Umsetzung von Projekten im Allgemeinen und dem Neubürgerpaket im Speziellen. Darüber hinaus ist sie für das Monitoring zuständig. Die Lenkungsgruppe trifft sich zweimal jährlich zum Austausch über die Projektfortschritte und entwickelt gegebenenfalls neue Projektideen.

Für die Umsetzung eines Neubürgerpakets im Rahmen des Regionalmanagments sollten auf gemeindlicher Ebene bestehende Netzwerke oder Arbeitsgruppen genutzt werden. Ist dies nicht möglich, sollten eine Steuerungsgruppe und eine Arbeitsgruppe Neubürgerpaket eingerichtet werden:

Abb. 45 Projektorganisation

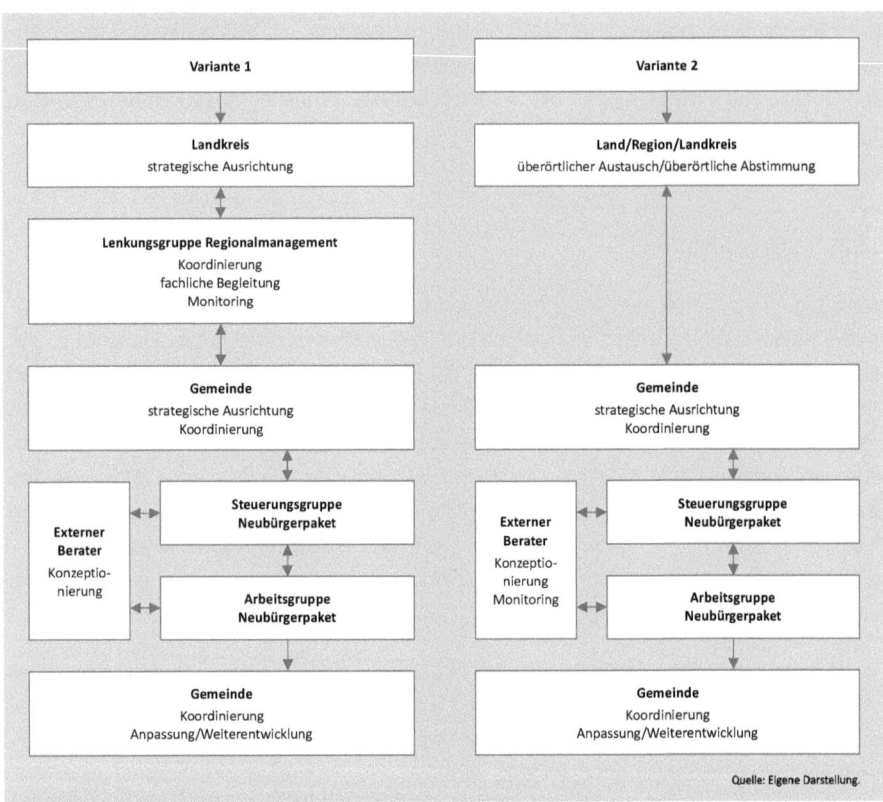

Quelle: Eigene Darstellung.

▶ **Steuerungsgruppe Neubürgerpaket:** In der Steuerungsgruppe Neubürgerpaket sind die Mitarbeiter der betroffenen Fachressorts der Gemeindeverwaltung (Verkehr, Einwohnermeldeamt) vertreten, die sich alle zwei Monate treffen und beispielsweise festlegen, wie das Projekt Neubürgerpaket in vorhandene Verwaltungsstrukturen und -prozesse eingebunden werden kann und wie sich die interne Projektorganisation gestaltet, z.B. hinsichtlich der Aufgabenverteilung bzw. Bereitstellung von Ressourcen.

▶ **Arbeitsgruppe Neubürgerpaket:** Die Arbeitsgruppe Neubürgerpaket dient der Vernetzung und des Austauschs der zu beteiligenden Akteure und setzt sich neben einzelnen

Vertretern der Steuerungsgruppe Neubürgerpaket aus Personen aus dem Bereich des Öffentlichen Verkehrs sowie Mitgliedern von Fahrrad- und Fußgänger- bzw. Car Sharing-Organisationen und sonstigen vom Neubürgerpaket betroffenen Institutionen zusammen. Die Arbeitsgruppe trifft sich während der Umsetzung einmal pro Monat. Aufgrund des in der Regel fehlenden Know-hows und der zeitlichen Verfügbarkeit auf Verwaltungsebene ist die Einbindung eines externen Beraterteams sinnvoll, das die Konzeptionierung eines Neubürgerpakets übernimmt und auch bei den Projektgruppensitzungen teilnimmt.

Für Variante 2 gilt, dass die dargestellte Organisation in Form einer Steuerungs- und Arbeitsgruppe auch möglich ist, ohne dass das Projekt in ein Regionalmanagement eingebunden werden muss. An der Organisation ändert sich im Vergleich zu Variante 1 lediglich, dass eine Einbindung der Landkreisebene eine untergeordnete Rolle spielt. Im Gegensatz zu Variante 1 muss der fachliche Input stärker von seiten des externen Beraterteams erfolgen.

7.2.3 Akteursumfeld

Die Akteure, die speziell mit dem Projekt Neubürgerpaket in Berührung kommen (s. Kap. 2.3.4) und in die genannten Organisationsstrukturen als Projektpartner eingebunden werden sollten, sind ebenfalls im Vorfeld zu erheben, je nach Variantenauswahl entweder im Rahmen des Regionalmanagements von seiten der Lenkungsgruppe (Variante 1) oder von seiten der gemeindlichen Steuerungsgruppe (Variante 2). Daneben sind bereits vor Umsetzung der Maßnahme die Interessen und Ziele der Akteure festzuhalten, um zu verhindern, dass sich wichtige Partner bereits vor Projektumsetzung zurückziehen, wenn ihre Ziele nicht hinreichend berücksichtigt werden. Nachfolgend werden dazu wichtige Akteure aufgeführt, die neben der Verwaltung als Projektpartner auf den verschiedenen räumlichen Ebenen zu beteiligen sind. Dazu zählen Institutionen aus der Wirtschaft, Politik sowie Verbände und Vereine:

▶ **Wirtschaft:** Vor allem aus fachlicher Sicht ist die Einbeziehung von Akteuren aus der Wirtschaft mit verkehrlichen Berührungspunkten sinnvoll. Zu den Akteuren zählen vor allem die Verkehrsverbünde und -unternehmen, aber auch Mobilitätsdienstleister wie Car Sharing-Unternehmen, ortsansässige Firmen sowie externe Berater. In der Regel verfolgen sie primär das Ziel, finanzielle Gewinne zu erzielen. Die Verbesserung der Verkehrsverhältnisse wird dabei häufig als positiver Nebeneffekt bei der Außendarstellung genutzt. Auch für das positive Image spielt der projektbezogene Erfolg der Maßnahme für den jeweiligen Akteur eine wichtige Rolle. In der Planungsregion München ist der MVV als Verkehrsverbund ein wichtiger Akteur, zusätzlich sind die regionalen Verkehrsunternehmen zu beteiligen, da sie den größten Anteil an Kunden im Bereich des Öffentlichen Verkehrs akquirieren. Als Mobilitätsdienstleister des Öffentlichen Verkehrs verfügen sie neben dem notwendigen Know-how auch über die entsprechenden finanziellen Mittel zur Verbreitung und Vermarktung ihrer Mobilitätsdienstleistungen. Daneben sind Car Sharing-Unternehmen zu involvieren, sofern auf Landkreis- bzw. Gemeindeebene entsprechende Angebote zur Verfügung stehen. Da gerade der Pendlerverkehr in starkem Maße zu den gemeindlichen und regionalen Verkehrsproblemen beiträgt, ist eine effiziente Abwicklung der Arbeitswege für Unternehmen, insbesondere größere Firmen, von Bedeutung, da die privaten Umzüge ihrer Mitarbeiter häufig mit einem Arbeitsplatzwechsel verbunden sind. Deshalb ist zu prüfen, inwieweit eine Beteiligung sinnvoll ist. Darüber hinaus spielen beratende Institutionen eine wichtige Rolle, wenn abzusehen ist, dass bestimmte Prozesse der Projektumsetzung nicht verwaltungsintern geleistet werden können, sei es in fachlicher oder auch personeller Hinsicht.

▶ **Verbände und Vereine:** Verkehrsbezogene Verbände und Vereine sind ebenfalls wichtige Akteure. Hierzu zählen z.b. der VCD, der ADFC oder der Fußgängerschutzverein FUSS e.V.. Sie vertreten in der Regel die Interessen umweltfreundlich mobiler Personenkreise und setzen sich je nach Verband bzw. Verein für die Förderung des Öffentlichen Verkehrs, Fahrrad- oder Fußverkehrs ein. Für die Umsetzung eines Regionalen Neubürgerpakets in der Planungsregion München ist deshalb zu prüfen, welche der genannten Verbände und Vereine auf Gemeinde- bzw. Landkreisebene aktiv sind. Daneben spielen bürgerschaftliche Vereinigungen wie Bürgerinitiativen eine wichtige Rolle, da sie in der Regel über das ortsbezogene und/oder fachliche Know-how verfügen.

▶ **Politik:** Die Entscheidung zur Umsetzung von Projekten wird häufig von politischen Gremien getroffen, wie der Stadtratsbeschluss der Landeshauptstadt München zur Umsetzung eines Regionalen Neubürgerpakets bereits gezeigt hat. Die Politik (dazu zählen z.B. Parteien, Bürgermeister) treffen beispielsweise regional- oder kommunalpolitische Entscheidungen über die Umsetzung und Förderung verkehrlicher Maßnahmen wie die Einführung und Umsetzung eines Regionalen Neubürgerpakets. Die Unterstützung und Autorisierung der Maßnahme durch die politische Ebene trägt deshalb auch maßgeblich zu dessen Erfolg bei.

Insgesamt kommen neben der Verwaltung als federführende Organisation eine Vielzahl von Akteuren aus Wirtschaft, Politik sowie Verbänden und Vereinen mit dem Projekt in Berührung. Dabei ist zu beachten, dass je nach lokalen Gegebenheiten weitere Akteure eine Rolle spielen können.

7.2.4 Erstellung eines Finanzierungskonzepts

Die Finanzierung der Maßnahme stellt eine wichtige Grundvoraussetzung dar, um die Projektumsetzung sicherzustellen. Dabei stehen den Landkreisen und Gemeinden verschiedene Finanzierungsmöglichkeiten zur Verfügung. Zu den wesentlichen zählen:

▶ **Öffentliche Förderung und Forschung:** Öffentliche Fördermittel stehen auf Ebene der Europäischen Union, des Bundes, der Länder oder der Kommunen zur Verfügung. Auf Landesebene werden z.b. Fördergelder im Rahmen des Regionalmanagements des Staatsministeriums zur Verfügung gestellt. Denkbar ist auch, dass die Landkreise oder Gemeinden den direkten Kontakt zu Forschungsinstitutionen (z.b. Universitäten) suchen, um beispielsweise an Forschungsprojekten teilzunehmen und damit Fördermittel zu akquirieren.

▶ **Eigenmittel:** Die Finanzierung des Projekts kann auch über Eigenmittel aus dem kommunalen Haushalt erfolgen. Dazu sind entsprechend für Verkehrsmaßnahmen im Allgemeinen und einem Neubürgerpaket im Speziellen Finanzmittel im kommunalen Haushalt vorzusehen.

▶ **Sponsoring:** Für ein Neubürgerpaket bietet sich ebenfalls die Finanzierung über Sponsoring an. Dies kann beispielsweise in Form von finanziellen Zuschüssen, der Bereitstellung von Dienstleistungen oder Sachmitteln erfolgen. So können die Mobilitätsdienstleister (MVV, regionale Verkehrsunternehmen) für das Neubürgerpaket kostenlos Informationen zur Verfügung stellen und/oder Anreize anbieten (z.b. ein Schnupperticket für den Öffentlichen Verkehr bereitstellen). Auch kann eine Teilfinanzierung durch lokale Unternehmen und Institutionen erfolgen.

Die langfristige Finanzierung der Maßnahme ist eine zentrale Stellgröße zur erfolgreichen Umsetzung eines Neubürgerpakets. Deshalb sind Schwierigkeiten bei der Umsetzung, die sich vor allem aufgrund knapper finanzieller Mittel ergeben, im Vorfeld möglichst auszuschließen. Dies trifft insbesondere dann zu, wenn die Finanzierung nur zeitlich begrenzt ist, wie im Rahmen des Regionalmanagements. Hier sind bereits im Vorfeld zusätzliche bzw. alternative Finanzierungswege sicherzustellen.

Für Bayern bzw. die Planungsregion München sind alle Formen der Finanzierung zu prüfen, vor allem aber die finanzielle Unterstützung durch das Regionalmanagement. Für die langfristige Sicherung der Projektumsetzung ist darüber hinaus die Festsetzung von Mitteln in den gemeindlichen Haushalten zu gewährleisten.

7.2.5 Leitfaden zur Auswahl von Gemeinden und Zielgruppen

Zur Umsetzung eines Regionalen Neubürgerpakets sind zunächst Informationen zur Auswahl von Gemeinden und einer möglichen Eingrenzung der Zielgruppe notwendig. Derartige Informationen sind derzeit für dieses Handlungsfeld nicht verfügbar. Eine Ausdifferenzierung von potenziellen Gemeinden ist bisher nur im Rahmen des Regionalen Neubürgerpakets für die Region München bekannt. Hier wurden zur Auswahl von Gemeinden für eine Pilotanwendung die Indikatoren ÖPNV-Qualität, Zuzügler, Auspendler nach München und Herkunft außerhalb der Region herangezogen und ein Indexwert gebildet (Kipp 2007). Allerdings fehlt bislang ein Leitfaden, der den Landkreisen oder Gemeinden Hinweise gibt, inwiefern ein Neubürgerpaket erfolgreich umgesetzt werden kann. Die nachfolgenden Ausführungen sind deshalb als Vorschlag zu verstehen, der von einer übergeordneten Instanz, in diesem Fall der Landesentwicklung (Variante 1), entsprechend ausgearbeitet werden sollte. Er dient dann auf Landkreis- bzw. Gemeindeebene als Leitfaden für die Umsetzung von Projekten, die Neubürger fokussieren. Für Variante 2 gilt ebenfalls, dass der Leitfaden von seiten des Landes oder der Region ausgearbeitet wird und den Gemeinden als Hilfestellung dient.

7.2.5.1 Gemeindetypisierung

Grundlage des Leitfadens ist eine erste strukturelle Analyse gemeindlicher Rahmenbedingungen. Dazu sind wesentliche Handlungsfelder (Verkehrsstruktur und -entwicklung, Bevölkerungsentwicklung) zu betrachten, die für die Einbeziehung einer Gemeinde in das Regionale Neubürgerpaket von Bedeutung sind. Die Analyse erfolgt vor dem Hintergrund der zentralörtlichen Funktion der jeweiligen Gemeinde, da die Höhe der Zentralitätsstufe Aussagen zur Anzahl bzw. zum Angebot an Gütern und Dienstleistungen sowie zur verkehrlichen Infrastrukturausstattung zulässt. Dadurch ergeben sich erste Hinweise auf Potenziale zur erfolgreichen Umsetzung eines Neubürgerpakets. Zu analysieren sind:

▶ **Gegenwärtige Verkehrsstruktur (Schnellbahn mit Bahnhof):** Alternative Mobilitätsangebote zum motorisierten Individualverkehr sind eine wesentliche Voraussetzung, um Neubürger als (Neu-)Kunden dieser Dienstleistungen zu gewinnen bzw. als Kunden zu binden. Da der Öffentliche Verkehr bei der täglichen Mobilitätsabwicklung im Umland im Vergleich zu den anderen umweltfreundlichen Mobilitätsformen am häufigsten genutzt wird, wird als wesentlicher Faktor zur Analyse der Verkehrsstruktur die Angebotsqualität, d.h. die Existenz von Bahnhöfen des Schnellbahnnetzes auf dem jeweiligen Gemeindegebiet, herangezogen. Zu den Schnellbahnen zählen dabei die schienengebundenen Verkehrsmittel im Öffentlichen Personennahverkehr (S-Bahn, U-Bahn sowie Regionalzug). Bahnhöfe werden dabei im Folgenden mit Haltepunkten gleichgesetzt. Der gemeindliche Anschluss an das Schnellbahnnetz eröffnet zunächst die Möglichkeit, besonders leistungsfähige öffentliche Verkehrsmittel zu nutzen. Dabei ist einschränkend zu berücksichtigen, dass durch die Bahnhöfe des Schnellbahnnetzes nicht notwendigerweise alle Gemeindeteile gleich gut erschlossen sind und damit die Erschließungsqualität innerhalb einer Gemeinde variieren kann. Auch gibt es vereinzelt Gemeinden, die über keinen Bahnhof des Schnellbahnnetzes verfügen, dieser aber beispielsweise in unmittelbarer Nähe auf dem Gebiet der Nachbargemeinde liegt.

▶ **Gegenwärtige Verkehrsentwicklung (Pkw je 1.000 Einwohner):** Als ein wesentlicher Indikator für die Verkehrsentwicklung gibt die Pkw-Dichte Aufschluss über den privaten Motorisierungsgrad in den Gemeinden einer Region. Bei einer hohen privaten Motorisierung kann davon ausgegangen werden, dass die Verkehrsleistung entsprechend ansteigt. Eine hohe Pkw-Dichte deutet ebenfalls auf erhebliche Verlagerungspotenziale auf umweltfreundliche Verkehrsmittel hin.

▶ **Vergangene Bevölkerungsentwicklung (Zuzüge der vergangenen 5 Jahre):** Einen wesentlichen Einfluss auf die Bevölkerungsentwicklung haben Zuzüge. Die absolute Anzahl von Neubürgern, die in der Vergangenheit in die jeweilige Gemeinde gezogen sind, gibt zum einen Aufschluss über die Anzahl potenziell erreichbarer bzw. anzusprechender Haushalte im Rahmen der Neubürgeraktion. Zum anderen gibt sie einen ersten Hinweis auf den möglichen Aufwand zur Umsetzung eines Neubürgerpakets. Die absolute Anzahl der neu zuziehenden Bürger wird dabei über einen Zeitraum der vergangenen fünf Jahre gemessen, um kurzfristige Zuwanderungseffekte auszuschließen.

▶ **Prognostizierte Bevölkerungsentwicklung (Zuzüge im Jahr 2025):** Bevölkerungsprognosen und speziell die prognostizierte Zahl an Zuzügen zeigen darüber hinaus, ob auch in Zukunft in den jeweiligen Städten und Gemeinden mit Zuzügen zu rechnen ist und damit die Umsetzung eines Neubürgerpakets sinnvoll ist. Dazu werden die absoluten Zuzüge im Jahr 2025 herangezogen, da nur hierzu Daten zur Verfügung stehen. Je nach Datenlage sind allerdings kürzere Zeiträume für die zukünftigen Zuzüge heranzuziehen, da längerfristige Prognosezeiträume mit erhöhten Unsicherheiten verbunden sind.

Die gegenwärtige Verkehrsentwicklung, die Zuzüge der vergangenen fünf Jahre sowie die zukünftigen Zuzüge in der Planungsregion München wurden bereits in Kapitel 4 dargestellt (s. Abb. 10, 11, 12). Auf Grundlage dieser Analyse wird im Folgenden ein Klassifizierungsschema zur Typisierung der Gemeinden entwickelt, da hierzu bisher wissenschaftlich fundierte und praxistaugliche Grundlagen fehlen. Eine Typisierung ist auch deshalb notwendig, da aufgrund der Vielzahl und Heterogenität der Gemeinden eine einfache Abschätzung von

Potenzialen zur flächendeckenden Einführung eines Neubürgerpakets nicht möglich ist. Die aufgeführten Indikatoren werden als Bewertungsgrundlage herangezogen (s. Abb. 46).

Abb. 46 Gewichtung der Bewertungskriterien

Bewertungskriterien	Skalierung	Bewertungsmaßstab	Gewichtung	Wert (Bewertungsmaßstab x Gewichtung)
Schnellbahn mit Bahnhof (mindestens 1 Haltepunkt, auch Gemeinden mit Anschluss an Straßenbahn)		Grundeignung		
Pkw je 1.000 Einwohner (absolut, Stichtag 31.12.2009)	447 - 500	1 = sehr niedrig		1
	501 - 550	2 = niedrig		2
	551 - 600	3 = mittel	1	3
	601 - 650	4 = hoch		4
	651 - 844	5 = sehr hoch		5
Zuzüge (absolut, Zeitraum 2004 - 2009)	36 - 250	1 = sehr niedrig		1
	251 - 500	2 = niedrig		2
	501 - 1.000	3 = mittel	1	3
	1.001 - 1.500	4 = hoch		4
	1.501 - 4.212	5 = sehr hoch		5
Zuzüge (absolut, je 1.000 Einwohner im Jahr 2025)	50 - 60	1 = sehr niedrig		1
	61 - 70	2 = niedrig		2
	71 - 80	3 = mittel	1	3
	81 - 90	4 = hoch		4
	90 - 117	5 = sehr hoch		5

Quelle: Eigene Darstellung.

Die Skalierung der Bewertungskriterien ist im Vorfeld sinnvoll abzustufen. Diese richtet sich nach den jeweiligen Rahmenbedingungen vor Ort und kann sich nur an subjektiven Maßstäben orientieren. Im vorliegenden Fall werden die Skalierungen auf Grundlage der Analyse der Rahmenbedingungen übernommen. Den Bewertungskriterien werden entsprechende Bewertungsmaßstäbe und Gewichtungen zugeordnet. Da die Existenz alternativer Mobilitätsdienstleistungen (hier: Anschluss an das Schnellbahnnetz des Öffentlichen Verkehrs) als entscheidendes Kriterium zur Förderung einer umweltgerechten Mobilität angesehen wird, wird dieser Indikator als Grundeignung vorausgesetzt. Die drei weiteren Indikatoren erhalten bei der hier vorgenommenen beispielhaften Berechnung eine einfache Gewichtung von 1. Die Bewertungsmaßstäbe werden anschließend mit dem Gewichtungsfaktor multipliziert. Die Ergebniswerte der drei Indikatoren werden zu einem Indexwert addiert, der für den vorliegenden Fall zwischen 3 (Minimalwert) und 15 (Maximalwert) liegt. Hieraus werden insgesamt drei Gemeindetypen abgeleitet. Von einer weiteren Differenzierung ist abzusehen, da der Leitfaden zunächst einen Überblick über Potenzialgemeinden liefern soll. Eine genauere Betrachtung der Rahmenbedingungen vor Ort sollte auf Grundlage dieses Leitfadens zusätzlich erfolgen.

Da für die prognostizierten Zuzüge nur Werte für Gemeinden ab einer Größe von 5.000 Einwohnern vorliegen, können für kleinere Gemeinden keine Aussagen getroffen werden. Da aber Bevölkerungsprognosen für die Landkreise in der Planungsregion München für die Zukunft durchweg positive Bevölkerungsentwicklungen voraussagen, kann davon ausgegangen werden, dass dies auch für alle Gemeinden zutrifft, die weniger als 5.000 Einwohner haben.

Die Gemeinden werden entsprechend ausgewählt nach ihrer Lage am ÖV-Schnellbahnnetz (hier ausnahmsweise auch Gemeinden mit Anschluss an die Trambahn) und unterschieden nach Gemeinden mit hohen, mittleren und geringen Potenzialen:

▶ **Städte und Gemeinden mit hohen Potenzialen:** Indexwerte zwischen 11 und 15 bedeuten, dass in diesen Städten und Gemeinden hohe Potenziale zur Umsetzung eines Neubürgerpakets bestehen. Neben einem Haltepunkt des Schnellbahnnetzes finden sich hier hohe Pkw-Dichten und eine hohe Anzahl von neu zuziehenden Bürgern, sowohl in der Vergangenheit als auch in der Zukunft. Bei den 15 der insgesamt 185 Städten und Gemeinden in der Planungsregion München mit sehr guten Potenzialen zur Einführung eines Neubürgerpakets handelt es sich um Städte und Gemeinden mit höherer zentralörtlicher Funktion (Mittelzentrum, Siedlungsschwerpunkt) (s. Abb. 47 und 48). Sie verfügen im Durchschnitt über 1,8 Schnellbahnhaltestellen und zeichnen sich durch eine mittlere hohe Pkw-Dichte sowie eine hohe Anzahl von Zuzüglern (Vergangenheit und Zukunft) aus.

▶ **Städte und Gemeinden mit mittleren Potenzialen:** Indexwerte zwischen 7 und 10 bedeuten, dass in diesen Städten und Gemeinden mittlere Potenziale zur Einführung eines Neubürgerpakets bestehen. Zwar verfügen sie als Grundeignung ebenfalls über mindestens einen Haltepunkt des Schnellbahnnetzes, die Pkw-Dichten bzw. Anzahl der Neubürger (vergangene und zukünftige Entwicklungen) liegen aber im mittleren Bereich. Die 41 Städte und Gemeinden der Planungsregion München mit mittleren Potenzialen zeichnen sich dadurch aus, dass hier alle Zentralitätsstufen vertreten sind. Vereinzelt zählen hierzu auch Städte und Gemeinden ohne Zentralitätsstufe. Im Durchschnitt verfügt jede Stadt bzw. Gemeinde über 1,6 Schnellbahnhaltestellen. Die drei verschiedenen Indikatoren liegen jeweils durchschnittlich im mittleren Bereich.

Abb. 47 Klassifizierungsschema zur Potenzialabschätzung eines Neubürgerpakets

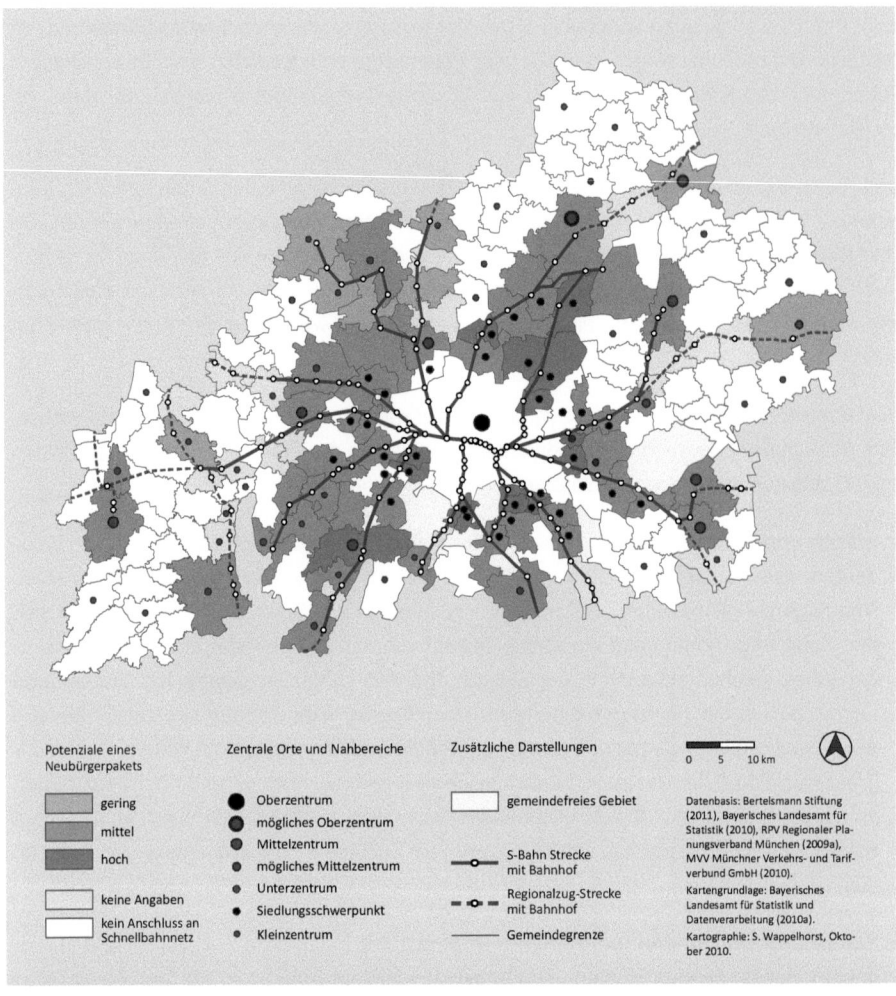

▶ **Städte und Gemeinden mit geringen Potenzialen:** Indexwerte zwischen 3 und 6 weisen darauf hin, dass in diesen Städten und Gemeinden die Potenziale zur Umsetzung eines Neubürgerpakets eher gering sind, auch wenn es sich um Städte und Gemeinden handelt, die über mindestens einen Haltepunkt des Schnellbahnnetzes verfügen. Bei den acht Städten und Gemeinden mit geringen Potenzialen zur Einführung eines Neubürgerpakets handelt es sich um ein Mittelzentrum sowie ein mögliches Mittelzentrum, Unterzentren, Kleinzentren sowie Gemeinden ohne Zentralitätsstufe. Die Pkw-Dichte sowie die Anzahl der in den letzten fünf Jahren zugezogenen Neubürger liegen durchschnittlich im niedrigen Bereich, die Zuzüge für die Zukunft werden insgesamt sehr niedrig prognostiziert.

Abb. 48 Städte und Gemeinden mit hohen Potenzialen zur Umsetzung eines Neubürgerpakets

Gemeinde	Pkw je 1.000 Einwohner (31.12.2009)	Wert	Zuzüge (absolut 2004-2009)	Wert	Zuzüge je 1.000 Einwohner (absolut 2025)	Wert	Index
Garching b. München	565	3	1.634	5	100	5	13
Hallbergmoos	760	5	929	3	95	5	13
Ottobrunn	632	4	1.829	5	90	4	13
Feldkirchen	639	4	630	3	95	5	12
Gräfelfing	675	5	1.078	4	78	3	12
Grünwald	844	5	990	3	90	4	12
Planegg	673	5	898	3	87	4	12
Pullach i.Isartal	778	5	708	3	87	4	12
Starnberg	634	4	1.862	5	79	3	12
Unterföhring	613	4	996	3	91	5	12
Unterhaching	591	3	2.116	5	81	4	12
Unterschleißheim	604	4	2.113	5	76	3	12
Haar	517	2	1.873	5	83	4	11
Ismaning	688	5	1.106	4	69	2	11
Neubiberg	455	1	1.795	5	117	5	11
	Wert (Pkw je 1.000 Einwohner) +		Wert (Zuzüge 2004-2009) +		Wert (Zuzüge je 1.000 Einwohner) =		Index

Quelle: Eigene Darstellung.

Das Klassifizierungsschema am Beispiel der Planungsregion München (s. Abb. 48, ohne Gewichtungsfunktion) zeigt, dass die strukturellen Rahmenbedingungen in den Gemeinden sehr unterschiedlich sind, aber in fast einem Drittel der Gemeinden sehr gute oder zumindest mittlere Potenziale (bezogen auf die analysierten Strukturmerkmale) zur erfolgreichen Umsetzung eines Neubürgerpakets bestehen.

Insgesamt bleibt festzuhalten, dass das vorgestellte Klassifizierungsschema zur Gemeindetypisierung einen wichtigen Orientierungsrahmen zur Potenzialabschätzung eines Neubürgerpakets auf Gemeindeebene bietet. Aufgrund der angesprochenen Heterogenität der Städte und Gemeinden sind im Einzelfall die jeweiligen Rahmenbedingungen vor Ort noch einmal genauer zu prüfen, z.b. ob weitere Mobilitätsdienstleistungen alternativ zum Schnellbahnnetz (z.b. Busverbindungen ins Zentrum Münchens) vorhanden sind bzw. angeboten werden. Dies gilt in der Planungsregion München insbesondere für die Randgemeinden der Landeshauptstadt München, die über keinen Anschluss an das Schnellbahnnetz verfügen und wo die Potenziale zur Umsetzung eines Neubürgerpakets aufgrund des Klassifizierungsschemas gering sind. Auch ist zu berücksichtigen, dass bestimmte Gemeinden zwar über keine Haltestelle des Schnellbahnnetzes verfügen, sich aber eine in unmittelbarer Nähe auf dem Gebiet der Nachbargemeinde befindet.

7.2.5.2 Zielgruppendefinition

Eine genaue Definition der anzusprechenden Zielgruppe der Neubürger zielt darauf ab, abgestimmte Mobilitätsdienstleistungen zu entwickeln, die wiederum der Kundengewinnung bzw. -bindung dienen. Ob diese dann im weiteren Verlauf genutzt werden, muss im Einzelfall geprüft werden.

Da Neubürger keine merkmals- und verhaltenshomogene Gruppe darstellen, wie die Analyse in Kapitel 6 gezeigt hat, ist vor Umsetzung der Maßnahme zu prüfen, ob eine weitere Segmentierung der Neubürger sinnvoll ist, um maßgeschneiderte Informationspakete bereitstellen zu können. Auch hier sind analog zur Gemeindetypisierung unterschiedliche Segmentierungsansätze möglich, die ebenfalls von der Lenkungsgruppe Regionalmanagement als gemeinsame Handlungs- und Umsetzungsgrundlage im Vorfeld festgelegt werden. Anhand der vorangegangenen Analyseergebnisse (s. Kap. 6) lassen sich unterschiedliche Neubürgercluster ableiten, mit entsprechenden Handlungsempfehlungen für die Informationsbereitstellung während der Intervention.

Eine Möglichkeit der weiteren Segmentierung besteht darin, anhand des alten Wohnortes, der im Meldeschein angegeben werden muss, Rückschlüsse auf die Kenntnis der Gemeinde/der Region abzuleiten. So zeigen die Analyseergebnisse, dass beispielsweise Kenner der Region München andere Mobilitätswünsche haben als Personen, die die Region vor ihrem Umzug nicht kannten. Allerdings lässt der alte Wohnort nicht notwendigerweise Rückschlüsse auf die Kenntnis der Gemeinde/der Region zu, da der Haushalt auch schon zu einem frühen Zeitpunkt in der Region gewohnt haben kann. Auch können Wissensunterschiede bei den verschiedenen Personen eines Haushalts auftreten. Zu unterscheiden sind aber vor allem auf Grundlage der eigenen Erhebungen:

▶ **Kenner der Gemeinde/Region:** Diese Personen kennen sich bereits gut in der Gemeinde/Region aus, da sie bereits zu einem früheren Zeitpunkt hier gelebt haben oder häufig zu Besuch waren. Sie haben in der Regel weniger Informationsbedarf, weil sie sich gut mit den Mobilitätsdienstleistungen auskennen. Die Informationsbereitstellung kann sich beispielsweise auf nicht umfassende Detailinformationen zu den verschiedenen Angeboten umweltfreundlicher Mobilitätsdienstleister konzentrieren.

▶ **Nichtkenner der Gemeinde/der Region:** Sie kennen sich nicht gut oder gar nicht in der Gemeinde bzw. der Region aus. Sie haben aufgrund des vergleichsweise geringeren Wissenstandes in der Regel auch einen höheren Informationsbedarf, weil sie sich in ihrem neuen Wohnumfeld noch nicht gut bis gar nicht auskennen. Diesen Personenkreisen sind differenziertere Informationen zu den verschiedenen Mobilitätsangeboten vor Ort und in der Region zur Verfügung zu stellen.

Eine weitere Möglichkeit besteht darin, eine Segmentierung anhand des Informationswunsches einerseits sowie der Absicht zur Verhaltensänderung in Richtung der Nutzung alternativer Verkehrsmittel andererseits vorzunehmen (s. Kap. 3 und 6). Darüber hinaus macht es einen Unterschied, ob bereits umweltfreundliche Verkehrsmittel genutzt werden, d.h. bestimmte erwünschte Verhaltensweisen nach einem Umzug bereits gezeigt werden, oder ob die Verkehrsteilnehmer motiviert bzw. überzeugt werden müssen, umweltfreundliche Verkehrsmittel zu nutzen. Allerdings können diese Daten nicht anhand des Meldescheins gewonnen werden. Hier ist eine zusätzliche Informationsbeschaffung von seiten der Gemeinden notwendig. Dies kann im Rahmen des Anmeldeprozesses – mit einer direkten Ansprache (Befragung) – erfolgen, um zum einen zu gewährleisten, dass diese Informationen ohne Zeitverzögerung zur Verfügung stehen, und zum anderen, um einen breiten Nutzerkreis anzusprechen. Eine schriftliche Erhebung dieser Daten kann allerdings nicht nur zu einer Zeitverzögerung führen, sondern auch in einem verminderten Rücklauf münden. Alternativ ist auch eine telefonische Kontaktaufnahme der Gemeinden bzw. der durchführenden Organisation zur Abfrage der Zusatzinformationen möglich, dazu muss aber eine Abfrage der Telefonnummer im Rahmen des Anmeldeprozesses erfolgen. Im Rahmen dieser Primärerhebung sind folgende Sachverhalte für jede Person des Haushalts abzufragen:

▶ Personen im Haushalt, Geschlecht und Geburtsjahr, um jede Person im Haushalt getrennt zu erfassen und spezifische Informationen bereitstellen zu können;

▶ Kenntnis der Region (ja oder nein), um herauszufinden, ob sich die Personen bereits gut in ihrem Umfeld auskennen;

▶ Nutzungshäufigkeit des Öffentlichen Verkehrs, des Rad- oder Fußverkehrs sowie des Autos am neuen Wohnort, um herauszufinden, ob es sich bei den Personen bereits um regelmäßige Nutzer alternativer Verkehrsmittel zum Auto handelt, deren Verhalten bestärkt werden muss, oder ob es sich um unregelmäßige Nutzer handelt, die motiviert bzw. überzeugt werden müssen, häufiger umweltverträgliche Verkehrsmittel zu nutzen;

▶ Zeitkartenbesitz, um festzustellen, ob dem Haushalt beispielsweise ein Schnupperticket für den Öffentlichen Verkehr zur Verfügung gestellt wird oder nicht;

▶ Absicht, am neuen Wohnort häufiger Verkehrsmittel des Umweltverbunds nutzen zu wollen, um eine Verhaltensabsicht zu ermitteln;

▶ Informationsbeschaffung in Bezug auf umweltfreundliche Verkehrsmittel, um das Interesse an Mobilitätsinformationen zu ermitteln;

▶ Informationswünsche, um die Wünsche zu den verschiedenen Mobilitätsangeboten zu ermitteln;

▶ Art der gewünschten Informationsbereitstellung (per Post, persönlich, via Internet), um dem Aspekt der freiwilligen Verhaltensänderung gerecht zu werden und die Verkehrsteilnehmer in ihren Wünschen hinsichtlich der Mediennutzung zu respektieren. Auch kann so dem Vorurteil, dass es sich bei der Maßnahme möglicherweise um eine Bevormundung handelt, entgegengewirkt werden.

Entsprechend der Angaben lassen sich unterschiedliche Neubürgercluster segmentieren, für die maßgeschneiderte Interventionsmaßnahmen vorzubereiten sind. Diese Vorgehensweise berücksichtigt den Sachverhalt, dass ein Umzug zwar zu einem Aufbruch gewohnheitsmäßiger Mobilitätsmuster führen kann, dies aber in der Konsequenz nicht notwendigerweise zu einem veränderten Mobilitätsverhalten führen muss. Drei Neubürgercluster können hier unterschieden werden (s. Kap. 3.2):

▶ **Aufgeschlossene Neubürger:** Hierbei handelt es sich um Personen, die nach dem Umzug die Absicht oder das Interesse äußern, sich aufgrund des veränderten Mobilitätskontextes mit ihrem Mobilitätsverhalten auseinanderzusetzen bzw. dieses zu verändern. Sie haben die Absicht oder das Interesse, häufiger den Umweltverbund zu nutzen und haben sich dazu bereits Informationen eingeholt. Für Interventionen bieten sich gute Anknüpfungspunkte die darauf abzielen, das Mobilitätsverhalten zu verändern, da die Verhaltensabsicht zeigt, dass Personen grundsätzlich nicht abgeneigt sind und Interesse haben, beispielsweise alternative Verkehrsmittel zum Auto zu nutzen. Konkret sind neben Informationen zu den verschiedenen Mobilitätsangeboten auch Anreize zur Verfügung zu stellen, beispielsweise in Form von Testtickets für den Öffentlichen Verkehr oder Gutscheinen für Fahrradläden, um die Selbstverpflichtung zur beabsichtigten Verhaltensänderung am neuen Wohnort zu bestärken.

▶ **Umweltfreundlich mobile Neubürger:** Diese Personen zeichnen sich dadurch aus, dass sie bereits regelmäßig alternative Verkehrsmittel nutzen, wobei zu unterscheiden ist zwischen den verschiedenen Verkehrsmitteln des Umweltverbunds. Da die Motivlagen der Nutzung nicht abgefragt werden, d.h. es unbekannt ist, ob es sich um „captive drivers" oder „captive riders" handelt, ist die Stabilisierung des Mobilitätsverhaltens umso wichtiger. Interventionsmaßnahmen sind deshalb darauf auszurichten, das erwünschte Verhalten zu stabilisieren bzw. zu bestärken. Als Maßnahmen sind Präsente oder Belohnungen für umweltfreundliches Mobilitätsverhalten bereitzustellen, beispielsweise in Form von Geschenken mit Bezug zu den genutzten Verkehrsmitteln. Haushalten, die bestimmte Verkehrsmittel des Umweltverbunds nicht regelmäßig nutzen, sind ebenfalls Anreize zur Nutzung des Öffentlichen Verkehrs, Fahrrad- oder Fußverkehrs zur Verfügung zu stellen.

▶ **Desinteressierte Neubürger:** Trotz eines Wohnstandortwechsels haben Individuen nicht die Absicht, ein von außen festgestelltes, fehlangepasstes Verhalten zu verändern, d.h. häufiger alternative Verkehrsmittel zum Auto zu nutzen. Sie zeichnen sich dadurch aus, dass sie regelmäßig mit dem Auto fahren, wobei die Motivlagen der Autonutzung sehr unterschiedlich sein können und von mangelnden Informationen über alternative Verkehrsmittel bis hin zu nicht vorhandenem Problembewusstsein (z.B. die Ansicht, dass die alleinige Nutzung des Autos negative Auswirkungen auf die Umwelt hat) reichen können. Diese Personen sind nicht an Informationen zu umweltverträglichen Verkehrsmitteln interessiert und befinden sich nach dem Transtheoretischen Modell (s. Kap. 3.2.2.2) in der sogenannten Kontemplationsphase. Sie können auch als „schwer therapierbar" oder „unmotiviert" bezeichnet werden. Interventionsmaßnahmen sind entsprechend schwierig umzusetzen. Hier sind den Haushalten Basisinformationen zur Verfügung zu stellen, beispielsweise zur effizienteren Nutzung des Autos (z.B. Hinweis auf Fahrgemeinschaftsportale, Car Sharing-Organisationen), um einen Prozess der Problemwahrnehmung einzuleiten. Sowohl die theoretischen Modelle als auch die eigenen Untersuchungen haben gezeigt, dass das Problembewusstsein bei Verhaltensänderungen eine entscheidende Rolle spielt. Nur wenn ein Problem von Individuen als solches erkannt wird, kann ein Problemlösungsprozess eingeleitet werden. Interventionen sind deshalb auch auf einer kollektiven Ebene anzusetzen, beispielsweise in Form von Sensibilisierungskampagnen. Dabei ist allerdings zu berücksichtigen, dass Personen, die im städtischen Kontext wohnen, in der Regel ein höheres Problembewusstsein haben als Umlandbewohner, da die durch den Autoverkehr verursachten Verkehrsprobleme in der Regel in den Umlandbereichen weniger offensichtlich sind. Insofern ist hier die Einleitung eines Problemwahrnehmungsprozesses deutlich schwieriger. Es muss deshalb vermieden werden, dass auf Verkehrsprobleme aufmerksam gemacht wird, die als solche nicht wahrnehmbar sind, und ein entsprechendes gegenteiliges Verhalten beim Verkehrsteilnehmer ausgelöst wird. Bei der kollektiven und individuellen Ansprache ist neben den negativen Konsequenzen des Autoverkehrs (Luftverschmutzung, Staus) auch auf die positiven persönlichen Auswirkungen des Zufußgehens oder Radfahrens aufmerksam zu machen (z.b. gesundheitsfördernde Wirkung).

Insgesamt lässt sich festhalten, dass es unterschiedliche Möglichkeiten gibt, Neubürger weiter zu segmentieren. Der Vorteil besteht darin, dass individuellere Informationen bereitgestellt werden können. Damit steigt allerdings auch der Aufwand im Rahmen der Implementierung. Aufgrund der im Vergleich zu den Großstädten geringeren Anzahl von Zuzüglern wird deshalb vorgeschlagen, zunächst im Rahmen der Pilotprojekte alle Neubürger gleichermaßen anzusprechen. Dies erleichtert Abläufe bei der konkreten Umsetzung der Maßnahme, auch wenn dadurch Wirkungsverluste aufgrund der weniger individualisierten Ansprache zu vermuten sind. Bei der späteren Ausweitung des Neubürgerpakets auf die Region ist im Einzelfall zu prüfen, ob eine der oben beschriebenen Segmentierungen sinnvoll und realisierbar ist. Der hier vorgestellte Leitfaden gibt dazu die entsprechenden Hinweise.

7.3 Umsetzung von Pilotprojekten

Die Umsetzung eines Pilotprojekts in ausgewählten Gemeinden der Planungsregion München soll zunächst zeigen, inwieweit die Maßnahme auch erfolgreich in den Umlandgemeinden eines Metropolkerns umgesetzt werden kann. Dazu wird nachfolgend das Kampagnendesign für eine Pilotanwendung vorgestellt sowie auf dessen inhaltliche Ausgestaltung eingegangen, das auch auf andere Regionen übertragen werden kann.

7.3.1 Kampagnendesign

Das Kampagnendesign wird von einem externen Berater mit entsprechenden Fachkenntnissen bezüglich der Einführung und Umsetzung von Neubürgerpaketen entwickelt. Dabei ist zu beachten, dass das Konzept einfach in die vorhandenen Verwaltungsabläufe zu integrieren ist und umfangreiche Datenerhebungen (z.B. von Telefonnummern), sowohl aus zeitlichen als auch aus finanziellen Gründen, zu vermeiden sind. Dabei wird in Kauf genommen, dass möglicherweise Wirkungsverluste aufgrund der weniger individuellen bzw. persönlichen Ansprache (wie dies z.B. in der Landeshauptstadt München geschieht) zu verzeichnen sind.

Das Kampagnendesign bezieht sich dabei auf die Bereitstellung eines Neubürgerpakets, das Informationen zu den verschiedenen Mobilitätsdienstleistungen vor Ort bzw. in der Region bietet und eine besondere Art der Vermarktung bestehender Mobilitätsinformationen darstellt. Dabei gilt es im Vorfeld abzuklären, ob es bereits ähnliche Angebote in den jeweiligen Gemeinden gibt und wer dafür verantwortlich ist, um Synergien zu nutzen bzw. angebotene Neubürgeraktivitäten im Sinne einer Fokussierung auf verkehrsrelevante Themen zu modifizieren.

Abbildung 49 stellt ein standardisiertes Kampagnendesign für eine Pilotanwendung dar, dass sich an etablierten Konzepten orientiert (z.B. dem Münchner Neubürgerpaket), aber aus den genannten Gründen vereinfacht wird.

Abb. 49 Kampagnendesign für Pilotprojekte

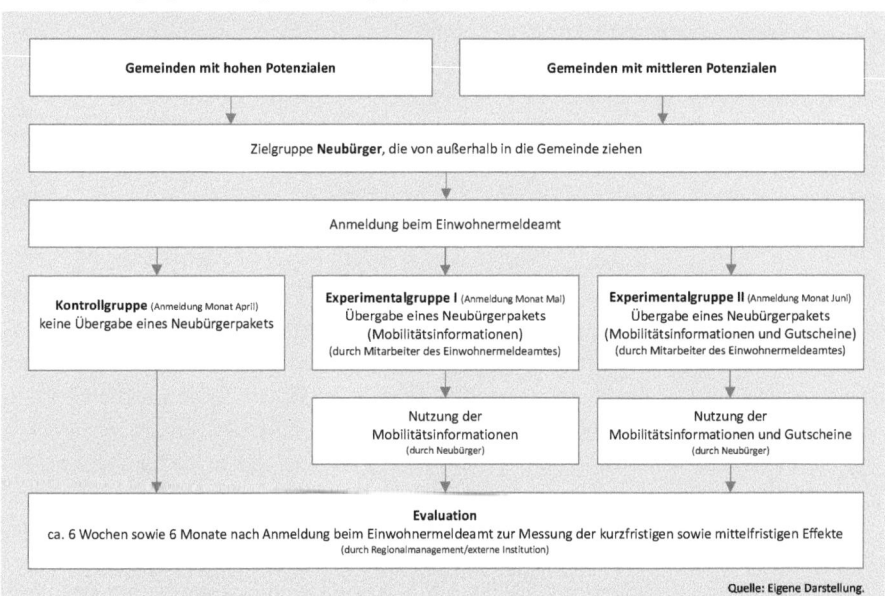

Das Kampagnendesign konzentriert sich dabei zunächst auf die Gemeinden, in denen sehr gute bzw. mittlere Potenziale zur Umsetzung eines Neubürgerpakets bestehen. Ziel ist es, durch die Bereitstellung von Mobilitätsinformationen und/oder Anreizen das Interesse bei den Neubürgern zu wecken, alternative Mobilitätsangebote zu nutzen, zu kaufen und weiterzuempfehlen bzw. Nutzer des Umweltverbunds in ihrem Verhalten zu bestärken. Das Kampagnendesign selbst dient dabei der Prüfung:

▶ ob das Kampagnendesign in den zwei verschiedenen Gemeindetypen (Gemeinden mit sehr guten sowie Gemeinden mit mittleren Potenzialen) unterschiedliche Erfolge erzielt und

▶ ob Mobilitätsinformationen ausreichen, um Verhaltensänderungen herbeizuführen, oder ob diese gekoppelt werden müssen mit Anreizen (z.b. Schnuppertickes für den ÖV oder mobilitätsrelevanten Gutscheinen weiterer umweltfreundlicher Verkehrsträger).

Dabei ergibt sich folgender Ablauf: Neubürger, die sich beim gemeindlichen Einwohnermeldeamt anmelden, bekommen persönlich ein Neubürgerpaket überreicht. Ziel sind vor allem eine zielgruppenorientierte Ansprache, eine Informationsbereitstellung ohne Streuverluste (wie dies z.b. bei Postsendungen der Fall sein kann) und eine hohe Aufmerksamkeitswirkung. Aufgrund der Anmeldemodalitäten ist die Neuanmeldung der Bürger in der Regel durch persönliche Vorsprache beim Einwohnermeldeamt notwendig. Auch wenn die Meldebehörden es teilweise gestatten, die Formulare per Post zuzusenden, müssen die Daten im Personalausweis geändert werden, was eine persönliche Vorsprache beim Amt notwendig macht. Die persönliche Anmeldung ermöglicht damit eine direkte Ansprache der Neubürger durch die Mitarbeiter des Einwohnermeldeamtes. Neben der persönlichen Ansprache ist auch denkbar, die Neubürger schriftlich zu informieren bzw. das Neubürgerpaket zuzusenden.

Insgesamt ist die Übergabe des Neubürgerpakets durch die Mitarbeiter des Einwohnermeldeamtes während des Anmeldeprozesses zu bevorzugen, da sich im Vergleich zu Postwurfsendungen Aufwand und Kosten minimieren lassen und eine zeitnahe Informationsbereitstellung gewährleistet ist. Durch die persönliche Übergabe des Neubürgerpakets beim Einwohnermeldeamt werden außerdem erste mögliche Hemmschwellen von seiten der Neubürger, sich selbst um Mobilitätsinformationen zu kümmern oder sich in der Informationsfülle zurechtzufinden, abgebaut. Vorteilhaft ist auch, dass bei Nachfrage durch die Mitarbeiter der Einwohnermeldeämter nur diejenigen ein Neubürgerpaket erhalten, die auch Interesse daran haben. Die Ergebnisse der Neubürgerbefragung haben bereits gezeigt, dass sich einige Umzügler bereits gut auskennen und keine weiteren Informationen zu den verschiedenen Mobilitätsangeboten benötigen bzw. andere Medien als Informationsquelle bevorzugen (vor allem das Internet).

Die Neubürger, die von außerhalb in eine Gemeinde ziehen, werden im Rahmen des Anmeldeprozesses in drei Gruppen unterteilt (zeitversetzt, je nach Anmeldedatum):

▶ **Experimentalgruppe I:** Sie erhält ein Neubürgerpaket mit Mobilitätsinformationen.

▶ **Experimentalgruppe II:** Sie erhält ein Neubürgerpaket mit Mobilitätsinformationen und mobilitätsrelevanten Gutscheinen verschiedener Mobilitätsdienstleister, um unter anderem zu prüfen, ob Informationen in Kombination mit Anreizen bessere Wirkungen zeigen als lediglich die Bereitstellung von Mobilitätsinformationen im Vergleich zu Experimentalgruppe I.

▶ **Kontrollgruppe:** Diese Neubürger erhalten kein Neubürgerpaket mit Mobilitätsinformationen bzw. Mobilitätsinformationen und mobilitätsrelevanten Gutscheinen. Sie dienen im Rahmen der später durchzuführenden Evaluation als Vergleichsgruppe, um zu prüfen, ob die Intervention die erwarteten Wirkungen gezeigt hat oder nicht.

Nachdem die Neubürger der beiden Experimentalgruppen ein Neubürgerpaket erhalten haben, werden die dort enthaltenen Mobilitätsinformationen und Gutscheine aus Sicht der Gemeinde vorzugsweise auch bei der Verkehrsmittelwahlentscheidung herangezogen. Eine telefonische Kontaktaufnahme mit den Neubürgern in dieser Phase ist zwar wünschenswert, um einen direkten Kontakt herzustellen und nachzufragen, ob die Informationen nützlich sind bzw. welche weiteren Informationen gewünscht werden. Diese Vorgehensweise setzt allerdings die Kenntnis der Telefonnummer voraus, die im Rahmen des Anmeldeprozesses aber nicht abgefragt wird. Bei Bedarf ist deshalb eine separate Erhebung denkbar. Da das Kampagnendesign aber möglichst einfach in den täglichen Verwaltungsablauf zu integrieren ist, ist von weiteren Abfragen zur Person bzw. zum Haushalt abzusehen, auch wenn diese Vorgehensweise die Wirksamkeit der Maßnahme erhöhen würde (ISB/Bamberg 2009).

Das Pilotprojekt ist schließlich mit seinen Effekten (z.B. auf das Mobilitätsverhalten der Verkehrsteilnehmer) zu evaluieren (s. Kap. 7.3.4). Dazu ist nach Implementierung der Maßnahme eine Haushaltsbefragung zum Verkehrsverhalten nach ca. sechs Wochen durchzuführen. Da es sich bei der Zielgruppe um Haushalte handelt, deren Wohnort im Vorfeld nur mit hohem zeitlichen und finanziellen Aufwand zu eruieren wäre, ist ein Post-Test-Kontrollgruppen-Design mit retrospektiven Fragen als Evaluationsstrategie heranzuziehen. Zur Messung der mittelfristigen Effekte ist ca. sechs Monate nach Implementierung der Neubürgerhaushalt erneut zu befragen. Durchgeführt wird die Evaluation von einer externen Institution, die über das entsprechende Know-how zur Durchführung von mobilitätsrelevaten Befragungen verfügt und die je nach Organisationsstruktur entweder von seiten des Regionalmanagements (Variante 1) oder der Gemeinde (Variante 2) beauftragt wird.

Die Auslage von weiteren Mobilitätsinformationen im Einwohnermeldeamt zur Mitnahme ist ebenfalls als Ergänzung sinnvoll (s. Abb. 50), da der Anmeldeprozess zumeist mit Wartezeiten verbunden ist.

Abb. 50 Auslage von Mobilitätsinformationen beim Einwohnermeldeamt Ottobrunn

7.3.2 Inhalte und Design eines Neubürgerpakets

Ziel der Intervention ist eine möglichst effektive und kostengünstige Bereitstellung von Mobilitätsinformationen für Neubürger. Die inhaltliche Gestaltung des Neubürgerpakets stützt sich dabei im Wesentlichen auf die Analyseergebnisse in Kapitel 6. Als Basisinformationen sind auf Grundlage der Neubürgerbefragung folgende Informationen hinzuzufügen:

▶ **Informationen zum Öffentlichen Verkehr:** Hierzu zählen Fahrplanhefte der verschiedenen öffentlichen Verkehrsmittel (Bus, Tram, U-Bahn, S-Bahn). Auch sind Tarifübersichtspläne mit Tickets, Tarifgebieten und Preisen wichtige Infomationen.

▶ **Informationen zum Fahrradverkehr:** Informationen zu Radrouten, insbesondere in und im Umfeld der Gemeinde, oder Mitnahmemöglichkeiten von Fahrrädern in öffentlichen Verkehrsmitteln u.Ä. sind ebenfalls zur Verfügung zu stellen.

▶ **Anreize:** Als Anreize sind Schnuppertickets für den Öffentlichen Verkehr anzubieten. Im Bereich des Fahrradverkehrs bieten sich Gutscheine für einen Fahrradcheck oder Reparaturmöglichkeiten bei den örtlichen Fahrradhändlern an.

▶ **Ortspläne und Umgebungspläne:** Ortspläne sind ebenfalls sinnvoll, insbesondere mit Bezug zu den verschiedenen Mobilitätsangeboten vor Ort sowie den ÖPNV-, Rad- und Fußwegenetzen.

Daneben sind Ansprechpartner zu benennen, die bei Fragen telefonisch kontaktierbar sind. Dazu ist eine Person als sogenannter Mobilitätsberater bei den Gemeinden festzulegen, die bei der Verkehrsplanung angesiedelt ist und als Teilaspekt ihres Aufgabenbereichs dieses Themenfeld übernimmt. Möglich ist auch der Hinweis auf eine Mobilitätszentrale, die multimodale Themen bearbeitet, damit sich hier die Neubürger ebenfalls beraten lassen können bzw. telefonisch Informationen einholen können. Dies setzt allerdings voraus, dass eine derartige Mobilitätszentrale in der Region vorhanden ist. In der Planungsregion München existiert ein derartiges, mobilitätsübergreifendes Mobilitätsinformationscenter nicht, deshalb sind hier entsprechend Ansprechpartner bei den Gemeinden festzulegen, solange keine übergemeindliche Zentrale eingerichtet ist.

Die Übergabe der Materialien selbst kann in unterschiedlicher Form erfolgen, beispielsweise in einem Hefter, in einer Mappe oder in einer Tasche. Aus Kostengründen sind letztere beiden Varianten zu bevorzugen, da hier die Informationsmaterialien variabel verpackt werden können. Zusätzlich sollte das Internet als Plattform zur Einsicht von Mobilitätsinformationen genutzt werden können. Dies bietet den Vorteil, dass die Informationen einem breiteren Interessiertenkreis zugänglich sind. Gute Beispiele sind hier als Vorlage zu nutzen, z.B. die Internetseiten der Gemeinde Ottobrunn zum Thema Mobilität (Gemeinde Ottobrunn 2009).

7.3.3 Ressourcen

Für die Umsetzung der Maßnahme ist zu prüfen, welche Ressourcen zur Etablierung eines Neubürgerpakets zur Verfügung stehen. Dazu gehören beispielsweise:

▶ **Räumlichkeiten:** Räumlichkeiten für die Lagerung der Mobilitätsinformationen und Zusammenstellung der Neubürgerpakete müssen in der Gemeinde zur Verfügung stehen. Aber auch Räumlichkeiten für (zusätzliche) Mitarbeiter, die mit dem Projekt betraut sind.

▶ **Mitarbeiter:** Auch muss geklärt werden, welche Mitarbeiter zur Erbringung der Dienstleistung benötigt werden. Dazu zählen neben den Mitarbeitern des Einwohnermeldeamts, die die Neubürgerpakete übergeben, auch Mitarbeiter, die sich beispielsweise um aktuelle Informationen kümmern und diese dann zusammenstellen. Auch sind Mitarbeiter für die Beratung am Telefon festzulegen, die über das notwendige Wissen hinsichtlich der Mobilitätsinformationen und Anreize verfügen.

7.3.4 Monitoring und Evaluation

Die Wirkungen des Prozesses und des Projekts sind im Rahmen des Monitorings und der Evaluation zu erfassen. Dazu lassen sich im Wesentlichen zwei Gruppen von Indikatoren differenzieren:

▶ **Prozessbezogene Indikatoren**, die den Prozess des Regionalmanagements auf Landkreisebene bzw. die Prozessumsetzung auf Gemeindeebene darstellen. Dazu können unter anderem folgende Indikatoren herangezogen werden: Zahl aufgebauter Kooperationen, Vernetzung der Akteure untereinander oder durchgeführte öffentliche Informations- oder Fachveranstaltungen. Das Monitoring ist im Rahmen des Regionalmanagements von seiten des Lenkungskreises (Variante 1) oder auf Gemeindeebene von der Steuerungsgruppe (Variante 2) durchzuführen.

▶ **Projektbezogene Indikatoren**, die die Wirkungen des Projekts darstellen. Die Evaluation schätzt die Wirkung des Neubürgerpakets vor Durchführung (Ex-Ante-Evaluation), im Verlauf (Zwischenevaluation) und nach Umsetzung (Ex-Post-Evaluation) ab. Dabei ist zu beachten, dass im Rahmen des Projekts auch lediglich eine Nachher-Erhebung erfolgen kann, je nach getroffener Festlegungen und finanzieller Mittel. Die Datenqualität spielt bei der Wirkungsermittlung eine entscheidende Rolle. Dazu müssen Indikatoren definiert und abgeklärt werden, wann und wie diese methodisch erhoben werden. Die Evaluierung ist von einer unabhängigen, externen Institution durchzuführen, die über das entsprechende fachliche Know-how verfügt.

Nachfolgend wird ein Beispiel für eine Ex-Post-Evaluation vorgestellt, das im Wesentlichen das Neubürgerpaket und dessen Auswirkungen auf das Mobilitätsverhalten betrachtet (s. Abb. 51 und 52). Dabei werden bestehende Ansätze zur Evaluation von Mobilitätsmanagementmaßnahmen modifiziert (ISB 2003; Welsch/Haustein 2008). Im Einzelnen sind zu evaluieren:

▶ **Maßnahme Neubürgerpaket als Ganzes:** Hier werden Indikatoren definiert, die sich auf das Neubürgerpaket insgesamt beziehen, d.h. die Kenntnis, die Nutzung und die Zufriedenheit mit dem Neubürgerpaket als Ganzes.

▶ **Mobilitätsangebote des Neubürgerpakets:** Nicht nur die Maßnahme selbst ist von Interesse, sondern auch die Kenntnis, Nutzung und Zufriedenheit der inhaltlichen Komponenten des Neubürgerpakets, d.h. die darin enthaltenen Informationen und Anreize zu den umweltfreundlichen Mobilitätsangeboten. Wichtig ist in diesem Zusammenhang auch, dass neben der quantitativen Aufbereitung auch eine qualitative Abfrage insbesondere zum Neubürgerpaket und den darin enthaltenen Informationen erfolgt (z.B. Abfrage von Gründen zur Nutzung bestimmter Informationen oder Dienstleistungen).

Abb. 51 Kernindikatorenkonzept – Bewertung des Neubürgerpakets

Bewertungsebene	Kernindikator	"Erfolgsmaßstab" (bezogen auf Effizienz, Zeithorizont, räumlichen Geltungsbereich)	Erhebungsmethode	Erhebungszeitpunkt	Stichprobe
Maßnahme Neubürgerpaket als Ganzes	Kenntnis/Akzeptanz Kenntnisstand/ Akzeptanz des Neubürgerpakets	Anzahl/Prozent der Personen, die das Neubürgerpaket kennen bzw. bereits kannten	Steigerung des Personenanteils, der das Neubürgerpaket nach Erhalt kennt	schriftliche Befragung	1. und 2. Nacher-Erhebung	Experimentalgruppe
	Nutzung Nutzung des Neubürgerpakets	Anzahl/Prozent der Personen, die das Neubürgerpaket nutzen bzw. genutzt haben	Steigerung des Personenanteils, der das Neubürgerpaket nach Erhalt nutzt	schriftliche Befragung	1. und 2. Nacher-Erhebung	Experimentalgruppe
	Zufriedenheit Zufriedenheit bzw. Unzufriedenheit mit dem Neubürgerpaket	Anzahl/Prozent der Personen, die mit dem Neubürgerpaket zufrieden bzw. nicht zufrieden sind	Steigerung des Personenanteils, der mit dem Neubürgerpaket zufrieden ist	schriftliche Befragung	1. und 2. Nacher-Erhebung	Experimentalgruppe
Mobilitätsangebote des Neubürgerpakets	Kenntnis/Akzeptanz Kenntnisstand/ Akzeptanz der im Neubürgerpaket enthaltenen Mobilitätsangebote (Informationen/Anreize)	Anzahl/Prozent der Personen, die die jeweiligen Mobilitätsangebote kennen bzw. kannten	Steigerung des Personenanteils, der die jeweiligen Mobilitätsangebote kennt	schriftliche Befragung	1. und 2. Nacher-Erhebung	Experimentalgruppe
	Nutzung Nutzung bzw. Nichtnutzung der Mobilitätsangebote	Anzahl/Prozent der Personen, die die jeweiligen Mobilitätsangebote nutzen bzw. genutzt haben	Steigerung des Personenanteils, der die jeweiligen Mobilitätsangebote nutzt	schriftliche Befragung	1. und 2. Nacher-Erhebung	Experimentalgruppe
	Zufriedenheit Zufriedenheit bzw. Unzufriedenheit mit den angebotenen Mobilitätsangeboten	Anzahl/Prozent der Personen, die mit den jeweiligen Mobilitätsangebote zufrieden bzw. nicht zufrieden sind	Steigerung des Personenanteils, die mit den jeweiligen Mobilitätsangeboten zufrieden ist	schriftliche Befragung	1. und 2. Nacher-Erhebung	Experimentalgruppe

Quelle: Eigene Darstellung.

▶ **Auswirkungen eines Neubürgerpakets auf das individuelle Mobilitätsverhalten:** Die Auswirkungen auf das Mobilitätsverhalten sind ebenfalls zu evaluieren. Dazu zählt, wie sich das Mobilitätsverhalten kurz- und mittelfristig durch die Maßnahme verändert im Vergleich zum Mobilitätsverhalten am alten Wohnort.

Abb. 52 Kernindikatorenkonzept – Bewertung des Neubürgerpakets (Fortsetzung)

Bewertungsebene	Kernindikator	"Erfolgsmaßstab" (bezogen auf Effizienz, Zeithorizont, räumlichen Geltungsbereich)	Erhebungsmethode	Erhebungszeitpunkt	Stichprobe
Auswirkungen eines Neubürgerpakets auf das individuelle Mobilitätsverhalten — Kurzfristige Veränderung des Mobilitätsverhaltens	Kurzfristige Veränderung des Mobilitätsverhaltens aufgrund des Neubürgerpakets (Vorher-Nachher-Vergleich)	Verkehrsmittelnutzung vor/nach Umzug (Wegezweck, Häufigkeit) Wegefragen (Stich- bzw. Wochentag, Grund für Nichtmobilität, Zeit des Wegbeginns, Wegezweck, genutzte Verkehrsmittel, Ziel des Weges, Ankunftszeit)	Verringerung des Personenanteils, der alleine mit dem Pkw fährt (insgesamt/für die jeweiligen Wegezwecke) Steigerung des Personenanteils, der Fahrgemeinschaften bildet/zu Fuß geht/mit dem Fahrrad fährt (insgesamt/für die jeweiligen Wegezwecke)	schriftliche Befragung im Post-Test-Kontrollgruppen-Design mit retrospektiven Fragen Wegeprotokolle (im KONTIV-/MiD-Design)	1. Nachher-Erhebung	Experimental- und Kontrollgruppe
Auswirkungen eines Neubürgerpakets auf das individuelle Mobilitätsverhalten — Langfristige Veränderung des Mobilitätsverhaltens	Langfristige Veränderung des Mobilitätsverhaltens aufgrund des Neubürgerpakets (Vorher-Nachher-Vergleich)	Wegefragen (Stich- bzw. Wochentag, Grund für Nichtmobilität, Zeit des Wegbeginns, Wegezweck, genutzte Verkehrsmittel, Ziel des Weges, Ankunftszeit)	Verringerung des Personenanteils, der alleine mit dem Pkw fährt (insgesamt/für die jeweiligen Wegezwecke) Steigerung des Personenanteils, der Fahrgemeinschaften bildet/zu Fuß geht/mit dem Fahrrad fährt (insgesamt/für die jeweiligen Wegezwecke)	schriftliche Befragung im Post-Test-Kontrollgruppen-Design mit retrospektiven Fragen Wegeprotokolle (im KONTIV-/MiD-Design)	2. Nachher-Erhebung	Experimental- und Kontrollgruppe
Auswirkungen eines Neubürgerpakets auf das Verkehrssystem — Auswirkungen auf das Verkehrssystem	Auswirkungen eines Neubürgerpakets auf das gesamte Verkehrssystem (lokal, regional) im Vorher-Nachher-Vergleich	Veränderung Modal Split Veränderung Wegeanzahl Veränderung Wegelänge CO_2-Reduktion	Abnahme des Pkw-Anteils Zunahme des ÖV-Anteils Zunahme des Fuß-/Radanteils Stagnation der Wegezahl Verringerung der Wegelängen Verringerung des CO_2-Anteils	Messungen, Zählungen, Modellrechnungen Untersuchungen Erfahrungen aus vergleichbaren Projekten	Vor, während und nach Durchführung der Maßnahme	Experimental- und Kontrollgruppe

Quelle: Eigene Darstellung.

▶ **Auswirkungen eines Neubürgerpakets auf das Verkehrssystem:** Auch sind die Auswirkungen auf das Verkehrssystem von Interesse, auch wenn hier die Ursache-Wirkungszusammenhänge kaum auf das Mobilitätsmanagement bzw. das Neubürgerpaket zu begrenzen sind und schwer von anderen Maßnahmen zu trennen sind bzw. dessen Beitrag schwierig zu erfassen ist.

Die Erfolgsmaßstäbe je Indikator beziehen sich dabei jeweils auf die Effizienz (Input-Output-Relation, d.h. prozentuale Steigerung/Abnahme), auf einen bestimmten Zeithorizont zur Erreichung eines Ziels (d.h. bis wann soll das Ziel erreicht werden?) und den räumlichen Geltungsbereich (z.b. auf Gemeindeebene, regionaler Ebene).

7.3.5 Projektabschluss und Erweiterung auf die gesamte Region

Ziel des Projekts ist eine dauerhafte und flächendeckende Einführung eines Regionalen Neubürgerpakets in einer Region. Wesentliche Voraussetzung hierfür sind neben Pilotversuchen die (weitere) Unterstützung durch Personen auf gemeindlicher Ebene sowie die Gewährleistung der Finanzierungssicherheit.

Auf Grundlage des Monitorings und der Evaluation ergibt sich in der Regel für die verschiedenen Sachverhalte (Prozessabläufe, Maßnahmenwirkungen) ein gewisser Optimierungsbedarf. Auch ist zu prüfen, welche der Konzeptbausteine (z.B. nur Mobilitätsinformationen im Vergleich zu Mobilitätsinformationen inklusive Gutscheinen) für den Dauerbetrieb sinnvoll sind und welche Bestandteile nicht notwendig sind.

Aus organisatorischer Sicht sind sowohl auf regionaler als auch auf gemeindlicher Ebene Gremien für den Dauerbetrieb zu schaffen bzw. die genannten Gruppierungen (Lenkungsgruppe, Steuerungsgruppe) beizubehalten:

▶ **Regionale Ebene:** Hier bietet sich die Lenkungsgruppe auf Landkreisebene an, weiterhin die Koordinierung zur Fortführung des Neubürgerpakets in den Pilotgemeinden sowie zur Etablierung in anderen Gemeinden der Region zu übernehmen. Ein wichtiger Aspekt ist ebenfalls der regelmäßige Austausch der verschiedenen Akteure auf regionaler Ebene. Dazu bieten sich Netzwerke oder Initiativen an, wie in der Planungsregion München die Inzell-Initiative oder der Verein Europäische Metropolregion München.

▶ **Gemeindliche Ebene:** Auf gemeindlicher Ebene ist die Steuerungsgruppe Neubürgerpaket beizubehalten, die weiterhin die Koordinierung der Maßnahme übernimmt. Die Arbeitsgruppe der Umsetzungsphase wird dagegen nicht mehr benötigt. Die Aufgaben können von der Steuerungsgruppe übernommen werden. Zusätzlich ist zu prüfen, inwieweit durch die Etablierung von Neubürgerpaketen langfristige Erfolge in Richtung einer umweltverträglichen Verkehrsabwicklung erzielt werden können. Hier gilt es zunächst, die ersten Erfahrungen aus den Pilotprojekten zu vermitteln und positive Ergebnisse zu nutzen, um die Maßnahme langfristig auch in anderen Gemeinden als festen Bestandteil der kommunalen Verkehrspolitik zu etablieren und zu verankern.

7.4 Erfolgsfaktoren zur Umsetzung eines Regionalen Neubürgerpakets

Der Erfolg der vorgestellten Maßnahme ist an unterschiedliche Rahmenbedingungen geknüpft, die sich im Wesentlichen aus der fachlichen und theoretischen Diskussion sowie den dargestellten Befragungsergebnissen herleiten. Für den Erfolg eines Regionalen Neubürgerpakets sind folgende Aspekte zu berücksichtigen:

- **Verkehrsteilnehmer und -erzeuger informieren und sensibilisieren:** Oftmals fehlt es den verschiedenen Akteuren, die gleichzeitig auch immer Verkehrsteilnehmer und -erzeuger sind, an dem notwendigen Bewusstsein gegenüber regionalen bzw. gemeindlichen Verkehrsproblemen und deren Auswirkungen im gesellschaftlichen und individuellen Kontext. Dieses mangelnde Problembewusstsein betrifft nicht nur die Bürger, sondern auch die für die Planung und Umsetzung verantwortlichen Akteure sowie die politischen Instanzen. Deshalb sind hier unterschiedliche Informationskanäle (z.B. ein Neubürgerpaket) und (vorhandene) Netzwerke zu nutzen, um auf die Verkehrsprobleme aufmerksam zu machen.

- **Fürsprecher auf regionaler und gemeindlicher Ebene identifizieren:** Sowohl auf regionaler als auch auf gemeindlicher Ebene sind Fürsprecher notwendig, die die Maßnahme unterstützen bzw. autorisieren. Dazu sind ebenfalls entsprechende Organisationsstrukturen bzw. Gremien zu nutzen bzw. zu schaffen.

- **Personelle und finanzielle Ressourcen sichern:** Wichtig ist die finanzielle Sicherung zur langfristigen Umsetzung eines Neubürgerpakets in den Gemeinden eines Landkreises bzw. einer Region. Hier können unterschiedliche Förderprogramme und Anreizprogramme von seiten des Bundes, der Länder oder der Kommunen zusätzlich beispielsweise zu Haushaltsmitteln genutzt werden, derartige Maßnahmen umzusetzen und langfristig zu sichern.

- **Lokalspezifische Konzepte bzw. Kampagnendesigns erarbeiten:** Aufgrund der Heterogenität der Gemeinden einer Region sind spezifische Konzepte und Kampagnendesigns zu entwickeln bzw. standardisierte Vorgehensweisen, wie hier vorgestellt, im Bedarfsfall zu modifizieren. Dazu sind externe Berater, vor allem in der Pilotphase, zu beauftragen, die über das notwendige Fachwissen verfügen. Für die Umsetzung eines Neubürgerpakets in Gemeinden, die nicht an den ÖV-Achsen liegen und in denen die Potenziale zur Einführung eines Neubürgerpakets in der Regel gering sind, müssen andere Maßnahmenbereiche greifen. Diese sind an Aktivitäten zu orientieren, die in ländlichen Bereichen bereits erfolgreich durchgeführt worden sind. Bezogen auf Neubürgeraktivitäten sind hier aufgrund der räumlichen Ferne zu den Schnellbahnen des Öffentlichen Verkehrs zum Beispiel Informationen bzw. Anreize zur Bildung von Fahrgemeinschaften interessant, aber auch Informationen zur nächsten Park & Ride-Möglichkeit können den dortigen Neubürgern zur Verfügung gestellt werden. Da gerade Bewohner in diesen Räumen auch aufgrund der Distanz zur nächsten ÖV-Haltestelle des Schnellbahnnetzes auf das Auto angewiesen sind, ist insbesondere die effiziente Nutzung des Autos zu forcieren. Darüber hinaus haben sich in ländlichen Gebieten andere Mobilitätsformen etabliert, wie beispielsweise Bürgerbusse oder ähnliche Services, die ebenfalls im Rahmen einer Neubürgeraktion beworben werden können. Auf der anderen Seite muss den Neubürgern in diesen Gemeinden die Notwendigkeit genommen werden, mit dem Auto fahren zu müssen. Dies setzt allerdings voraus, dass beispielsweise Einkaufsstätten in räumlicher Nähe zu erreichen sind. Bringdienste können in diesen Gebieten ebenfalls dazu beitragen, die Verkehrsleistungen zu verringern. Insgesamt gibt es auch in diesen Gemeinden die Möglichkeit, eine nachhaltige Mobilitätskultur durch ein Neubürgerpaket zu fördern, allerdings liegt hier weniger der Fokus auf dem Öffentlichen Verkehr, sondern auf anderen Formen der Mobilitätsabwicklung bzw. anderen Mobilitätsangeboten. Die vorgestellte Umsetzung eines Neubürgerpakets ist gerade auch in diesen Gemeinden aufgrund der zum Teil hohen Pkw-Dichten und Zuzüge sinnvoll, um die positiven Wirkungen zu erhöhen.

▶ **Maßnahme auf formeller und informeller Ebene integrieren:** In den formellen Plänen und Programmen, insbesondere auf Ebene der Regionalplanung, ist der Maßnahmenbereich unter dem Thema Mobilitätsmanagement als Zielvorgabe aufzunehmen. Damit trägt die Aufnahme des Themenfeldes in der formellen Planung zur Verbesserung der Außenwirkung bei, allerdings sind die Grenzen der Landesentwicklungspläne sowie Regionalpläne zu berücksichtigen, die Grundsatz- und Zielaussagen treffen und weniger umsetzungs- oder projektorientiert sind. Weitere Konkretisierungen im Sinne regionalplanerischer Aussagen sind auf dieser Ebene nicht möglich. Vor diesem Hintergrund ist neben der formellen Verankerung auch eine weitere Integration des Themenfeldes, insbesondere auf informeller Ebene, sinnvoll. Da informelle Instrumente der Raumplanung vor allem projektorientiert sind, ist weiter daran zu arbeiten, Mobilitätsmanagement im Allgemeinen und Neubürgermarketing im Speziellen als wesentliches Handlungsfeld zu etablieren, beispielsweise im Rahmen des Regionalmanagements. Regionalmanagement ist im Gegensatz zur Regionalplanung umsetzungsorientiert. Allerdings ist das Regionalmanagement aufgrund seiner mangelnden Verbindlichkeit unter anderem auf den Kooperationswillen der regionalen Akteure angewiesen. Die Finanzierung erfolgt häufig durch staatliche und europäische Fördermittel und ist keine auf Dauer angelegte Aufgabe. Vor diesem Hintergrund besteht die Gefahr, dass Maßnahmen nur temporär umgesetzt werden. Deshalb ist in diesem Bereich eine langfristige Förderung zu sichern bzw. durch andere Finanzierungsmöglichkeiten zu gewährleisten.

▶ **Regelmäßige Wirkungsmessungen durchführen:** Die Wirkung der Maßnahme ist regelmäßig zu messen, um die Erfolge und Notwendigkeit „weicher" Maßnahmen besser nach außen kommunizieren zu können. Dadurch wird gewährleistet, dass sich innovative Projekte wie ein Regionales Neubürgerpaket besser durchsetzen können und damit flächendeckend eingeführt werden.

7.5 Fazit

Die vorliegenden konzeptionellen und organisatorischen Überlegungen zur Einführung eines Regionalen Neubürgerpakets geben wichtige Hinweise für die flächendeckende Etablierung der Maßnahme. Eine idealtypische Vorgehensweise eines Regionalen Neubürgerpakets ist allerdings aufgrund der unterschiedlichen strukturellen Rahmenbedingungen in den einzelnen Gemeinden bis hin zu sehr unterschiedlichen Organisationsstrukturen auf regionaler Ebene schwierig. Dennoch bieten die vorgeschlagenen konzeptionellen Überlegungen gute Ansatzpunkte zur Planung und Umsetzung der dargestellten Maßnahme auf regionaler bzw. kommunaler Ebene.

8 Zusammenfassung und Ausblick

Die zunehmenden Verkehrsprobleme, die vor allem auf den motorisierten Individualverkehr zurückzuführen sind und sich besonders in den wachsenden Metropolregionen manifestieren, verlangen nach komplexen Lösungsstrategien zur Reduzierung des Verkehrswachstums. Gerade auch die Umlandgemeinden der Metropolkerne sind zunehmend von den wachsenden Verkehrsproblemen betroffen.

Das Handlungsfeld Mobilitätsmanagement, das zur Lösung der Verkehrsprobleme insbesondere auf die individuelle Beratung und Information der Verkehrsteilnehmer zur Förderung einer umweltverträglichen Mobilität setzt, wird in jüngerer Vergangenheit sowohl auf kommunaler als auch auf regionaler Ebene als wesentlicher Maßnahmenbereich neben den klassischen Handlungsfeldern wie Infrastrukturausbau oder Verkehrsmanagement eingesetzt.

Konkrete Projekte für Neubürger werden vor allem auf städtischer und gemeindlicher Ebene durchgeführt. Eine strategische Ausweitung dieser Maßnahme auf die regionale Ebene zur Umsetzung eines Regionalen Neubürgerpakets fehlt bislang, um die positiven Effekte im Sinne einer Verkehrsverlagerung auf umweltverträgliche Verkehrsmittel für die Region nutzbar zu machen, um damit langfristig einen Beitrag zur Verbesserung der regionalen Verkehrsverhältnisse zu leisten.

Dieser mangelnde theoretische und praktische Erfahrungsstand zum Themenfeld Regionales Neubürgerpaket bildet den Ausgangspunkt dieser Arbeit. Auch wenn unterschiedliche Aktivitäten für Neubürger außerhalb der Metropolkerne durchgeführt werden, so fehlen bisher Erfahrungen bezüglich der Wirkungen auf lokaler und regionaler Ebene sowie der Einbindungsmöglichkeiten in regionale Gesamtkonzeptionen bzw. -strategien, die diese Einzelmaßnahmen aufgreifen. Insgesamt lassen sich auf Grundlage der theoretischen und empirischen Annäherung an das Thema zu den eingangs formulierten Forschungshypothesen folgende Aussagen treffen:

▶ Mobilitätsmanagement im Allgemeinen und Mobilitätsmarketing bzw. Neubürgermarketing im Speziellen liefern wichtige Beiträge zu einer nachhaltigen regionalen Verkehrs- und Siedlungsentwicklung, insbesondere wenn es um die Förderung umweltverträglicher Verkehrsmittel wie den ÖPNV, Fahrrad- und Fußverkehr geht. Vor allem die Aktivitäten der Landeshauptstadt München zeigen, dass informatorische Maßnahmen gute Möglichkeiten bieten, auf das Verkehrsverhalten von Neubürgern einzuwirken, um bestimmte Mobilitätsmuster erst gar nicht entstehen zu lassen. Erfolge zur Förderung und Stabilisierung eines umweltverträglichen Mobiliätsverhaltens sind gerade bei Personenkreisen, denen die Landeshauptstadt vor ihrem Umzug nicht oder nur kaum bekannt war, besonders hoch. Allerdings gilt es zu berücksichtigen, dass sich die Erfolge nicht immer eindeutig von anderen Einflüssen separieren lassen. Für die regionale Ebene wird weiterhin zu prüfen sein, ob sich die positiven Effekte auf städtischer Ebene auch auf die Regionsebene übertragen lassen und damit insgesamt das Mobilitätsmanagement bzw. das Neubürgermarketing einen wichtigen Beitrag zur Reduzierung des regionalen Verkehrswachstums leisten kann.

▶ Zur Stabilisierung und Förderung einer nachhaltigen Mobilität sind zielgruppenspezifische, auf die einzelnen Verkehrsteilnehmer ausgerichtete Maßnahmen besonders Erfolg versprechend. Insbesondere räumliche Kontextänderungen, wie sie z.B. Wohnungsumzüge darstellen, verändern individuelle Verkehrsmittelnutzungsgewohnheiten und bieten gute Anknüpfungsmöglichkeiten zur Durchführung wirkungsvoller Interventionsmaßnahmen zur Förderung umweltfreundlicher Ver-kehrsmittel. Bestätigt wird diese These vor allem durch die Ergebnisse des Neubürgerpakets in der Landeshauptstadt München. Allerdings zeigt die vorliegende Untersuchung auch, dass eine Verhaltensänderung von vielen Kriterien abhängig ist und dass die Zielgruppe der Neubürger selbst eine sehr heterogene Gruppe darstellt und neben dem veränderten Mobilitätskontext auch Aspekte wie das Interesse oder die Absicht zur Nutzung des Umweltverbunds verhaltensbestimmende Faktoren sind. Auch zeigen die Gespräche mit den Interviewteilnehmern, dass das Thema im Sinne einer Verhaltensänderung moderat angegangen und die Wirkungen nicht überschätzt werden sollten, insbesondere im Sinne deutlicher Verlagerungseffekte in Richtung umweltfreundlicher Verkehrsmittel. Eventuell spielen hier eher weiche Komponenten wie Bewusstseinsbildung oder die Verbesserung der Wahrnehmung alternativer Verkehrsmittel eine größere Rolle, was nicht unbedingt zeitnah zu einem von außen erwünschten Mobilitätsverhalten führen muss. Auch zeigt sich, dass sich Personen lieber selbst informieren und nicht unbedingt in einen Dialogmarketingprozess eingebunden werden möchten. Deshalb ist der Aspekt der freiwilligen Verhaltensänderung in den Vordergrund der Neubürgeraktivitäten zu stellen und entsprechend im Vorfeld abzufragen, wie Informationen zur Verfügung gestellt werden sollten. Konkrete Ziele sollten entsprechend an diesen Erkenntnissen ausgerichtet sein, d.h. am

Ende sollte ein sensibilisierter Neubürger stehen, der sich seiner Mobilitätsalternativen bewusst ist und entsprechend sein Mobilitätsverhalten darauf ausrichtet. Zielfestlegungen im Sinne von Modal Split Verschiebungen bergen gerade bei informatorischen Maßnahmen die Gefahr, dass diese durch die Maßnahme allein nicht erreicht werden können. Deshalb sollten bei der Umsetzung von Mobilitätsmanagementmaßnahmen auch „weiche" Erfolgsfaktoren bei der Wirkungsmessung berücksichtigt werden. Dies muss entsprechend nach außen kommuniziert werden. Vor diesem Hintergrund sind die Erfolge einer derartigen Maßnahme höher zu bewerten, was letztendlich zur langfristigen Etablierung eines Neubürgerpakets oder ähnlicher Maßnahmen führen kann.

▶ Weiterhin konnte gezeigt werden, dass sich die Raumplanung im Rahmen einer integrierten Siedlungs- und Verkehrsentwicklung bisher noch nicht ausreichend dem Handlungsfeld Mobilitätsmanagement angenommen hat, insbesondere mit ihren formellen Instrumenten, um auf regionaler Ebene eine nachhaltige, auf den Umweltverbund gerichtete Mobilitätsentwicklung zu fördern. Gerade die „Region", vertreten durch die Träger der Regionalplanung, fühlt sich in der Regel nicht für diesen Themenbereich zuständig. Vielmehr überlassen sie das Feld häufig den öffentlichen Verkehrsdienstleistern. Ein Paradigmenwechsel bzw. ein Interesse zur Änderung dieser Einstellung konnte in der Mehrheit nicht festgestellt werden. Neben diesen Erkenntnissen aus der Befragung der Regionalplanungsstellen in den Metropolregionen Deutschlands zeigen Plan- und Programmauswertungen auf regionaler Ebene ebenfalls, dass das Themenfeld in der Regel in den Regionalplänen noch nicht mit aufgenommen worden ist. Das Beispiel München zeigt, dass zwar auf städtischer Ebene das Thema intensiv behandelt wird, diese Präsenz aber noch nicht dazu beitragen konnte, dem Themenfeld auf regionaler Ebene die gleiche Aufmerksamkeit zu schenken. Damit unterscheidet sich die Münchner Regionalplanung aber nur unwesentlich von der Regionalplanung in Gesamtdeutschland. Insgesamt konnte der Beweis erbracht werden, dass sich die Raumplanung in den Metropolregionen auf kommunaler und regionaler Ebene im Rahmen ihrer integrierten Siedlungs- und Verkehrsentwicklung bisher noch nicht ausreichend dem Handlungsfeld angenommen hat, um eine nachhaltige, dem Allgemeinwohl dienende Mobilitätsentwicklung zu fördern. Vielfach fehlt es an der Verankerung in Programmen und Plänen sowie rechtlichen Möglichkeiten der Festsetzung. Auf kommunaler und regionaler Ebene bestehen für die Zukunft noch erhebliche Potenziale, das Mobilitätsmanagement und das Mobilitätsmarketing mit seinen Maßnahmen zu vertiefen. Auf der anderen Seite zeigt sich, dass neben den formellen Instrumenten insbesondere auch informelle Möglichkeiten genutzt werden sollten, um das Thema in regionalpolitische Fragestellungen einzubinden.

Insgesamt wird eine weitere Verbreitung des Maßnahmenbereichs Regionales Neubürgerpaket auf Grundlage der vorangegangenen Ausführungen dringend empfohlen, um bei den Verkehrsteilnehmern in einem neuen Mobilitätskontext ein Bewusstsein für regionale Verkehrsprobleme zu schaffen und sie für eine umweltverträgliche Abwicklung ihrer Mobilität zu gewinnen. Für eine erfolgreiche Verbreitung eines Regionalen Neubürgerpakets sollten deshalb vor allem weitere Forschungen in den nachfolgenden Bereichen erfolgen:

▶ Die Ergebnisse zeigen, dass durch Neubürgerpakete im städtischen Bereich erhebliche Wirkungen im Sinne einer Veränderung des Modal Split in Richtung umweltfreundlicher Verkehrsmittel erzielt werden können. Auf regionaler Ebene fehlen bisher vergleichbare Erfahrungen. In der Praxis sollten deshalb in den Umlandgemeinden der Metropolkerne weiterführende Pilotanwendungen zum Themenfeld Neubürgermarketing durchgeführt werden, um Erkenntnisse zu fördernden und hemmenden Faktoren in den unterschiedlichen Phasen der Projektumsetzung zu eruieren. Auch besteht weiterer Forschungsbedarf hinsichtlich der inhaltlichen und organisatorischen Ausgestaltung sowie des Einflusses unterschiedlicher Akteurskonstellationen auf den Erfolg dieser Maßnahme.

▶ Weiterer Forschungsbedarf besteht in diesem Zusammenhang auch darin zu erfassen, wie viel Verkehr sich durch informatorische Maßnahmen verlagern lässt. Nicht nur, um bereits vor Projektbeginn derartige Maßnahmen besser einschätzen zu können, sondern auch vor dem Hintergrund politischer Durchsetzbarkeit oder der Erschließung finanzieller Ressourcen durch den Gemeindehaushalt selbst. Darüber hinaus sollte getestet werden, wie sich die Wege von Umlandbewohnern nach einem Umzug ändern und wie sich der zeitliche Anpassungsprozess im neuen Mobilitätskontext vollzieht. Auch fehlen Erkenntnisse darüber, aufgrund welcher Wissensbestände mobilitätsrelevante Entscheidungen von Neubürgern gefällt werden und welche Auswirkungen dies auf das spätere Mobilitätsverhalten ausübt.

▶ Der Einfluss unterschiedlicher Raumbezüge auf den Erfolg von Aktivitäten des Neubürgermarketings ist bisher ebenfalls nicht bekannt bzw. erforscht worden. Das Regionale Neubürgerpaket impliziert, dass es sich um eine Maßnahme handelt, die auf eine ganze Region bzw. die Umlandbereiche der Metropolkerne übertragen werden kann. In der Realität unterscheiden sich die Gemeinden beispielsweise in Bezug auf ihr ÖPNV-Angebot, die Pkw-Dichte oder Zuzugszahlen erheblich, wie die Ausführungen gezeigt haben. Vor diesem Hintergrund sollte eine weitere Differenzierung der räumlichen Gegebenheiten erfolgen, beispielsweise anhand bestimmter Lagekriterien wie der räumlichen Nähe zu den ÖV-Achsen im Vergleich zu Gemeinden, die in den Achsenzwischenräumen liegen. Aufgrund unterschiedlicher Mobilitätsangebote stellt sich hier die Frage, welche Mechanismen und praktische Anwendungen in den unterschiedlichen Strukturräumen am besten greifen. Hier sollten zunächst Praxisanwendungen in Kombination mit intensiver Begleitforschung durchgeführt werden, um Handlungsempfehlungen zur Planung und Integration des Neubürgerpakets für unterschiedliche Strukturräume zu entwickeln.

▶ Die Ergebnisse zeigen, dass Neubürger eine wichtige Zielgruppe sind, um nach einem Wohnungsumzug auf eine nachhaltige regionale Verkehrsentwicklung hinzuwirken. Allerdings zeigen die Befragungsergebnisse, dass sich die Neubürgerhaushalte zum Teil deutlich unterscheiden, z.b. was soziodemografische Merkmale betrifft, die Verfügbarkeit von Verkehrsmitteln o.Ä. Aber auch im Hinblick auf ihren Informationsbedarf und ihrer Informationsbeschaffung sowie ihr Interesse an Mobilitätsinformationen unterscheiden sie sich zum Teil erheblich. Vor diesem Hintergrund ist eine weitere Segmentierung der Neubürgerhaushalte sinvoll. Für die vorgeschlagenen Neubürgercluster sollte deshalb geprüft werden, ob sich diese für die Umsetzung von Neubürgerpaketen im Sinne einer Wirkungsverbesserung eignen oder ob andere Cluster herangezogen werden sollten. Diese gilt es mit der vorgestellten Vorgehensweise, alle Neubürger gleichsam anzusprechen, zu vergleichen, um zu überprüfen, welche Methode die größtmöglichen Erfolge im Sinne einer Verkehrsverlagerung in Richtung umweltverträglicher Verkehrsmittel erzielt.

▶ Auch besteht weiterer Forschungsbedarf hinsichtlich der Frage, inwieweit informatorische Maßnahmen wie die Bereitstellung von Informationen und Anreizen zur Stabilisierung und Förderung eines umweltverträglichen Mobilitätsverhaltens nach einem Umzug tatsächlich zu einer Reduzierung der regionalen Verkehrsleistung beitragen, und wenn ja, ob dieser Sachverhalt umgekehrt dazu führt, neuen Verkehr zu induzieren. Hier sollten weitere Forschungen erfolgen, unter Berücksichtigung von Erkenntnissen aus dem Bereich von Telematik- bzw. Heimarbeitsplätzen.

▶ Weiterhin fehlt die Evaluation insbesondere von derzeit laufenden Neubürgeraktivitäten auf regionaler Ebene, die sehr unterschiedlich fokussiert sind und von verschiedenen Akteuren durchgeführt werden. Gerade auf Gemeindeebene gibt es vielfältige, isolierte Maßnahmen für Neubürger ohne regionale Abstimmung. Hier wäre interessant zu erforschen, welche Effekte die verschiedenen Neubürgeraktivitäten haben (z.B. Empfänge, spezielle Veranstaltungen für Neubürger, Informationsbroschüren und -folder, Internetauftritte etc.), um die Wirkungsgrade dieser unterschiedlichen Maßnahmen besser abschätzen zu können.

▶ Auch gilt es zu prüfen, ob eine Übertragung der Maßnahme auf andere Zielgruppen sinnvoll ist.

Insgesamt wird deutlich, dass es vielfältige Fragen gibt, die es bezogen auf ein Regionales Neubürgerpaket durch die Forschung und im Rahmen von Praxisanwendungen weiterhin zu untersuchen gilt. Insbesondere werden innovative Ansätze im Bereich des Mobilitätsmanagements, wie es das Neubürgerpaket auf regionaler Ebene darstellt, vor dem Hintergrund des zunehmenden Umlandverkehrs auch zukünftig von besonderer Relevanz sein. Hier gilt es, die vorgestellten Handlungsempfehlungen weiterzuentwickeln und die äußeren Rahmenbedingungen für eine einfache Planung und Umsetzung dieses konkreten Handlungsfeldes, aber auch weiterer Maßnahmen aus dem Bereich des Mobilitätsmanagements, zu verbessern und in eine Gesamtstrategie einzubinden.

Literatur

Aarts, Henk; Verplanken, Bas; van Knickenberg, Ad (1997): Habit and Information Use in Travel Mode Choices. In: Acta Psychologica 96. S. 1-14.

ADAC Allgemeiner Deutscher Automobil-Club (Hrsg.) (1987): Mobilität. München.

acatech – Konvent für Technikwissenschaften der Union der deutschen Akademien der Wissenschaften e.V. (Hrsg.) (2006): Mobilität 2020. Perspektiven für den Verkehr von morgen. Schwerpunkt: Strassen- und Schienenverkehr. Stuttgart. Fraunhofer IRB Verlag.

Adam, Brigitte; Göddecke-Stellmann, Jürgen; Heidbrink, Ingo (2005): Metropolregionen als Forschungsgegenstand. Aktueller Stand, erste Ergebnisse und Perspektiven. In: Informationen zur Raumentwicklung. Heft 7. S. 417-430.

Adam, Brigitte; Driessen, Kathrin; Münster, Angelika (2008): Wie Städte dem Umland Paroli bieten können. Forschungsergebnisse zu Wanderungsmotiven, Standortentscheidungen und Mobilitätsverhalten. In: Zeitschrift: Raumforschung und Raumordnung. Heft 5. S. 398-414.

Ajzen, Isaak (1991): The Theory of Planned Behavior. Some Unresolved Issues. Organizational Behavior and Human Decision Processes 50. S. 179-211.

Alteneder, Wolfgang; Risser, Ralf (1995): Soziologie der Verkehrsmittelwahl. Motive und Bedürfnisse im Zusammenhang mit der Verkehrsmittelwahl. In: Zeitschrift für Verkehrssicherheit 41. S. 77 -83.

Ampt, Elizabeth; Wundke, Jessica; Stopher, Peter (2006): Households on the Move: Experiences of a New Approach to Voluntary Travel Behaviour Change.

Apel, Dieter (1999): Ausblick: Stadtentwicklung „Kompakt, Mobil, Urban"? Strategien und Instrumente zum Umgang mit Fläche und Verkehr. In: Hesse, Markus (Hrsg.): Siedlungsstrukturen, räumliche Mobilität und Verkehr. Auf dem Weg zu einer Nachhaltigkeit in Stadtregionen? Materialien des Instituts für Regionalentwicklung und Strukturplanung. Graue Reihe 20. Erkner b. Berlin. S. 121-130.

Arbeitsgemeinschaft „Nachhaltige Siedlungsentwicklung" (2008): Siedlungsentwicklung und Mobilität. München.

Aring, Jürgen (1999): Nutzungsmischung? Ja, aber ... Empirische Befunde zur Bedeutung des Leitbildes „Nutzungsmischung" im Alltag. In: Brunsing, Jürgen; Frehn, Michael (Hrsg.): Stadt der kurzen Wege. Zukunftsfähiges Leitbild oder planerische Utopie? Dortmunder Beiträge zur Raumplanung 95. Dortmund. S. 50-68.

Aring, Jürgen; Sinz, Manfred (2006): Neue Leitbilder der Raumentwicklung in Deutschland. Modernisierung der Raumordnungspolitik im Diskurs. In: disP 165. Heft 2. S. 43-60.

ARL Akademie für Raumforschung und Landesplanung (2005): Handwörterbuch der Raumordnung. Hannover.

ARL Akademie für Raumforschung und Landesplanung (2009): Künftige Herausforderungen der großräumigen Verkehrsentwicklung. Positionspapier Nr. 79 des Arbeitskreises „Neue Rahmenbedingungen, Herausforderungen und Strategien für die Verkehrsentwicklung". Hannover.

Aurich, Heli; Konietzka, Lothar (2000): Mobilitätsmanagement, Mobilitätszentrale, Mobilitätsberatung. In: Internationales Verkehrswesen 52. Heft 5. S. 203-206.

Bachman, Wallace; Katzev, Richard (1982): The Effects of Non-Contingent Free Bus Tickets and Personal Commitment on Urban Bus Ridership. In: Transportation Research 16A, No. 2. S. 103-108.

Bagozzi Richard P.; Dholakia Utpal M. (2005): Three Roles of Past Experience in Goal Setting and Goal Striving. In: Betsch, Tilmann; Haberstroh, Susanne (Hrsg.) (2005): The Routines of Decision Making. New Jersey. S. 21-39.

Bahrenberg, Gerhard (1999): Kann man über die Siedlungsstruktur den Modal Split beeinflussen? In: Hesse, Markus (Hrsg.): Siedlungsstrukturen, räumliche Mobilität und Verkehr. Auf dem Weg zu einer Nachhaltigkeit in Stadtregionen? Materialien des Instituts für Regionalentwicklung und Strukturplanung. Graue Reihe 20. Erkner b. Berlin. S. 57-67.

Bamberg, Sebastian (1996): Allgemeine oder spezifische Einstellungen bei der Erklärung umweltschonenden Verhaltens? In: Zeitschrift für Sozialpsychologie 27. Heft 1. S. 47-60.

Bamberg, Sebastian (2002): Wann und warum motivieren Soft-Policies zum Umstieg? Analyse psychologischer Mechanismen an einem praktischen Beispiel. In: Schriftenreihe der Deutschen Verkehrswissenschaftlichen Gesellschaft e.V. (2002): Soft Policies – Maßnahmen in der Verkehrspolitik. Instrumente, Anwendungsbereiche, Wirkungen. Reihe B 251. Bergisch Gladbach. S. 83-113.

Bamberg, Sebastian (2006): Is a Residential Relocation a Good Opportunity to Change People's Travel Behavior? Results from a Theory-Driven Intervention Study. In: Environment and Behavior 38. S. 820-840.

Bamberg, Sebastian (2007): Is a Stage Model a Useful Approach to Explain Car Drivers' Willingness to Use Public Transportation? In: Journal of Applied Social Psychology 37. S. 1757-1783.

Bamberg, Sebastian; Bien, Walter (1995): Angebot (des ÖV) nach Wunsch (des MIV-Nutzers). Handlungstheoretische Erklärungsmodelle der individuellen Verkehrsmittelwahl als Basis für nachfrageorientiertes ÖV-Marketing. In: Internationales Verkehrswesen 47. Heft 3. S. 108-117.

Bamberg, Sebastian; Heller, Jochen; Heipp, Gunnar; Nallinger, Sabine (2008): Multimodales Marketing für Münchner Neubürger. Entwicklung, Evaluation, Ausblick. In: Internationales Verkehrswesen 60. Heft 3. S. 73-76.

Bamberg, Sebastian; Rölle, Daniel; Weber, Christoph (2002): Mögliche Beiträge von Verkehrsverminderung und -verlagerung zu einem umweltgerechten Verkehr in Baden-Württemberg – Eine Analyse der Bestimmungsfaktoren von Haushaltsentscheidungen. S. 21-39.

Bamberg, Sebastian; Rölle, Daniel; Weber, Christoph (2003): Does Habitual Car Use Not Lead to More Resistance to Change of Travel Mode? In: Transportation 30. S. 97-108.

Bauer, Uta; Holz-Rau, Christian; Scheiner, Joachim (2005): Standortpräferenzen, intraregionale Wanderungen und Verkehrsverhalten. Ergebnisse einer Haushaltsbefragung in der Region Dresden. In: Raumforschung und Raumordnung. Heft 4. S. 266-278.

Bayerisches Landesamt für Statistik und Datenverarbeitung (Hrsg.) (2008): Bevölkerung in den Gemeinden Bayerns nach Altersgruppen und Geschlecht. München.

Bayerisches Landesamt für Statistik und Datenverarbeitung (2009a): Karte Freistaat Bayern. Kreisfreie Städte, Landkreise und Regierungsbezirke. 01.01.2009. München.

Bayerisches Landesamt für Statistik und Datenverarbeitung (Hrsg.) (2009b): Statistik kommunal 2008. Gemeinde Ottobrunn. München.

Bayerisches Landesamt für Statistik und Datenverarbeitung (Hrsg.) (2009c): Statistik kommunal 2008. Gemeinde Unterhaching. München.

Bayerisches Landesamt für Statistik und Datenverarbeitung (2009d): Interaktives Kartenverzeichnis des Statistischen Landesamtes Bayern. In: http://www.statistik.bayern.de/daten/intermaptiv/archiv/home.asp?UT=flaeche.csv&SP=1. 13.09.2009.

Bayerisches Landesamt für Statistik und Datenverarbeitung (Hrsg.) (2009e): Regionalisierte Bevölkerungsvorausberechnung für Bayern bis 2028. Ergebnisse für kreisfreie Städte und Landkreise. Beiträge zur Statistik Bayerns. Heft 539. München.

Bayerisches Landesamt für Statistik und Datenverarbeitung (2010a): Karte Freistaat Bayern. Regierungsbezirk Oberbayern. Kommunale Verwaltungsgrenzen. 01.05. 2010. München.

Bayerisches Landesamt für Statistik und Datenverarbeitung (2010b): Bevölkerung. Gemeinden, Stichtage (letzten 6 Jahre). Fortschreibung des Bevölkerungsstandes In: https://www.statistikdaten.bayern.de/genesis/online. 30.01.2011.

Bayerisches Landesamt für Statistik und Datenverarbeitung (2010c): Wanderungen über Gemeindegrenzen, Gemeinden. Zuzüge, Fortzüge, Jahre (letzten 5). In: https://www.statistikdaten.bayern.de/genesis/online. 30.01.2011.

Bayerisches Staatsministerium des Innern, Oberste Baubehörde (Hrsg.) (1977): Verkehrsuntersuchung Großraum München 1977. München.

Bayerisches Statistisches Landesamt (1965): Bayern in Zahlen. Monatsheft. München. S. 185-186.

Bayerische Vermessungsverwaltung (2010): Topographische Übersichtskarte 1:500.000. In: http://geoportal.bayern.de/GeoMISOberflaeche/?atlas. 20.02.2011.

BBR Bundesamt für Bauwesen und Raumordnung (Hrsg.) (2003): Siedlungsstrukturelle Veränderungen im Umland der Agglomerationsräume. In: Forschungen Heft 114. Bonn.

BBR Bundesamt für Bauwesen und Raumordnung (Hrsg.) (2004): Verkehrsaufwandsmindernde Strukturen und Dienste zur Förderung einer nachhaltigen Stadtentwicklung. Endbericht zum ExWoSt Forschungsfeld „Stadtentwicklung und Stadtverkehr". Bonn.

BBR Bundesamt für Bauwesen und Raumordnung (Hrsg.) (2005): Raumordnungsbericht 2005. Bonn. Selbstverlag des Bundesamtes für Bauwesen und Raumordnung.

BBR Bundesamt für Bauwesen und Raumordnung (Hrsg.) (2006): Siedlungsentwicklung und Infrastrukturfolgekosten – Bilanzierung und Strategieentwicklung. Endbericht. BBR-Online-Publikationen 3. Bonn.

BBR Bundesamt für Bauwesen und Raumordnung (Hrsg.) (2009): Raumordnungsprognose 2025/2050. Bevölkerung, private Haushalte, Erwerbspersonen. Bonn.

BBSR Bundesinstitut für Bau-, Stadt- und Raumforschung (2009): Pkw-Dichte – Laufende Raumbeobachtung. In: http://www.bbsr.bund.de/nn_23744/BBSR/DE/Raumbeobachtung/GlossarIndikatoren/indikatoren_dyncatalog,lv2%20=104780,lv3=105246.html. 05.09.2009.

BBSR/BBR Bundesinstitut für Bau-, Stadt- und Raumforschung/Bundesamt für Bauwesen und Raumordnung (Hrsg.) (2009): Positionierung Europäischer Metropolregionen in Deutschland. BBSR-Berichte KOMPAKT 3. Bonn.

Becker, Udo J. (2004): Nachhaltige Mobilitäts- und Verkehrsentwicklung: Konsequenzen und Zielkonflikte. In: Deutsches Institut für Urbanistik (Hrsg.): Kommunen auf dem Weg zur Nachhaltigkeit. Kongressdokumentation. Berlin. S. 147-159.

Beckmann, Klaus J. (2000): Nachhaltiger Verkehr – Ziele und Wege. Aufgaben der Verkehrsentwicklungsplanung. In: Kissel, Harald A. (Hrsg.): Nachhaltige Stadt. Beiträge zur urbanen Zukunftssicherung. SRL Schriftenreihe 47. Berlin. S. 127-149.

Beckmann, Klaus J. (2002): Soft Policies – Stellenwert in der integrierten Verkehrsplanung und Verkehrspolitik. In: Schriftenreihe der Deutschen Verkehrswissenschaftlichen Gesellschaft e.V.: Soft Policies – Maßnahmen in der Verkehrspolitik. Instrumente, Anwendungsbereiche, Wirkungen. Reihe B 251. Bergisch Gladbach. S. 23-82.

Beckmann, Klaus J. (2004): Zukunftsfähige Gestaltung von Mobilität in Stadt und Region. In: Planungsverband Ballungsraum Frankfurt/Rhein-Main (Hrsg.): Mobilität in Ballungsräumen. Herausforderungen und Lösungsansätze. Dokumentation der Fachtagung Frankfurt am Main. 11. November 2003. Frankfurt am Main. S. 53-77.

Beckmann, Klaus J.; Hesse, Markus; Holz-Rau, Christian; Hunecke, Marcel (Hrsg.) (2006): StadtLeben – Wohnen, Mobilität und Lebensstil. Neue Perspektiven für Raum- und Verkehrsentwicklung. VS Verlag für Sozialwissenschaften.

Beckmann, Klaus J.; Witte, Andreas (2003): Mobilitätsmanagement und Verkehrsmanagement Anforderungen, Chancen, Grenzen. In: ISB Institut für Stadtbauwesen und Stadtverkehr, RWTH Aachen (Hrsg.): Tagungsband zum 4. Aachener Kolloquium „Mobilität und Stadt". Schriftenreihe Stadt Region Land. Heft 75. Aachen. S. 5-27.

Bertelsmann Stifung (2011): Wegweiser Kommune. In: http://www.wegweiser-kommune.de/datenprognosen/prognose/Prognose.action?redirect=false. 05.02.2011.

Beutler, Felix; Brackmann, Jörg (1999): Neue Mobilitätskonzepte in Deutschland. Ökologische, soziale und wirtschaftliche Perspektiven. In: Veröffentlichungsreihe der Querschnittsgruppe Arbeit & Ökologie beim Präsidenten des Wissenschaftszentrum Berlin für Sozialforschung gGmbH (WZB). Berlin.

Bieling, Norbert; Skoupil, Norbert; Topp, Hartmut H. (1996): Verkehrsminderungskonzept München. Definition, Methodik, Ergebnisse. In: Internationales Verkehrswesen 48. Heft 1/2. S. 35-40.

Binnenbruck, Horst-Hermann; Hoffmann, Peter; Krug, Stephan (1998): Mobilitätsmanagement im Personen- und Güterverkehr. Praktische Erfahrungen in Wuppertal im Rahmen des europäischen Forschungsprojekts MOSAIK. In: Der Nahverkehr. Heft 9. S. 19-24.

BMBF Bundesministerium für Bildung und Forschung (Hrsg.) (2004): Personennahverkehr für die Region. Innovationen für nachhaltige Mobilität. Bonn/Berlin.

BMJ Bundesministerium der Justiz (2009a): Raumordnungsgesetz. In Kraft getreten am 31. Dezember 2008 bzw. 30. Juni 2009. In: http://bundesrecht.juris.de/bundesrecht/rog_2008/gesamt.pdf. 12.09.2009.

BMJ Bundesministerium der Justiz (2009b): Regionalisierungsgesetz RegG. Gesetz zur Regionalisierung des öffentlichen Personennahverkehrs. In Kraft getreten am 01. Januar 1994. In: http://bundesrecht.juris.de/bundesrecht/regg/gesamt.pdf. 12.09. 2009.

BMJ Bundesministerium der Justiz (2009c): Gemeindeverkehrsfinanzierungsgesetz. In der Fassung vom 22. Dezember 2008. In: http://bundesrecht.juris.de/gvfg/index.html. 12.10. 2009.

BMJ Bundesministerium der Justiz (2009d): Baugesetzbuch (BauGB). In der Fassung der Bekanntmachung vom 23. September 2004. In: http://dejure.org/gesetze/BauGB. 10.10. 2009.

BMRBS Bundesministerium für Raumordnung, Bauwesen und Städtebau (Hrsg.) (1995): Raumordnungspolitischer Handlungsrahmen. Beschluss der Ministerkonferenz für Raumordnung in Düsseldorf am 8. März 1995. Bonn.

BMVBS Bundesministerium für Verkehr, Bau und Stadtentwicklung (Hrsg.) (2010): Aktionsplan Güterverkehr und Logistik – Logistikinitiative für Deutschland. Berlin.

BMVBS/BBR Bundesministerium für Verkehr, Bau- und Stadtentwicklung/Bundesamt für Bauwesen und Raumordnung (Hrsg.) (2007a): Metropolregionen – Chancen der Raumentwicklung durch Polyzentralität und regionale Kooperation. Werkstatt: Praxis Heft 54. Bonn.

BMVBS/BBR Bundesministerium für Verkehr, Bau und Stadtentwicklung/Bundesamt für Bauwesen und Raumordnung (Hrsg.) (2007b): Akteure, Beweggründe, Triebkräfte der Suburbanisierung. Motive des Wegzugs – Einfluss der Verkehrsinfrastruktur auf Ansiedlungs- und Mobilitätsverhalten. BBR-Online-Publikation 21. Berlin/Bonn.

BMVBW Bundesministerium für Verkehr, Bau- und Wohnungswesen (Hrsg.) (1999): Mobilitätsmanagement und Mobilitätsberatung. Bonn.

BMVBW Bundesministerium für Verkehr, Bau- und Wohnungswesen (Hrsg.) (2004): Mobilitätsmanagement. Ziele, Konzepte und Umsetzungsstrategien. Berlin. Wirtschaftsverlag NW/Verlag für neue Wissenschaft.

BMU Bundesministerium für Umwelt, Naturschutz und Reaktorsicherheit (Hrsg.) (2006): Umweltbewusstsein in Deutschland 2006. Ergebnisse einer repräsentativen Bevölkerungsumfrage. Berlin.

BMU Bundesministerium für Umwelt, Naturschutz und Reaktorsicherheit (Hrsg.) (2008): Umweltbewusstsein in Deutschland 2008. Ergebnisse einer repräsentativen Bevölkerungsumfrage. Berlin.

BMW AG; LHM Landeshauptstadt München (Hrsg.) (1998): Verkehrsprobleme gemeinsam lösen. Eine Initiative von BMW und der Landeshauptstadt München. Dokumentation zum 3. Plenumsworkshop am 26. Juni 1998 „Inzell III" im Rathaus Unterhaching. München.

BMW Group; LHM Landeshauptstadt München (Hrsg.) (2004): Verkehrsprobleme gemeinsam lösen. Eine Initiative von BMW und der Landeshauptstadt München. Dokumentation vom 5. Plenumsworkshop am 2. März 2004 „Inzell V" in Germering. München.

BMW Group; LHM Landeshauptstadt München (Hrsg.) (2005): Verkehrsprobleme gemeinsam lösen. Eine Initiative von BMW und der Landeshauptstadt München. Dokumentation vom 6. Plenumsworkshop am 8. Juli 2005 „Inzell VI" in Unterschleißheim. München.

BMW Group; LHM Landeshauptstadt München (2009): Verkehrsprobleme gemeinsam lösen. In: http://www.inzell-initiative.de/index.htm. 12.09.2009.

Boltze, Manfred; Specht, Günter; Friedrich, Daniel; Figur, Andreas (2003): Grundlagen für die Beeinflussung des individuellen Verkehrsmittelwahlverhaltens durch Direktmarketing. Schlussbericht. Darmstadt.

Brauer, Gernot (2006a): München: Noch Millionendorf oder schon Metropolregion? Regionalplanung in der Debatte: Wie kann man eine Region optimal entwickeln? In: Standpunkte Informationsdienst des Münchner Forums e.V. Heft 8. S. 12-13.

Brauer, Gernot (2006b): Nur wer Strategien erarbeitet, kann auch Strukturen nutzen. Prof. Thierstein untersucht, was das eigentlich ist: die Metropolregion München. In: Standpunkte Informationsdienst des Münchner Forums e.V. Heft 9. S. 9-11.

Breu, Christian; Dworzak, Helmut; Hager, Dieter; Obermeier, Robert; Pointner, Manfred; Reiss-Schmidt, Stephan; Schelle, Stefan; Schulz, Hans-Dieter; Zeitler, Rolf; Ziegler, Elisabeth (2008): Planning for Sustainable Development in the Munich Region. In: Otgaar, Alexander; van den Berg, Leo; van der Meer, Jan; Speller, Carolien (2008): Empowering Metropolitan Regions through New Forms of Cooperation. Aldershot/Burlington. Ashgate Publishing. S. 119-139.

Breu, Christian; Jahnz, Barbara; Schulz, Hans (2009): Projektbezogene Governance in der Europäischen Metropolregion München (EMM). In: Ludwig, Jürgen; Mandel, Klaus; Schwieger, Christopher; Terizakis, Georgios (Hrsg.): Metropolregionen in Deutschland. 11 Beispiele für Regional Governance. 2. Auflage. Baden-Baden. Nomos Verlagsgesellschaft. S. 98-110.

Brockhaus (Hrsg.) (1998): Brockhaus – Die Enzyklopädie. 20. Auflage. Band 14. Leipzig/ Mannheim.

Brög, Werner (1993): Mobilitätsverhalten beginnt im Kopf. In: Altner, Günter; Leitschuh, Heike; Michelsen, Gerd; Simonis, Udo E.; von Weizäcker, Ernst U. (Hrsg.) (1993): Jahrbuch Ökologie 1993. München. S. 174-190.

Brög, Werner (2001): Werbung für den öffentlichen Personennahverkehr – Was bringt´s? Veränderungen im Mobilitätsverhalten – die Rolle von Bewusstsein und Information. Filderstadt.

Brög, Werner; Erl, Erhard (2003): (Auto) Mobility in the Conurbation. Is Mobility Dominated by the Car? Alpbacher Architekturgespräche 2003. Alpbach, Österreich, 14.-16.08.2003.

Brög, Werner; Erl, Erhard (2004): Just do it! Wegweiser für Verhaltensänderungen. München.

Brög, Werner; Ker, Ian (2008): Myths, (Mis)Perceptions and Reality in Measuring Voluntary Behaviour Change. 8th International Conference on Survey Methods in Transport. May 25-31, 2008. Annecy, France.

Brög, Werner; Lorenzen, Konrad (1998): Neue Wege des Marketing. Mißerfolge und neue Chancen im Produkt-Marketing. In: Der Nahverkehr. Heft 9. S. 14-18.

Brüderl, Josef; Preisendörfer, Peter (1995): Der Weg zum Arbeitsplatz: Eine empirische Untersuchung zur Verkehrsmittelwahl. In: Diekmann, Andreas; Franzen, Axel (Hrsg.): Kooperatives Umwelthandeln: Modelle, Erfahrungen, Maßnahmen. Zürich. Rüegger. S. 69-88.

Bruhn, Manfred; Homburg, Christian (Hrsg.) (2004): Gabler Lexikon Marketing. 2. Auflage. Wiesbaden. Gabler Verlag.

Bundesamt für Kartographie und Geodäsie (2010): Verwaltungskarte Deutschland. Bundesländer, Regierungsbezirke, Kreise. Ausgabe 2010. Frankfurt am Main.

Bundesrat (2005): Beschluss des Deutschen Bundestages. Gesetz zur Umsetzung der EG-Richtlinie über die Bewertung und Bekämpfung von Umgebungslärm. Drucksache 496/05. 16.06.2005.

BVU Beratergruppe Verkehr + Umwelt GmbH; Intraplan Consult GmbH (2007): Prognose der deutschlandweiten Verkehrsverflechtungen 2025. Kurzfassung. München/Freiburg.

Cerwenka, Peter (1989): Verkehr – eine unendliche Geschichte? In: Straße und Autobahn 9. S. 340-345.

Cerwenka, Peter (1993): Mobilität – ein Grundrecht des Menschen? In: Internationales Verkehrswesen 45. Heft 12. S. 698-702.

Cerwenka, Peter (1999): Mobilität und Verkehr: Duett oder Duell von Begriffen? Gesucht ist eine konsensfähige Terminologie. In: Der Nahverkehr. Heft 5. S. 34-37.

CITY:mobil (Hrsg.) (1999): Stadtverträgliche Mobilität: Handlungsstrategien für eine nachhaltige Verkehrsentwicklung in Stadtregionen. Berlin.

Clark, William A. V.; Huang, Youqin, Withers; Suzanne (2003): Does Commuting Distance Matter? Commuting Tolerance and Residential Change. In: Regional Science and Urban Economics 33. S. 199-221.

dena Deutsche Energie-Agentur GmbH (2009): Effizient Mobil. Das Aktionsprogramm für Mobilitätsmanagement. Die Region München. In: http://www.effizient-mobil.de/index.php?-id=muenchen. 12.09.2009.

Department for Transport, Local Government and the Regions (2002): A Review of the Effectiveness of Personalised Journey Planning Techniques. London.

de Tommasi, Roberto (2001): Vom „Managen" der Mobilität. Synthese der Forschungsprojekte „Verkehr und Umwelt" in der Schweiz. In: Verkehrszeichen. Heft 2. S. 10-14.

Deutscher Städtetag (1962): Die Stadt und ihre Region. Köln.

Deutscher Städtetag (1963): Die Verkehrsprobleme der Städte. Eine Denkschrift des Deutschen Städtetages. In: Neue Schriften des Deutschen Städtetages. Heft 10. Köln. S. 37-75.

Diekmann, Andreas (1995): Umweltbewußtsein oder Anreizstrukturen? Empirische Befunde zum Energiesparen, der Verkehrsmittelwahl und zum Konsumverhalten. In: Diekmann, Andreas; Franzen, Axel (Hrsg.): Kooperatives Umwelthandeln: Modelle, Erfahrungen, Maßnahmen. Zürich. Rüegger. S. 39-68.

Diekmann, Andreas; Preisendörfer, Peter (1998): Umweltbewußtsein und Umweltverhalten in Low- und High-Cost-Situationen: Eine empirische Überprüfung der Low-Cost-Hypothese. In: Zeitschrift für Soziologie 27. S. 438-453.

Diewitz, Uwe; Klippel, Paul; Verron, Hedwig (1998): Der Verkehr droht die Mobilität zu ersticken. In: Internationales Verkehrswesen 50. Heft 3. S. 72-74.

Dittrich-Wesbuer, Andrea (2005): Zur Steuerung von Raumentwicklung und Verkehrsnachfrage. Ergebnisse einer Expertenbefragung. In: Verkehrszeichen. Heft 1/2. S. 16-21.

Dürholt, Hans; Pfeiffer, Manfred (1997): Theoretische Grundlagen und Methodik zur Analyse der mobilitätsbezogenen Einstellungen 1994-1996. In Prognos AG (Hrsg.): Modellversuch „mobiles Schopfheim" zur Veränderung von Einstellungen und Verkehrsverhalten. Endbericht. Basel.

Echterhoff, Wilfried; Kroj, Günter; Schneider, Walter (2009): Gesellschaftliche und politische Aufgaben der Verkehrspsychologie. In: Birbaumer, Niels; Frey, Dieter; Kuhl, Julius; Schneider, Wolfgang; Schwarzer, Ralf (Hrsg.): Enzyklopädie der Psychologie. Göttingen/Bern/Toronto/Seattle. S. 567-586.

Einig, Klaus; Petzold, Hans; Siedentop, Stefan (1998): Zukunftsfähige Stadtregionen durch ressourcenoptimierte Flächennutzung. In: Walche, Henning; Dreesbach, Peter-Paul (Hrsg.): Nachhaltige Stadtentwicklung: Impulse, Projekte, Perspektiven. Stuttgart/Berlin/Köln. S. 41-93.

Einig, Klaus; Pütz, Thomas (2007): Regionale Dynamik der Pendlergesellschaft. Entwicklung von Verflechtungsmustern und Pendeldistanzen. In: BBR Bundesamt für Bauwesen und Raumordnung (Hrsg.) (2007): Siedlungsstruktur und Berufsverkehr. Informationen zur Raumentwicklung. Heft 2/3. Bonn. S. 73-91.

Einig, Klaus; Siedentop, Stefan (2007): Siedlungsstruktur und Berufsverkehr. In: BBR Bundesamt für Bauwesen und Raumordnung (Hrsg.) (2007): Informationen zur Raumentwicklung: Siedlungsstruktur und Berufsverkehr. Heft 2/3. Bonn. S. 1-11.

EMM Initiative Europäische Metropolregion München (2007): EMM-Newsletter. Nr. 0.

EMM Europäische Metropolregion München e.V. (2009a): Daten und Fakten. In: http://www.greatermunicharea.de/index.html?id=1787. 04.10.2009.

EMM Europäische Metropolregion München e.V. (2009b): Arbeitsgruppe Mobilität. In: http://www.greatermunicharea.de/index.html?id=1812. 12.09.2009.

EMM Europäische Metropolregion München e.V. (2011): Mobilitätsmanagement. In: http://www.metropolregion-muenchen.eu/themen-und-projekte/ag-4-mobilitaet/mobilitaetsmanagement.html. 12.03.2011.

Esser, Hartmut (1991): Alltagshandeln und Verstehen. Zum Verhältnis erklärender und verstehender Soziologie am Beispiel von Alfred Schütz und „Rational Choice". Tübingen.

Europäische Kommission (2007): Grünbuch „Hin zu einer neuen Kultur der Mobilität in der Stadt". KOM(2007) 551 endgültig. Brüssel. 25.09.2007.

Europäisches Parlament; Rat der Europäischen Union (2008): Richtlinie 2008/50/EG des Europäischen Parlaments und des Rates vom 21. Mai 2008 über Luftqualität und saubere Luft für Europa.

Everett, Peter B.; Hayward, Scott C.; Meyers, Andrew W. (1974): The Effects of a Token Reinforcement Procedure on Bus Ridership. In: Journal of Applied Behavior Analysis. Number 1. S. 1-9.

Faltlhauser, Oliver; Schreiner, Martin (2001): München auf dem Weg zu einem integrierten Mobilitätsmanagement. Kommunikation als Fundament zukunftsorientierter Verkehrspolitik. In: Internationales Verkehrswesen 53. Heft 9. S. 418-421.

FGM-AMOR Forschungsgesellschaft Mobilität, Austrian Mobility Research (2003): MOST – Mobility Management Strategies for the next Decades. Final Report.

FGSV Forschungsgesellschaft für Straßen- und Verkehrswesen (1987): Freiheit der Verkehrsmittelwahl. FGSV-Arbeitspapier Nr. 12. Köln. FGSV Verlag.

FGSV Forschungsgesellschaft für Straßen- und Verkehrswesen (Hrsg.) (1989): Gedanken zur Erhaltung und Förderung der Mobilität unter Berücksichtigung der Bevölkerungsentwicklung sowie des technologischen und gesellschaftlichen Wandels. Kommission „Stadt und Verkehr". FGSV-Arbeitspapier Nr. 20. Köln. FGSV Verlag.

FGSV Forschungsgesellschaft für Straßen- und Verkehrswesen (Hrsg.) (1995): Öffentlicher Personennahverkehr. Mobilitätsmanagement – ein neuer Ansatz zur Bewältigung der Verkehrsprobleme. FGSV-Arbeitspapier Nr. 38. Köln. FGSV Verlag.

FGSV Forschungsgesellschaft für Straßen- und Verkehrswesen (Hrsg.) (2001): Mobilitätsmanagement. Anwendungsbeispiele aus verschiedenen Handlungsfeldern des Verkehrswesens und des Städtebaus. Checklisten-Sammlung.

FGSV Forschungsgesellschaft für Straßen- und Verkehrswesen (2002): Verkehrsmanagement. Einsatzbereiche und Einsatzgrenzen. FGSV-Arbeitspapier Nr. 56. Köln. FGSV Verlag.

FGSV Forschungsgesellschaft für Straßen- und Verkehrswesen (2003): Nachhaltige Verkehrsentwicklung. FGSV-Arbeitspapier Nr. 59. Köln. FGSV Verlag.

FGSV Forschungsgesellschaft für Straßen- und Verkehrswesen (2005): Handbuch für die Bemessung von Straßenverkehrsanlagen. Ausgabe 2001. Fassung 2005. Köln. FGSV Verlag.

FGSV Forschungsgesellschaft für Straßen- und Verkehrswesen (Hrsg.) (2006): Mobilitätsmarketing. FGSV-Arbeitspapier Nr. 66. Köln. FGSV Verlag.

Fiedler, Joachim (1997): Damit können wir auch künftig in Bewegung bleiben. Mobilitätsmanagement als zentraler Teil umweltschonender Verkehrskonzepte. In: Die Bauverwaltung + Bauamt & Gemeindebau. Heft 5. S. 233-236.

Fiedler, Joachim (1999): Am Anfang stand die Einführung von Sammeltaxen. Mobilitätsmanagement – was ist es und was nicht. In: Stadt und Gemeinde. Heft 4. S. 150-153.

Fiedler, Joachim (2002): Mobilitätsmanagement als Chance. Planungs- und Umsetzungsprozesse beschleunigen. In: Der Nahverkehr. Heft 1/2. S. 23-26.

Fiedler, Joachim; Thiesies, Michael (1993): Mobilitätsmanagement – Was ist das? In: Nahverkehrspraxis. Heft 7/8. S. 223-225.

Fietkau, Hans-Joachim; Kessel, Hans (1991): Einleitung und Modellansatz. In: Fietkau, Hans-Joachim; Kessel, Hans (Hrsg.) (1991): Umweltlernen. Veränderungsmöglichkeiten des Umweltbewußtseins. Modelle – Erfahrungen. S. 1-14.

Finke, Timo (2003): Bewertung von Mobilitätsmanagement-Maßnahmen. Integrationsmöglichkeiten von europäischen und amerikanischen Bewertungsansätzen. In: ISB Institut für Stadtbauwesen und Stadtverkehr, RWTH Aachen (Hrsg.): Tagungsband zum 4. Aachener Kolloquium „Mobilität und Stadt". Schriftenreihe Stadt Region Land. Heft 75. Aachen. S. 51-64.

Flade, Antje (Hrsg.) (1994): Mobilitätsverhalten. Bedingungen und Veränderungsmöglichkeiten aus umweltpsychologischer Sicht. Weinheim. Beltz PVU Verlag.

Flade, Antje (1998): Mobilität definierbar? In: Internationales Verkehrswesen 50. Heft 7/8. S. 345.

Flimm, Otto (1992): Die Kernfrage heißt Mobilität. In: Altner, Günter; Mettler-Meibom, Barbara; Simonis, Udo E.; von Weizsäcker, Ernst U. (Hrsg.): Jahrbuch Ökologie 1992. München. S. 273-278.

Frank, Detlef (1994): Die Blaue Zone. Das BMW-City-Konzept für München. In: Behrendt, Siegfried; Kreibich, Rolf (Hrsg.): Die Mobilität von morgen. Umwelt- und Verkehrsentlastung in den Städten. Weinheim/Basel. S. 75-100.

Franke, Sassa (2001): Car Sharing: Vom Ökoprojekt zur Dienstleistung. Berlin.

Franz, Peter (1984): Soziologie der räumlichen Mobilität. Eine Einführung. Frankfurt am Main/New York. Campus Verlag.

Franzen, Axel (1997): Umweltsoziologie und Rational Choice: Das Beispiel der Verkehrsmittelwahl. In: Umweltpsychologie. S. 40-51.

Frehn, Michael; Holz-Rau, Christian (1999): In kleinen Schritten zu kurzen Wegen. Von den Zweifeln zur Umsetzung einer „Stadt der kurzen Wege". In: Brunsing, Jürgen; Frehn, Michael (Hrsg.): Stadt der kurzen Wege. Zukunftsfähiges Leitbild oder planerische Utopie? Dortmunder Beiträge zur Raumplanung 95. Dortmund.

Freistaat Bayern; LHM Landeshauptstadt München; MVV Münchner Verkehrs- und Tarifverbund GmbH; BMW Bayerische Motoren Werke; Siemens; Signalbau Huber; MAN Nutzfahrzeuge; Steierwald Schönharting und Partner; Technische Universität München (Hrsg.) (1997): Munich COMFORT. Kooperatives Verkehrsmanagement für München und die Region.

Frey, Dieter; Rosch, Marita (1984): Information Seeking after Decisions: The Roles of Novelty of Information and Decision Reversibility. Personality and Social Psychology Bulletin 10. S. 91-98.

Friedrich, Markus (2001): Mobiplan – Mobilitätsberatung im Internet. In: ISB Institut für Stadtbauwesen und Stadtverkehr, RWTH Aachen (Hrsg.): Tagungsband zum 2. Aachener Kolloquium „Mobilität und Stadt". Schriftenreihe Stadt Region Land. Heft 71. Karlsruhe. S. 115-128.

Fürst, Dietrich (2003): Steuerung auf regionaler Ebene versus Regional Governance. In: Informationen zur Raumentwicklung. Heft 8/9. S. 441-450.

Fujii, Satoshi; Gärling, Tommy (2005): Temporary Structural Change: A Strategy to Break Car-Use Habit and Promote Public Transport. In: Underwood, Geoffrey (Hrsg.): Traffic and Transport Psychology. Theory and Application. Proceedings of the ICTTP 2004. Amsterdam. S. 585-592.

Gabler Verlag (Hrsg.) (2009): Gabler Wirtschaftslexikon. Stichwort: Verkehrsmodelle. In: http://wirtschaftslexikon.gabler.de/Archiv/78687/verkehrsmodelle-v3.html. 24.09. 2009.

Gather, Matthias; Kagermeier, Andreas; Lanzendorf, Martin (2008): Geographische Mobilitäts- und Verkehrsforschung. Berlin/Stuttgart. Gebrüder Borntraeger Verlagsbuchhandlung.

Geier, Stefan; Holz-Rau, Christian; Krafft-Neuhäuser, Heinz (2001): Randwanderung und Verkehr. In: Internationales Verkehrswesen 53. Heft 1/2. S. 22-26.

Gelau, Christhard; Pfafferott, Ingo (2009): Verhaltensbeeinflussung durch Sicherheitskommunikation und Verkehrsüberwachung. In: Krüger, Hans-Peter (Hrsg.): Anwendungsfelder der Verkehrspsychologie. Göttingen/Bern/Toronto/Seattle. Hogrefe Verlag für Psycholgie. S. 81-126.

Gemeinde Ottobrunn (2009): Förderung der Alternativen zum Auto. In: http://www.ottobrunn.de/Umwelt/Verkehr.aspx. 10.10.2009.

Gemeinde Planegg (2011): Neubürgerpaket.

Gemeinde Unterhaching (Hrsg.) (2003): Gemeinde Unterhaching – Bürgerinformation. 2. Auflage. Allershausen. Reba Verlag.

Geml, Richard; Lauer, Hermann (2008): Marketing- und Verkaufslexikon. 4. Auflage. Stuttgart. Schäffer-Poeschel Verlag.

Geschäftsstelle der MKRO Ministerkonferenz für Raumordnung im BMVBS Bundesministerium für Verkehr, Bau und Stadtentwicklung (Hrsg.) (2006): Leitbilder und Handlungsstrategien für die Raumentwicklung in Deutschland. Verabschiedet von der Ministerkonferenz für Raumordnung am 30. Juni 2006. Berlin.

Götz, Konrad (1999): Mobilitätsstile – Folgerungen für ein zielgruppenspezifisches Marketing. In: Friedrichs, Jürgen; Hollaender, Kirsten (Hrsg.): Stadtökologische Forschung. Theorie und Anwendungen. S. 299-326.

Gorz, André (1977): Ökologie und Politik. Beiträge zur Wachstumskrise. Reinbek b. Hamburg. Rowohlt Verlag.

Gottardi, Giovanni; Hautzinger, Heinz; Tassaux, Brigitte (1989): Mobilitätschancen und Mobilitätsverhalten. Indikatorensystem für eine laufende Beobachtung der Mobilitätsentwicklung auf der Basis des Mikrozensus. Analyse des Mikrozensus 1984.

Greater London Authority (2002): Alternatives to Congestion Charging. Proceedings of a Seminar Held by the Transport Policy Committee, January 31, 2002. London.

Gronau, Werner; Voss, Sylvia (2004): Chancen und Grenzen des Direktmarketings – Erfahrungen aus Lemgo. In: Kagermeier, Andreas (Hrsg.): Verkehrssystem- und Mobilitätsmanagement im ländlichen Raum. Mannheim. S. 233-242.

Groß, Sven (2005): Mobilitätsmanagement im Tourismus. Dresden. FIT-Verlag.

Gwiasda, Peter (1999): Nutzungsmischung = Stadt der kurzen Wege für die Bewohner?. In: Brunsing, Jürgen; Frehn, Michael (Hrsg.): Stadt der kurzen Wege. Zukunftsfähiges Leitbild oder planerische Utopie? Dortmunder Beiträge zur Raumplanung 95. Dortmund. S. 23-36.

Hamann, Rainer; Jansen, Theo; Reinkober, Norbert (2007): Nachfrageorientierter Ansatz. Mobilitätsmarketing ist mehr als alter Wein in neuen Schläuchen: Unternehmerisches Denken und koordiniertes Handeln machen den kommunalen Nahverkehr attraktiver. In: Regionalverkehr 5. S. 42-44.

Harder, Günter (2008): Zur Problematik von Weg, Zeit und Raum in der Verkehrsabwicklung von Metropolregionen Deutschlands. In: Beiträge einer ökologisch und sozial verträglichen Verkehrsplanung. Heft 2. S. 91-101.

Harland, Paul; Staats, Henk.; Wilke, Henk A. M. (1999): Explaining Proenvironmental Intention and Behavior by Personal Norm and the Theory of Planned Behavior. In: Journal of Applied Social Psychology 29. Number 12. S. 2505-2528.

Harloff, Hans-Joachim (1994): Die Bedeutung des Verkehrs für Mensch und Gesellschaft. In: Flade, Antje (Hrsg.): Mobilitätsverhalten. Bedingungen und Veränderungsmöglichkeiten aus umweltpsychologischer Sicht. Weinheim. Beltz PVU Verlag. S. 25-36.

Harms, Sylvia (2003): Besitzen oder Teilen: Sozialwissenschaftliche Analyse des Car Sharings. Zürich.

Harms, Sylvia; Truffer, Bernhard (2005): Vom Auto zum Car Sharing: Wie Kontextänderungen zu radikalen Verhaltensänderungen beitragen. In: Umweltpsychologie 9. Heft 1. S. 4-27.

Heath, Yuko; Gifford, Robert (2002): Extending the Theory of Planned Behavior: Predicting the Use of Public Transport. In: Journal of Applied Social Psychology 32. Number 10. S. 2154-2189.

Heine, Wolf-D. (1995): Verkehrsmittelwahlverhalten aus umweltpsychologischer Sicht. Warum wird das Auto benutzt? In: Internationales Verkehrswesen 47. Heft 6. S. 370-377.

Heinze, Wolfgang G. (1992): Lösungsstrategien des Verkehrswachstums als Optionen der Verkehrswirtschaft. In: Hesse, Martin (Hrsg.): Verkehrswirtschaft auf neuen Wegen? Unternehmenspolitik vor der ökologischen Herausforderung. Marburg. S. 37-75.

Held, Martin (1980): Verkehrsmittelwahl der Verbraucher. Beitrag einer kognitiven Motivationstheorie zur Erklärung der Nutzung alternativer Verkehrsmittel. Augsburg.

Heller, Jochen (1997): Vom Umdenken zum Umsteigen. Steigerungspotentiale des ÖPNV durch eine Marketingoffensive in Erlangen. Arbeitsmaterialien zur Raumordnung und Raumplanung. Heft 163. Bayreuth.

Heller, Jochen (2008): Evaluationsmethodik, Testkampagnen und erste Ergebnisse des Forschungsprojekts „Evaluation von Dialogmarketing für Neubürger" – Beschreibung der Testkampagne. In: ISB Institut für Stadtbauwesen und Stadtverkehr, RWTH Aachen (Hrsg.): Tagungsband zum 9. Aachener Kolloquium „Mobilität und Stadt". Schriftenreihe Stadt Region Land. Heft 85. Aachen. S. 65-67.

Hesse, Markus (1999): Stadt und Verkehr. Fünf Thesen zu Theorie und Praxis einer besonderen Beziehung. In: Hesse, Markus (Hrsg.): Siedlungsstrukturen, räumliche Mobilität und Verkehr. Auf dem Weg zu einer Nachhaltigkeit in Stadtregionen? Materialien des Instituts für Regionalentwicklung und Strukturplanung. Graue Reihe 20. Erkner b. Berlin. S. 7-16.

Höhnberg, Ulrich; Jacoby, Christian (2011): Verwirklichung und Sicherung. In: ARL Akademie für Raumforschung und Landesplanung (Hrsg.): Grundriss der Raumordnung und Raumentwicklung, Hannover.

Holland, Heinrich (2009): Direktmarketing. Im Dialog mit dem Kunden. 3. Auflage. München. Verlag Franz Vahlen.

Hollatz, Josef W.; Tamms, Friedrich (1965): Die kommunalen Verkehrsprobleme in der Bundesrepublik Deutschland. Ein Sachverständigenbericht und die Stellungnahme der Bundesregierung. In: Hesse, Martin (Hrsg.): Verkehrswirtschaft auf neuen Wegen? Unternehmenspolitik vor der ökologischen Herausforderung. Essen. S. 37-75.

Holz-Rau, Christian (1997): Siedlungsstrukturen und Verkehr. In: Materialien zur Raumentwicklung. Heft 84. Bonn.

Holz-Rau, Christian (2006): Immer mehr und gleichzeitig weniger!. Über die Chancen zur Teilhabe. In: Technikfolgenabschätzung – Theorie und Praxis 3. Heft 12. S. 38-47.

Holz-Rau, Christian; Scheiner, Joachim (2005): Siedlungsstrukturen und Verkehr: Was ist Ursache, was ist Wirkung? In: RaumPlanung 119. S. 67-72.

Homburg, Andreas; Matthies, Ellen (2005): Umweltschonendes Verhalten. In: Frey, Dieter; von Rosenstiel, Lutz; Hoyos, Carl Graf (Hrsg.): Wirtschaftspsychologie. Weinheim/Basel. Beltz Verlag.

Hunecke, Marcel (2006): Zwischen Wollen und Müssen. Ansatzpunkte zur Veränderung der Verkehrsmittelnutzung. In: Technikfolgenabschätzung – Theorie und Praxis 3. Heft 12. S. 31-37.

Hunecke, Marcel; Blöbaum, Anke; Matthies, Ellen; Höger, Rainer (2001): Responsibility and Environment: Ecological Norm Orientation and External Factors in the Domain of Travel Mode Choice Behavior. In: Environment and Behavior 33. S. 830-852.

Hunecke, Marcel; Haustein, Sonja (2007): Einstellungsbasierte Mobilitätstypen: Eine integrierte Anwendung von multivariaten und inhaltsanalytischen Methoden der empirischen Sozialforschung zur Identifikation von Zielgruppen für eine nachhaltige Mobilität. In: Umweltpsychologie. Heft 2. S. 38-68.

Hunecke, Marcel; Langweg, Armin; Beckmann, Klaus J. (2007): Welches symbolisch-emotionale Marketing für den Nahverkehr. Möglichkeiten der Übertragbarkeit von Marketingkonzepten aus der Automobilindustrie auf den ÖPNV aus Experten- und Nutzersicht. In: Der Nahverkehr. Heft 6. S. 14-18.

Hunecke, Marcel; Schubert, Steffi; Zinn, Frank (2005): Mobilitätsbedürfnisse und Verkehrsmittelwahl im Nahverkehr. Ein einstellungsbasierter Zielgruppenansatz. In: Internationales Verkehrswesen 57. Heft 1/2. S. 26-33.

Hyllenius, Pernilla (2004): SUMO System for Evaluation of Mobility Projects. Based on MOST-MET.

ifmo Institut für Mobilitätsforschung (Hrsg.) (2005): Zukunft der Mobilität. Szenarien für das Jahr 2025. Erste Fortschreibung. Berlin.

IKM Initiativkreis Europäische Metropolregionen in Deutschland (Hrsg.) (2006): Regionales Monitoring 2006. Daten und Karten zu den Europäischen Metropolregionen in Deutschland.

IKM/BBR Initiativkreis Europäische Metropolregionen in Deutschland/Bundesamt für Bauwesen und Raumordnung (Hrsg.) (2008): Regionales Monitoring 2008. Daten und Karten zu den Europäischen Metropolregionen in Deutschland. Stuttgart/Bonn.

ILS Institut für Landes- und Stadtentwicklungsforschung des Landes Nordrhein-Westfalen (Hrsg.) (2003a): Auf dem Weg nach Delphi. Eine Delphi-Expertenbefragung zu Rahmenbedingungen für Mobilitätsmanagement in Deutschland. Dortmund.

ILS Institut für Landes- und Stadtentwicklungsforschung des Landes Nordrhein-Westfalen (Hrsg.) (2003b): Standards für Mobilitätszentralen. Dortmund.

ILS Institut für Landes- und Stadtentwicklungsforschung und Bauwesen des Landes Nordrhein-Westfalen (Hrsg.) (2004): Instrumente zur Steuerung von Raumentwicklung und Verkehrsnachfragen. Ergebnisse einer Expertenbefragung. Dortmund.

ILS Institut für Landes- und Stadtentwicklungsforschung (2009): Transferstelle Mobilitätsmanagement. Infothek: Fragen und Antworten. In: http://www.mobilitaetsmanagement.nrw.de/index.php?mp=3&s=51#1. 07.09.2009.

ILS/ISB Institut für Landes- und Stadtentwicklungsforschung des Landes Nordrhein-Westfalen/Institut für Stadtbauwesen und Stadtverkehr, RWTH Aachen, (2000): Mobilitätsmanagement-Handbuch. Dortmund.

ILS/ISB/ivm Institut für Landes- und Stadtentwicklungsforschung des Landes Nordrhein-Westfalen/Institut für Stadtbauwesen und Stadtverkehr, RWTH Aachen/Integriertes Verkehrsmanagement Region Frankfurt RheinMain (2007): Mobilitätsmanagement in der Stadtplanung. 1. Zwischenbericht. Dortmund.

Industrie- und Handelskammer für München und Oberbayern (Hrsg.) (2003): Metropolregion München das Kraftzentrum Deutschlands. Deutsche Metropolregionen im Vergleich. München.

infas Institut für angewandte Sozialwissenschaft GmbH (2006): MVV-Marktanteils- und Potenzialstudie. Bonn.

Infas/DIW Institut für an gewandte Sozialwissenschaft GmbH/Deutsches Institut für Wirtschaftsforschung (2001): KONTIV 2001. Kontinuierliche Erhebung zum Verkehrsverhalten – Methodenstudie. Projektnummer 70.631/2000 im Forschungsprogramm Stadtverkehr des Bundesministeriums für Verkehr, Bau- und Wohnungswesen, Endbericht. Bonn/Berlin.

Infas/DIW Institut für angewandte Sozialwissenschaft GmbH/Deutsches Institut für Wirtschaftsforschung (2003): Mobilität in Deutschland 2002. Kontinuierliche Erhebung zum Verkehrsverhalten. Projektnummer 70.0681/2001 im Forschungsprogramm Stadtverkehr des Bundesministeriums für Verkehr, Bau- und Wohnungswesen. Endbericht. Bonn/Berlin.

Infas/DIW Institut für angewandte Sozialwissenschaft GmbH/Deutsches Institut für Wirtschaftsforschung (2004): Mobilität in Deutschland. Ergebnisbericht. Bonn/Berlin.

Infas/DLR Institut für angewandte Sozialwissenschaft GmbH/Deutsches Zentrum für Luft- und Raumfahrt e.V. (2008): Mobilität in Deutschland 2008. Dritter Zwischenbericht. Bonn/Berlin.

Initiative Neue Soziale Marktwirtschaft (2009): Das INSM-Regionalranking 2009. In: http://www.insmregionalranking.de/2009_bl_deutschland_i_insgesamt.html. 04.10. 2009.

Institut für Arbeitsmarkt- und Berufsforschung der Bundesagentur für Arbeit (Hrsg.) (2006): Immer mehr Beschäftigte unterwegs. Pendlerbericht Bayern 2005. In: IAR regional. IAB Bayern. Heft 1. Nürnberg.

Internationaler Verband für Öffentliches Verkehrswesen (UITP) (1998): Switching to Public Transport. Brüssel.

Intraplan Consult GmbH; Ratzenberger, Ralf (2009): Gleitende Mittelfristprognose für den Personen- und Güterverkehr. Kurzfristprognose 2009 im Auftrag des Bundesministeriums für Verkehr, Bau und Stadtentwicklung. München.

ISB Institut für Stadtbauwesen und Stadtverkehr, RWTH Aachen (1999): Final Report for Publication. MOSAIC. Aachen.

ISB Institut für Stadtbauwesen und Stadtverkehr, RWTH Aachen (2003): MOST-MET. MOST Monitoring and Evaluation Toolkit. Aachen.

ISB Institut für Stadtbauwesen und Stadtverkehr, RWTH Aachen; Bamberg, Sebastian (2009): Evaluation von Dialogmarketing für Neuburger. Abschlussbericht. Aachen.

Jansen, Ute (2006): Nachhaltige Raum- und Verkehrsplanung. Integrierte Handlungsansätze und Wirkungskontrolle. In: Verkehrszeichen. Heft 3. S. 11-16.

Janssen, Lutz J.; Kirchhoff, Peter (1998): MünchenMobil. Handbuch Verkehr und Umwelt München und Region. München.

Jones, Peter; Sloman, Lynn (2003): Encouraging Behavioural Change through Marketing and Management: What Can Be Achieved? 10th International Conference on Travel Behaviour Research. August 10-15, 2003. Lucerne.

Kagermeier, Andreas (1997): Siedlungsstruktur und Verkehrsmobilität. Eine empirische Untersuchung am Beispiel von Südbayern. Dortmund.

Kagermeier, Andreas (1999): Beeinflussung von räumlicher Mobilität durch gebaute Strukturen: Wunschbild oder Chance für eine nachhaltige Gestaltung des Mobilitätsgeschehens in Stadtregionen? Fünf Thesen zu Theorie und Praxis einer besonderen Beziehung. In: Hesse, Markus (Hrsg.): Siedlungsstrukturen, räumliche Mobilität und Verkehr. Auf dem Weg zu einer Nachhaltigkeit in Stadtregionen? Materialien des Instituts für Regionalentwicklung und Strukturplanung. Graue Reihe 20. Erkner b. Berlin. S. 19-34.

Kalwitzki, Klaus-Peter (1994): Verkehrsverhalten in Deutschland. Daten und Fakten. In: Flade, Antje (Hrsg.): Mobilitätsverhalten. Bedingungen und Veränderungsmöglichkeiten aus umweltpsychologischer Sicht. Weinheim. Beltz PVU Verlag. S. 15-24.

Kalwitzki, Klaus-Peter (2005): Angst vor dem Umstieg? Abbau von Hemmnissen umweltfreundlicher Mobilität. In: Umweltministerium Baden-Württemberg; Lennart-Bernadotte-Stiftung (2005): „Das Eine tun das Andere nicht lassen". Softe Faktoren einer umweltfreundlichen Verkehrspolitik. 8. Mainauer Mobilitätsgespräch. Insel Mainau. 10. Juni 2005.

Keller, Hartmut (2006): Mobilität in Ballungsräumen. Erfahrungen mit Verkehrstelematikprojekten in München. In: Technikfolgenabschätzung – Theorie und Praxis 3. Heft 12. S. 47-57.

Keller, Stefan (Hrsg.) (1999): Motivation zur Verhaltensänderung. Das Transtheoretische Modell in Forschung und Praxis. Freiburg im Breisgau. Lambertus-Verlag.

Kemming, Herbert (2009): Mobilitätsmanagement – Perspektivenwechsel in der Verkehrspolitik. In: BMVBS Bundesministerium für Verkehr, Bau und Stadtentwicklung (Hrsg.): Urbane Mobilität. Verkehrsforschung des Bundes für die kommunale Praxis. Bremerhaven. Wirtschaftsverlag NW. S. 377-396.

Ker, Ian; James, Bruce (1999): Evaluating Behavioural Change in Transport. 23rd ATRF Conference, Perth. September 29-October 1, 1999. Perth.

Keßler, Dirk (2009): Park & Ride. Systembaustein oder Nischenangebot? In: http://www.m vv-muenchen.de/web4archiv/objects/download/1/oev-forum2009_bmw.pdf. 09.10.2009.

Kipp, Tobias (2007): Neubürgerpaket für die Region München. Präsentation der Ergebnisse der Arbeitspakete 1 und 2. München.

Kirk, Christian (Hrsg.) (2006/2007): Wirtschaftsstandort Metropolregion München. Chancen und Perspektiven einer Metropolregion. Darmstadt.

Klewe, Heinz (1996): RHAPIT, STüRM und andere FRUITS. Leisten neue Informationstechnologien einen Beitrag zur Verkehrsvermeidung? In: Politische Ökologie 49. Heft 11/12. S. 34-38.

Klöckner, Christian A. (2005a): Das Zusammenspiel von Gewohnheiten und Normen in der Verkehrsmittelwahl – ein integriertes Norm-Aktivations-Modell und seine Implikationen für Interventionen. Dissertation. Bochum.

Klöckner, Christian A. (2005b): Können wichtige Lebensereignisse die gewohnheitsmäßige Nutzung von Verkehrsmitteln verändern? – eine retrospektive Analyse. In: Umweltpsychologie 9. Heft 1. S. 28-45.

Koch, Hans-Joachim; Ziehm, Cornelia (2005): Hohe Mobilität – umweltgerechter Verkehr. Das Sondergutachten „Umwelt und Straßenverkehr" des Sachverständigenrates für Umweltfragen vom Juni 2005. In: ZUR Zeitschrift für Umweltrecht. Heft 9. S. 406-413.

Kolks, Wilhelm; Fiedler, Joachim (Hrsg.) (2003): Verkehrswesen in der kommunalen Praxis. Band I. Planung – Bau – Betrieb. 2. Auflage. Berlin. Erich Schmidt Verlag.

Konrad-Adenauer-Stiftung e.V. (Hrsg.) (2006): Europäische Metropolregionen in Deutschland Perspektiven für das nächste Jahrzehnt. Wesseling.

Kooperationspartner arrive 2008 (Hrsg.) (2008): arrive Angebote für eine mobile Region. Für eine bessere Mobilität, Lebensqualität und Wirtschaftskraft. 2005-2008. Ein Kooperationsprojekt der Region München zieht Bilanz. München.

Kraftfahrt-Bundesamt (2010): Bestand an Kraftfahrzeugen und Kraftfahrzeuganhängern am 1. Januar 2010 nach Zulassungsbezirken, Gemeinden mit vorangestellter Postleitzahl und Fahrzeugklassen. Flensburg.

Krell, Karl (1973): Beeinflussung des Individualverkehrs in den Stadtzentren von Verdichtungsgebieten. In: Der Städtetag. Heft 4. S. 227-232.

Krietemeyer, Hartmut (2007): MVV-Neubürger-Mobilitätsberatung in der Region. Projektziele, Hintergründe und Projektstand. In: http://www.inzell-initiative.de/links_infos/foev/ Neubuerger_Mobilitaetsberatung.pdf. 30.11.2010.

Kummer, Sebastian (2006): Einführung in die Verkehrswirtschaft. Wien. Facultas Verlags- und Buchhandels AG.

Kutter, Eckhard (2005): Entwicklung innovativer Verkehrsstrategien für die mobile Gesellschaft. Aufgaben – Maßnahmenspektrum – Problemlösungen. Berlin. Erich Schmidt Verlag. S. 3-8.

KVR Kreisverwaltungsreferat (2008): Verkehrs- und Mobilitätsmanagementplan (VMP). Teil Gesamtkonzept Mobilitätsmanagement. Bericht 2007 und Fortschreibung 2008/ 2009. Beschluss des Kreisverwaltungsausschusses vom 15.04.2008.

Laakmann, Kai (1999): Mobilitäts-Marketing. In: Meffert, Heribert (Hrsg.) (1999): Lexikon der aktuellen Marketing-Begriffe. Frankfurt am Main S. 161-166.

Landeshauptstadt Düsseldorf, Amt für Verkehrsmanagement (Hrsg.) (2007): VEP – Verkehrsentwicklungsplan Landeshauptstadt Düsseldorf. Teil 4: Das beschlossene Konzept bis 2020 und seine Wirkungen. Düsseldorf.

Landeshauptstadt Kiel (2007): Verkehrsentwicklungsplan 2008 – Mobil in Kiel! für die Landeshauptstadt Kiel. Kiel.

Landkreis München (2009a): Landkreis München. Konzentration des Wissens. Wirtschaft, Standortvorteile, Infrastruktur. In: http://www.wirtschaft.landkreis-muenchen.de/wirtscha ft_standort_struktur.html. 13.09.2009.

Landkreis München (2009b): Zugelassene Kraftfahrzeuge nach Gemeinden. In: http://ww w.landkreis-muenchen.de/landkreis/946.htm. 13.09.2009.

Landkreis München (2009c): Bevölkerungsstand. In: http://www.landkreis-muenchen.de/la ndkreis/944.htm. 13.09.2009.

Landratsamt München (Hrsg.) (2007): Verkehrszahlen 1973-2005. München.

Landratsamt München (2008): Kurzporträt Landkreis München. In: http://www.landkreis-m uenchen.de/pdf/kurzportrait.pdf. 13.09.2009.

Langweg, Armin (2007): Mobilitätsmanagement, Mobilitätskultur, Marketing & Mobilitätsmarketing Versuch einer Begriffserklärung. In: ISB Institut für Stadtbauwesen und Stadtverkehr, RWTH Aachen (Hrsg.): Tagungsband zum 8. Aachener Kolloquium „Mobilität und Stadt". Schriftenreihe Stadt Region Land. Heft 82. Aachen. S. 43-52.

Langweg, Armin (2008): Wege zum erfolgreichen Neubürgermarketing. In: ISB Institut für Stadtbauwesen und Stadtverkehr, RWTH Aachen (Hrsg.): Tagungsband zum 9. Aachener Kolloquium „Mobilität und Stadt". Schriftenreihe Stadt Region Land. Heft 85. S. 57-64. Aachen.

Langweg, Armin; Beckmann, Klaus J.; Hunecke, Marcel; Baasch, Stefanie (2006): Emotionales Marketing im ÖPNV – ein Werkstattbericht aus dem Projekt „Lernen vom Pkw". In: ISB Institut für Stadtbauwesen und Stadtverkehr, RWTH Aachen (Hrsg.): Tagungsband zum 7. Aachener Kolloquium „Mobilität und Stadt". Schriftenreihe Stadt Region Land. Heft 80. Aachen. S. 29-37.

Langweg, Armin; Witte, Andreas (2004): Mobilitätsmanagement in Deutschland und Europa. In: Verkehrszeichen. Heft 3. S. 13-19.

Lefrancois, Guy R. (2006): Psychologie des Lernens. 4. Auflage. Heidelberg. Springer Verlag.

Lehner, Friedrich (1966): Wechselbeziehungen zwischen Städtebau und Nahverkehr. Schriftenreihe für Verkehr und Technik. Heft 29. Bielefeld.

Lepper Mark R.; Greene David (1978): The Hidden Cost of Reward: New Perspectives on the Psychology of Human Motivation. New York. Wiley.

LHM Landeshauptstadt München (1974): Stadtentwicklungsplan '74. München.

LHM Landeshauptstadt München (1983): Stadtentwicklungsplan 1983. München.

LHM Landeshauptstadt München (Hrsg.) (1993): Verkehr in München. Arbeitsbericht Dezember 1993. München.

LHM Landeshauptstadt München (Hrsg.) (1995): Münchner Perspektiven einer stadtverträglichen Mobilität. Verkehrsminderungskonzept für die Landeshauptstadt München. München.

LHM Landeshauptstadt München (Hrsg.) (2002a): Bevölkerungsprognosen 2002 der Landeshauptstadt München. Bekanntgabe in der Sitzung des Ausschusses für Stadtplanung und Bauordnung vom 04.12.2002. München.

LHM Landeshauptstadt München (Hrsg.) (2002b): Raus aus der Stadt? Untersuchung der Motive von Fortzügen aus München in das Umland 1998-2000. München.

LHM Landeshauptstadt München (Hrsg.) (2003a): Region München – Entwicklungstrends und Kooperationsstrategien.

LHM Landeshauptstadt München (Hrsg.) (2003b): MOBINET Abschlussbericht. 5 Jahre Mobilitätsforschung im Ballungsraum München. München.

LHM Landeshauptstadt München (Hrsg.) (2004a): Mobilität in Deutschland. Kurzbericht Landeshauptstadt München. München.

LHM Landeshauptstadt München (2004b): Gesamtkonzept Mobilitätsmanagement. Beschluss des Kreisverwaltungsausschusses vom 24.07.2004.

LHM Landeshauptstadt München (Hrsg.) (2005a): Münchens Zukunft gestalten. Perspektive München – Strategien, Leitlinien, Projekte. München.

LHM Landeshauptstadt München (2005b): Nahverkehrsplan der Landeshauptstadt München. Infrastruktur und Qualität im Öffentlichen Personennahverkehr. München.

LHM Landeshauptstadt München (Hrsg.) (2006a): Verkehrsentwicklungsplan. Beschluss der Vollversammlung des Stadtrats vom 15. März 2006. München.

LHM Landeshauptstadt München (Hrsg.) (2006b): Münchner Bürgerinnen- und Bürgerbefragung 2005. Soziale Entwicklung und Lebenssituation der Münchner Bürgerinnen und Bürger – Kurzfassung. München.

LHM Landeshauptstadt München (2006c): Region München Entwicklungstrends und Kooperationsstrategien. Regionsbericht 2005/2006. Beschluss der Vollversammlung des Stadtrates vom 05.04.2006. München.

LHM Landeshauptstadt München (2006d): Der Verkehrs- und Mobilitätsmanagementplan. Beschluss des Kreisverwaltungsausschusses vom 25.07.2006. München.

LHM Landeshauptstadt München (2006e): Verkehrs- und Mobilitätsmanagementplan (VMP), Teil Gesamtkonzept Mobilitätsmanagement. Beschluss der Vollversammlung des Stadtrats vom 13.12.2006.

LHM Landeshauptstadt München (Hrsg.) (2007): Klimaschutz in der Region München. Sorgen und Erwartungen. Bevölkerungsrepräsentative Mehrthemenbefragung in der Region München. München.

LHM Landeshauptstadt München (2009a) Verkehrsplanung. Mobilitätsmanagement. In: http://www.muenchen.de/Rathaus/plan/stadtentwicklung/verkehrsplanung/mobilitaet/98 912/09_mobilman.html. 11.09.2009.

LHM Landeshauptstadt München (Hrsg.) (2009b): Betriebliches Mobilitätsmanagement München 2008 bis 2009. München.

LHM Landeshauptstadt München (2009c): Multimodales Mobilitätsmanagement. Das Münchner Neubürgerpaket. In: http://arrive.de/index.php?aid=314-1&bid=314-2. 12.09.2009.

LHM/MVG Landeshauptstadt München/Münchner Verkehrsgesellschaft mbH (2005): Willkommen in München: Landeshauptstadt München und MVG starten Kampagne „Gscheid mobil" für Neubürgerinnen und Neubürger – erstmals umfassende intermodale Mobilitätsberatung. Pressemitteilung vom 25.10.2005.

LHM Landeshauptstadt München, Statistisches Amt (2009): Statistische Informationen. Regionaldaten. In: http://www.mstatistikmuenchen.de/themen/regionaldaten/jahreszahlen/jahreszahlen_2008/p_jt091002.pdf. 11.09.2009.

Loose, Willi (2004): ÖPNV-Begrüßungspaket und Schnupperticket für Neubürger. Bericht zur Evaluation der Maßnahme zum ÖPNV-Direktmarketing. Freiburg.

Mager, Thomas J. (2003): 1990... Kundenbindung durch neue Marketingstrategien. In: Nahverkehrspraxis. Heft 9. S. 94-97.

Mager, Thomas J. (2006): Kommunikations- und Marketingmaßnahmen im ÖPNV. In: Verkehrszeichen. Heft 2. S. 4-8.

Meffert, Heribert; Burmann, Christoph; Kirchgeorg, Manfred (2008): Marketing. Grundlagen marktorientierter Unternehmensführung. Konzepte – Instrumente – Praxisbeispiele. 10. Auflage. Wiesbaden. Gabler Verlag.

Meinhard, Dirk (2003): Perspektiven im Mobilitätsmanagement – Ein Handbuch für Anwender. In: ISB Institut für Stadtbauwesen und Stadtverkehr, RWTH Aachen (Hrsg.): Tagungsband zum 4. Aachener Kolloquium „Mobilität und Stadt". Schriftenreihe Stadt Region Land. Heft 75. Aachen. S. 195-201.

METREX (2009): METREX. Das Netzwerk der europäischen Ballungs- und Großräume. In: http://www.eurometrex.org/Docs/About/DE_Brochure.pdf. 08.09.2009.

Mobiplan-Projektkonsortium (Hrsg.) (2002): Mobiplan – Eigene Mobilität verstehen und planen – Langfristige Entscheidungen und ihre Wirkung auf die Alltagsmobilität. Abschlussbericht – Kurzfassung.

MOST Consortium (Hrsg.) (2001): Most-Met Monitoring and Evaluation Toolkit. A Guide for the Assessment of Mobility Management Approaches. Aachen.

Motzkus, Arnd (2001): Verkehrsmobilität und Siedlungsstrukturen im Kontext einer nachhaltigen Raumentwicklung von Metropolregionen. In: Raumforschung und Raumordnung. Heft 2/3. S. 192-202.

Motzkus, Arnd (2005): Raum und Verkehr im Kontext von Wachstum und Schrumpfung. Zwischen Kompaktheit und Dispersion, Urbanität und Suburbanität, Zentralität und Peripherie. In: RaumPlanung 119. S. 61-66.

Müller, Guido (2004): Mobilität organisieren. Rahmenbedingungen für ein effektives Mobilitätsmanagement. In: Internationales Verkehrswesen 56, 9. S. 371-378.

Münchner Abendzeitung (2005): Gscheid mobil in München – so flutscht's. Stadt bietet neuen Service für alle Neu-Bürger. 25.10.2005.

Münchner Forum (Hrsg.) (1974): Beiträge zum Münchner Stadtentwicklungsplan '74. Beiträge zur Fortschreibung des Münchener Stadtentwicklungsplanes. Heft 11 der Sammelreihe. München.

Münchner Merkur (2005): Verkehrsinfos für 85 000 Zugezogene. Stadt startet Pilotprojekt „Neubürgerpaket". 27.10.2005.

MVV Münchner Verkehrs- und Tarifverbund GmbH (2007a): Regionaler Nahverkehrsplan. Für das Gebiet des Münchner Verkehrs- und Tarifverbundes. München.

MVV Münchner Verkehrs- und Tarifverbund GmbH (Hrsg.) (2007b): Der Öffentliche Personennahverkehr und sein Markt im Großraum München: Mobilitätsverhalten, Marktanteile und -potenziale. In: Schriftenreihe der Münchner Verkehrs- und Tarifverbund GmbH. München.

MVV Münchner Verkehrs- und Tarifverbund GmbH (Hrsg.) (2009): Das MVV-Kundenbarometer-Tracking – Die Entwicklung der Kundenzufriedenheit im MVV seit 1996. München.

MVV Münchner Verkehrs- und Tarifverbund GmbH (Hrsg.) (2010): Verkehrslinienplan Region. Stand Dezember 2010. München.

Nallinger, Sabine (2007): Das Ohr am Kunden. Münchner Verkehrsgesellschaft (MVG) setzt auf Mobilitätsmanagement. In: Planerin. Heft 2. S. 15-17.

NEA Transportonderzoek en -opleiding (2000): Report MOMENTUM, Fifth Deliverable, Final Report. Rijswijk.

Neske, Fritz; Wiener, Markus (Hrsg.) (1985): Management-Lexikon. Band 2. Gernsbach. Deutscher Betriebswirte-Verlag.

Oberste Baubehörde im Bayerischen Staatsministerium des Innern (Hrsg.) (2002): Das Projekt BAYERNINFO. Verkehrsinformationen für Bayern. Ein Projekt der Initiative BayernOnline der Bayerischen Staatsregierung. Projektbewertung. München.

Oelmann, Hubertus (1998): Nachhaltiges Mobilitätsmanagement in Metropolen. Das Beispiel Köln. In: Walcha, Henning; Dreesbach, Peter-Paul (Hrsg.): Nachhaltige Stadtentwicklung: Impulse, Projekte, Perspektiven. Stuttgart/Berlin/Köln. S. 189-215.

Oeltze, Sven; Bracher, Tilman; Dreger, Christian; Eichmann, Volker; Heller, Jochen; Lohse, Dieter; Ludwig, Udo; Schwarzlose, Ilka; Wauer, Sebastian; Zimmermann, Frank (2007): Mobilität 2050: Szenarien der Mobilitätsentwicklung unter Berücksichtigung von Siedlungsstrukturen bis 2050. Edition Difu – Stadt Forschung Praxis. Band 1. Berlin.

Ohnmacht, Timo (2006): Die Geografie des Sozialen als Aktivitätsraum. Räumliche Verteilung der Sozialkontakte unter den Bedingungen von Mobilitätsbiografien.

Ohnmacht, Timo; Axhausen, Kay W. (2005): „Wenn es billiger ist als die Bahn – na ja, warum nicht?": Qualitative Interviews zu Mobilitätsbiographien, Mobilitätswerkzeugen und sozialen Netzen.

Ohnmacht, Timo; Götz, Konrad; Schad, Helmut (2009) Leisure Mobility Styles in Swiss Conurbations: Construction and Empirical Analysis. In: Transportation. S. 243-265.

OpenStreetMap und Mitwirkende, CC-BY-SA (2011): Weltkarte. In: http://www.openstreetmap.de/. 30.01.2011.

Organisation for Economic Co-operation and Development (OECD) (2004): Communication Environmentally Sustainable Transport. The Role of Soft Measures.

Praschl, Michael; Risser, Ralf (1994): Gute Vorsätze und Realität: Die Diskrepanz zwischen Wissen und Handeln am Beispiel Verkehrsmittelwahl. In: Flade, Antje (Hrsg.): Mobilitätsverhalten. Bedingungen und Veränderungsmöglichkeiten aus umweltpsychologischer Sicht. Weinheim. Beltz Psychologie Verlags Union. S. 209-224.

Praschl, Michael; Risser, Ralf (1995): Verkehrsmittelwahl: Gute Vorsätze und Realität. In: Zeitschrift für Verkehrssicherheit 41. S. 23-30.

Preisendörfer, Peter; Wächter-Scholz, Franziska; Franzen, Axel; Diekmann, Andreas; Schad, Helmut (1999): Umweltbewußtsein und Verkehrsmittelwahl. In: Bundesanstalt für Straßenwesen BASt (Hrsg.): Berichte der Bundesanstalt für Straßenwesen. Mensch und Sicherheit. Heft M 113. Bergisch Gladbach.

Priebs, Axel (2004): Raum Hannover - Braunschweig - Göttingen auf dem Weg zur Europäischen Metropolregion. In: Neues Archiv. Heft 2. S. 101-112.

Prillwitz, Jan (2007): Der Einfluss von Schlüsselereignissen im Lebenslauf auf das Verkehrshandeln unter besonderer Berücksichtigung von Wohnumzügen. Leipzig.

Prognos (1998): Markt- und Potentialanalyse neuer integrierter Mobilitätsdienstleistungen in Deutschland Schlussbericht. Untersuchung im Auftrag des Bundesministeriums für Bildung, Wissenschaft, Forschung und Technologie. Basel.

Prognos AG; Handelsblatt (2007): Zukunftsatlas 2007 – Deutschlands Regionen im Zukunftswettbewerb.

PV Planungsverband Äußerer Wirtschaftsraum München (2008): Region München 2008. Ausführliche Datengrundlagen. München.

PV Planungsverband Äußerer Wirtschaftsraum München (2009): Region München 2009. Ausführliche Datengrundlagen. München.

Regierung von Oberbayern (2010): Regionalmanagement und regionale Initiativen in Oberbayern. In: http://www.regierung.oberbayern.bayern.de/aufgaben/wirtschaft/raumordnung/management/index.php. 30.11.2010.

Reiners, Beate; Wiethüchter, Jürgen (2004): Mobilitätsmarketing in einer Mittelstadt: Das Beispiel Hürth. (SVH-ServiceCenter). In: Kagermeier, Andreas (Hrsg.) (2004): Verkehrssystem- und Mobilitätsmanagement im ländlichen Raum. Studien zur Mobilitäts- und Verkehrsforschung. Mannheim. S. 243-259.

Reinhold, Tom; Tregel, Stephan (1998): Gründe für die Wahl der Verkehrsmittel im Berufsverkehr. Befragung von BMW-Mitarbeitern am Standort München. In: Der Nahverkehr. Heft 10. S. 32-37.

Ricci, Laura Lorenza (2000): Monitoring Progress towards Sustainable Urban Mobility. Evaluation of Five Car Free Cities Experiences. Sevilla.

Rölle, Daniel; Weber, Christoph (2003): Neue Mobilität am neuen Wohnort? Individuelle Informationen nach dem Umzug als Beitrag zu einer nachhaltigen Mobilität. In: Scherhorn, Gerhard; Weber, Christoph (Hrsg.): Nachhaltiger Konsum – Auf dem Weg zur gesellschaftlichen Verankerung. München. Oekom Verlag. S. 389-401.

Rölle, Daniel; Weber, Christoph; Bamberg, Sebastian (2002a): Vom Auto zum Autobus: Der Umzug als Einstieg zum Umstieg. In: GAIA 11. Heft 2. S. 134-138.

Rölle, Daniel; Weber, Christoph; Bamberg, Sebastian (2002b): Akzeptanz und Wirksamkeit verkehrspolitischer Maßnahmen. Befunde aus drei empirischen Studien. Berlin.

Rölle, Daniel; Weber, Christoph; Bamberg, Sebastian (2003): Neue Mobilität am neuen Wohnort? Individuelle Informationen nach dem Umzug als Beitrag zu einer nachhaltigen Mobilität. In: Scherhorn, Gerhard; Weber, Christoph (Hrsg.): Nachhaltiger Konsum. Auf dem Weg zur gesellschaftlichen Verankerung. München. S. 389-401.

RPV Regionaler Planungsverband München (2009a): Regionalplan München – Teil B – Fachliche Ziele. In: http://www.region-muenchen.com/regplan/rplan.htm. 07.09. 2009.

RPV Regionaler Planungsverband München (2009b): Der Regionale Planungsverband München. In: http://www.region-muenchen.com/verband/verband.htm. 12.09. 2009.

Rumpke, Christian A. (2005): Marketinginstrumente bei Mobilitätsdienstleistungen im Öffentlichen Personennahverkehr (ÖPNV) in Deutschland. Wirkungen, Hemmnisse und Konsequenzen. Berlin.

Schäfer, Martina; Bamberg, Sebastian (2008): Braking Habits: Linking Sustainable Consumption Campaigns to Sensitive Life Events. In: http://www.lifeevents.de/media/pdf/publik/Schaefer_Bamberg_SCORE.pdf. 08.10.2009.

Schäfers, Bernhard; Kopp, Johannes (Hrsg.) (2006): Grundbegriffe der Soziologie. 9. Auflage. Wiesbaden. VS Verlag für Sozialwissenschaften.

Scheiner, Joachim (2005): Auswirkungen der Stadt- und Umlandwanderung auf Motorisierung und Verkehrsmittelnutzung. Ein dynamisches Modell des Verkehrsverhaltens. In: Verkehrsforschung online. Ausgabe 1. S. 1-17.

Scheiner, Joachim (2009): Sozialer Wandel, Raum und Mobilität. Empirische Untersuchungen zur Subjektivierung der Verkehrsnachfrage. Wiesbaden.

Schellhase, Ralf (2000): Mobilitätsverhalten im Stadtverkehr. Eine empirische Untersuchung zur Akzeptanz verkehrspolitischer Maßnahmen. Wiesbaden.

Schlichter, Hans-Georg; Keller, Hartmut; Wolters, Wilhelm (1990): Kooperatives Verkehrsmanagement. In: VDI Verein Deutscher Ingenieure (Hrsg.) (1990): Neue Konzepte für den fließenden und ruhenden Verkehr. VDI Berichte Band 817. Tagung Wolfsburg. 27. und 29. November 1990. S. 133-146.

Schlums, Johannes (1964): Verkehrsnöte der Städte. In: Der Städtetag. Heft 7. S. 342-347.

Schmidt, Lieselotte; Littig, Beate (1994): Umweltlernen im Betrieb am Beispiel der Verkehrsmittelwahl auf dem Arbeitsweg. In: Flade, Antje (Hrsg.): Mobilitätsverhalten. Bedingungen und Veränderungsmöglichkeiten aus umweltpsychologischer Sicht. Weinheim. Beltz Psychologie Verlags Union. S. 225-237.

Schmucki, Barbara (2001): Der Traum vom Verkehrsfluss. Städtische Verkehrsplanung seit 1945 im deutsch-deutschen Vergleich. Frankfurt am Main. Campus Verlag.

Schoch, Rolf B. (1991): Entwicklungstendenzen im Konsumentenverhalten und deren Bedeutung für das Mobilitätsmarketing. In: Thexis. Heft 2. S. 62-67.

Schreiner, Martin (2009): Multimodales Marketing für eine nachhaltige Mobilitätskultur. In: BMVBS Bundesministerium für Verkehr, Bau und Stadtentwicklung (Hrsg.): Urbane Mobilität. Verkehrsforschung des Bundes für die kommunale Praxis. Bremerhaven. Wirtschaftsverlag NW. S. 397-414.

Schütz, Otto (1956): Der Regionalplan München. In: Raumforschung und Landesplanung. Heft 2/3. S. 1-14.

Schwarz, Shalom H. (1977): Normative Influence on Altruism. In: Berkowitz, Leonard (Hrsg.): Advances in Experimental Social Psychology 10. New York. S. 221-279.

SCI Verkehr GmbH (2002): Integrierte Verkehrspolitik. Herausforderung, Verantwortung und Handlungsfelder. Zusammenfassung der Ergebnisse der Arbeitsgruppe „Integrierte Verkehrspolitik" beim Bundesministerium für Verkehr, Bau- und Wohnungswesen. Berlin.

Siemens AG (Hrsg.): (2009): Sustainable Urban Infrastructure. Ausgabe München – Wege in eine CO_2-freie Zukunft. München.

Sinz, Manfred (2004): Ballungsräume als Wachstumsmotoren der Zukunft: Europäische Metropolfunktionen und Suburbanisierung. Vortrag. In: Bundesministerium für Verkehr, Bau- und Wohnungswesen: Forschungskonferenz Mobilität – Politik und Wissenschaft im Dialog. 4.-5. November 2004. Berlin.

SRU Sachverständigenrat für Umweltfragen (2005): Hohe Mobilität – umweltgerechter Verkehr. Sondergutachten „Umwelt und Straßenverkehr". Berlin.

Stadt Dortmund, Stadtplanungsamt (Hrsg.) (2004): Masterplan Mobilität Dortmund 2004. Lünen.

Stadt Münster; Europäische Kommission (Hrsg.) (2000): Schnittstellen im Mobilitätsmanagement. Neue Kooperationen, Techniken, Lösungen. Dortmund.

Stadtplanungsamt der Landeshauptstadt München (1963): Stadtentwicklungsplan einschließlich Gesamtverkehrsplan. München.

Stanbridge, Karen; Lyons, Glenn; Farthing, Stuart (2004): Travel Behaviour Change and Residential Relocation. Paper presented at the 3rd International Conference of Traffic and Transport Psychology. September 5-9, 2004. Nottingham.

Statistisches Bundesamt (Hrsg.) (2003a): Umwelt - Umweltproduktivität, Bodennutzung, Wasser, Abfall. Wiesbaden.

Statistisches Bundesamt (Hrsg.) (2003b): Verkehr und Umwelt. Umweltökonomische Gesamtrechnungen 2004. Wiesbaden.

Statistisches Bundesamt (Hrsg.) (2003c): Bevölkerung Deutschlands bis 2050 – 10. koordinierte Bevölkerungsvorausberechnung. Wiesbaden.

Statistisches Bundesamt (Hrsg.) (2006): Verkehr in Deutschland 2006. Wiesbaden.

Statistisches Bundesamt (Hrsg.) (2007): Umweltnutzung und Wirtschaft. Bericht zu den Umweltökonomischen Gesamtrechnungen. Wiesbaden.

Steierwald, Gerd; Künne, Hans Dieter; Vogt, Walter (Hrsg.) (2005): Stadtverkehrsplanung. Grundlagen, Methoden, Ziele. 2. Auflage. Berlin/Heidelberg/New York. Springer-Verlag.

StMUGV Bayerisches Staatsministerium für Umwelt, Gesundheit und Verbraucherschutz (2004): Luftreinhalteplan für die Stadt München. September 2004. München.

StMWIVT Bayerisches Staatsministerium für Wirtschaft, Infrastruktur, Verkehr und Technologie (Hrsg.) (2004): 15. Raumordnungsbericht. Bericht über die Verwirklichung des Landesentwicklungsprogramms und über räumliche Entwicklungstendenzen in Bayern 1999/2002. München.

StMWIVT Bayerisches Staatsministerium für Wirtschaft, Infrastruktur, Verkehr und Technologie (Hrsg.) (2006): Das Landesentwicklungsprogramm Bayern 2006. München.

StMWIVT Bayerisches Staatsministerium für Wirtschaft, Infrastruktur, Verkehr und Technologie (2010): Regionalmanagement In: http://www.landesentwicklung.bayern.de/instrumente/regionalmanagement.html. 30.11.2010.

StMWVT Bayerisches Staatsministerium für Wirtschaft, Verkehr und Technologie (Hrsg.) (2002): Gesamtverkehrsplan Bayern 2002. München.

Strasser, Susanne (2009): Neubürger in der Region. In: http://www.mvv-muenchen.de/web4archiv/objects/download/oev-forum2009_mvv.pdf. 10.10.2009.

Stroebe, Wolfgang; Jonas, Klaus; Hewstone, Miles (2003): Sozialpsychologie. Eine Einführung. 4. Auflage. Berlin/Heidelberg. Springer-Verlag.

Sustrans (Hrsg.) (2001): Changing Personal Travel Behaviour. A Seminar on Innovative Strategies for Reducing Car Use. March 21, 2001. London.

SZ Süddeutsche Zeitung (2005a): Neubürger erhalten Infos zum Nahverkehr. 18.11.2005.

SZ Süddeutsche Zeitung (2005b): München-Pendler-Studie 2005. München.

SZ Süddeutsche Zeitung (2006a): Angebot für Neu Münchner. Neubürgerpaket schafft Überblick über Verkehrssystem. 10.01.2008.

SZ Süddeutsche Zeitung (2006b): 1,2 Millionen Euro für Mobilitätsmanagement. Professionelle Beratung zum Verkehrsangebot. Stadt will mehr Münchner zu ÖPNV-Nutzern machen. 30.11.2006.

SZ Süddeutsche Zeitung (2007a): München soll 6-Millionen-Metropole werden. 02.03.2007.

SZ Süddeutsche Zeitung (2007b): „Zukunftsatlas" 2007 – Zehn der 20 Top-Standorte liegen in Bayern. Deutschlands attraktivste Wirtschaftsstandorte liegen laut einer Studie in Bayern. Einige ostdeutsche Ballungsräume holen allerdings stark auf. 26.03.2007.

SZ Süddeutsche Zeitung (2007c): Die S-Bahn und die Industrialisierung der Region. 1972 begann mit der Inbetriebnahme des neuen Verkehrsmittels ein rasanter Strukturwandel – heute leben im Umland mehr Menschen als in München. In: Sonderveröffentlichung der Süddeutschen Zeitung „Ein Motor der Entwicklung für Stadt und Region – 35 Jahre S-Bahn München". 06.07.2007.

SZ Süddeutsche Zeitung (2007d): Einsteigen, bitte!. Die Stadt wirbt bei Neu-Münchnern für den MVV. 16.10.2007.

SZ Süddeutsche Zeitung (2007e): Alles über Mobilität. Stadt will Neubürgerpaket auf Dauer etablieren. 29.11.2007.

Tanner, Carmen; Foppa, Klaus (1996): Umweltwahrnehmung, Umweltbewußtsein und Umwelthandeln. In: Diekmann, Andreas; Jaeger, Carlo C. (Hrsg.): Umweltsoziologie. Opladen. S. 245-271.

Tewes, Uwe; Wildgrube, Klaus (Hrsg.) (1999): Psychologie-Lexikon. 2. Auflage. München/ Wien. Oldenbourg Verlag.

Tiefbauamt der Stadt Zürich, Verkehrsplanung (1999): Infobedarf und Verkehrsverhalten von Neuzuziehenden.

Thiesies, Michael (1998): Mobilitätsmanagement. Handlungsstrategie zur Verwirklichung umweltschonender Verkehrskonzepte. In: Schriftenreihe für Verkehr und Technik. Bielefeld. Erich Schmidt Verlag.

Topp, Hartmut H. (1992): Verkehrskonzepte für Stadt und Umland zwischen Krisenmanagement und Zukunftsgestaltung. In: Raumforschung und Raumordnung. Heft 1/2. S. 15-23.

Topp, Hartmut H. (1993): Verkehrsmanagement in den USA. Verhaltensänderungen und „intelligente" Fahrzeug-/Straßensysteme sind gefordert. In: Der Nahverkehr. Heft 4. S. 12-17.

Topp, Hartmut H. (1994a): Anforderungen integrierter Stadt- und Verkehrsplanung: In: Lukner, Christian (Hrsg.): Umweltverträgliche Verkehrskonzepte in Kommunen. Bonn. S. 57-76.

Topp, Hartmut H. (1994b): Weniger Verkehr bei gleicher Mobilität? In: Internationales Verkehrswesen 46. Heft 9. S. 486-493.

Topp, Hartmut H. (Hrsg.) (1996): Notwendiger Autoverkehr in der Stadt. In: Universität Kaiserslautern, Fachgebiet Verkehrswesen. Grüne Reihe Nr. 35. Kaiserslautern.

Topp, Hartmut H. (1998): Verkehrsbeziehungen in Stadtregionen nach 2000. In: Walcha, Henning; Dreesbach, Peter-Paul (Hrsg.): Nachhaltige Stadtentwicklung: Impulse, Projekte, Perspektiven. Stuttgart/Berlin/Köln. S. 160-185.

Topp, Hartmut H. (2003): Mehr Mobilität, weniger Verkehr bei Innen- vor Außenentwicklung. In: Raumforschung und Raumordnung. Heft 4. S. 292-296.

Topp, Hartmut H. (2006a): Siedlung, Mobilität und Verkehr. Beitrag zum Stuttgarter Dialog „Stadtentwicklung". In: Verkehrszeichen. Heft 3. S. 6-11.

Topp, Hartmut H. (2006b): Trends, innovative Weichenstellungen und Hebel für Mobilität und Verkehr - von 2030 aus gesehen. In: Technikfolgenabschätzung – Theorie und Praxis 3. Heft 12. S. 12-20.

Transport and Travel Research Ltd, UK (2003): TAPESTRY. Revised Deliverable 3 – Campaign Assessment Guidance.

Transport Studies Group, University of Westminster, UK; Socialdata, Institut für Verkehrs- und Infrastrukturforschung, Germany; Environment, Transport and Planning, Spain; T.E. Marknadskommunikation, Sweden; Primaria Municipiului Chisinau, Moldava (1999): IN-PHORMM. Final Report. Promoting Sustainable Transport – the Role of Information, Publicity and Community Education.

Triandis Harry C. (1977): Interpersonal Behavior. Monterey. Brooks/Cole Publishing.

UBA Umweltbundesamt (Hrsg.) (2001). Mobilitätsmanagement zur Bewältigung kommunaler Verkehrsprobleme. Berlin.

UBA Umweltbundesamt (Hrsg.) (2002): Bedeutung psychologischer und sozialer Einflussfaktoren für eine nachhaltige Verkehrsentwicklung. Vorstudie. Berlin.

UBA Umweltbundesamt (Hrsg.) (2005). Determinanten der Verkehrsentstehung. Dessau.

UBA Umweltbundesamt (2009a): Daten zur Umwelt – Lärmbelästigung durch verschiedene Geräuschquellen. In: http://www.umweltbundesamt-umwelt-deutschland.de/umwelt daten/public/theme.do?nodeldent=2451. 20.09.2009.

UBA Umweltbundesamt (2009b): Verkehr. Mehr Mobilität mit weniger Verkehr. Plädoyer für eine zukunftsfähige Mobilität. In: http://www.umweltbundesamt.de/verkehr/nachhentw/ mobilitaet/verkehr.htm. 06.09.2009.

UBA Umweltbundesamt (2009c): Verkehr – Portal kommunal mobil. Mobilitätsverhalten. In: http://www.umweltbundesamt.de/verkehr/mobil/mobilitaetsverhalten.htm. 10.09. 2009.

U.S. Department of Transportation Federal Highway Administration (2004): Mitigating Traffic Congestion. The Role of Demand-Side Strategies. Washington D. C.

Vallée, Dirk (1994): Das Verkehrsangebot als Basis zur Berechnung der Mobilität im Stadtverkehr. In: Zeitschrift für Verkehrswissenschaft. Heft 4. S. 255-267.

Vallée, Dirk (1995): Quantifizierung oberer und unterer Grenzen der Mobilität. Verkehrsverhalten ist berechenbar. In: Internationales Verkehrswesen 47. Heft 3. S. 99-108.

Vallée, Dirk (2005): Flächen Gewinnen – Baulandinitiative des Regierungspräsidiums Stuttgart, 27.05.2005. Siedlungsflächenmanagement in der Region Stuttgart – Beispiel Verdichtungsraum. In: http://la.boa-bw.de/archive/frei/815/0/www.wm.baden-wuerttemb erg.de/fm/1106/Stuttgart_Vallee.pdf. 10.10.2009.

Vallée, Dirk; Köhler, Stefan (2000): Verkehr und/oder Telekommunikation? – Eine Untersuchung zu physischen und virtuellen Raumüberwindungsprozessen. In: Zeitschrift für Verkehrswissenschaft. Heft 4. S. 305-332.

van der Waerden, Peter; Timmermans, Harry; Borgers, Aloys (2003): The Influence of Key Events and Critical Incidents on Transport Mode Choice Switching Behaviour: A Descriptive Analysis. 10th International Conference on Travel Behaviour Research. August 10-15, 2003. Lucerne.

van Wee; Holwerda van Baren (2002): Preferences for Modes, Residential Location and Travel Behaviour: the Relevance for Land-Use Impacts on Mobility. In: European Journal of Transport and Infrastructure Research. Number 3/4. S. 305-316.

VDI Verein Deutscher Ingenieure (Hrsg.) (1991): Mobilität und Verkehr – reichen die heutigen Konzepte aus? Tagung in München. Düsseldorf.

Verband Region Stuttgart (2009): Verband Region Stuttgart – was ist das? In: http://www.r egion-stuttgart.org/vrs/main.jsp?navid=1. 12.09.2009.

Verhoeven, Marloes; Arentze, Theo; Timmermans, Harry; van der Waerden, Peter (2005): Modeling the Impact of Key Events on Long-Term Transport Mode Choice Decisions: A Decision Network Approach Using Event History Data. Paper accepted for presentation at the 84th Annual Meeting of the Transportation Research Board, Washington DC.

Verhoeven, Marloes; Arentze, Theo; Timmermans, Harry; van der Waerden, Peter (2007a): Simulating the Influence of Life Trajectory Events on Transport Mode Behavior in an Agent-based System. Proceedings of the 2007 IEEE Intelligent Transportation Systems Conference. September 30-October 3, 2007. Seattle, WA, USA. S. 107-112.

Verhoeven, Marloes; Arentze, Theo; Timmermans, Harry; van der Waerden, Peter (2007b): Examining Temporal Effects of Lifecycle Events on Transport Mode Choice Decisions. In: International Journal of Urban Science 11. Number 1. S. 1-15.

Verplanken, Bas; Aarts, Henk (1999): Habit, Attitude, Planned Behavior: Is Habit an Empty Construct or an Interesting Case of Goal Directed Automaticity? In: Stroebe, Wolfgang; Hewstone, Miles (Hrsg.): European Review of Social Psychology 10. Chichester. S. 100-134.

Verplanken, Bas; Aarts, Henk; van Knippenberg, Ad (1997): Habit, Information Acquisition, and the Process of Making Travel Mode Choices. In: European Journal of Social Psychology 27. S. 539-560.

Verplanken, Bas.; Aarts, Henk; van Knippenberg, Ad; Moonen, A. (1998): Habit versus Planned Behavior: A Field Experiment. In: British Journal of Social Psychology 37. S. 111-128.

Verplanken, Bas; Walker, Ian; Davis, Adrian; Jurasek, Michaela (2008): Context Change and Travel Mode Choice: Combing the Habit Discontinuity and Self-Activation Hypotheses. In: Journal of Environmental Psychology 9. S. 15-26.

Verplanken, Bas; Wood, Wendy (2006): Changing and Braking Habits. In: Journal of Public Policy and Marketing 25. S. 90-103.

Vester, Frederic (1992): Strategien für den Verkehr von morgen. In: Altner, Günter; Mottlor-Meibom, Barbara; Simonis, Udo E.; von Weizsäcker, Ernst U. (Hrsg.): Jahrbuch Ökologie 1992. München. S. 279-285.

Vester, Frederic (1996): Crashtest Mobilität. Die Zukunft des Verkehrs. Fakten – Strategien – Lösungen. München.

Vogt, Walter (2002): Was ist und welchen Sinn hat Mobilität? Mobilität und gesellschaftliche Entwicklung. In: Der Bürger im Staat. Heft 3. S. 118-133.

Wappelhorst, Sandra (2006a): Mobilitätsmarketing für Neubürger - Aktivitäten in den Metropolregionen Deutschlands. Ergebnisse einer Befragung regionaler Planungsstellen. In: Studien zur Raumplanung und Projektentwicklung. Heft 1. Neubiberg.

Wappelhorst, Sandra (2006b): Mobilitätsmarketing für Neubürger - Aktivitäten in den Metropolregionen Deutschlands. Ergebnisse einer Befragung von Verkehrsverbünden und Verkehrsunternehmen. In: Studien zur Raumplanung und Projektentwicklung. Heft 3. Neubiberg.

Wappelhorst, Sandra (2008): Mobilitätsmarketing für Neubürger. Ergebnisse einer mündlichen Befragung von Neubürgern in den Gemeinden Ottobrunn und Unterhaching. In: Studien zur Raumplanung und Projektentwicklung. Heft 3. Neubiberg.

Welsch, Janina; Haustein, Sonja (2008): Mobilitätsmanagement in Europa – Auf dem Weg zu einer standardisierten Evaluation. In: ISB Institut für Stadtbauwesen und Stadtverkehr, RWTH Aachen (Hrsg.): Tagungsband zum 9. Aachener Kolloquium „Mobilität und Stadt. Schriftenreihe Stadt Region Land. Heft 85. Aachen. S. 87-93.

Wermuth, Manfred (1980): Ein situationsorientiertes Verhaltensmodell der individuellen Verkehrsmittelwahl. In: Jahrbuch für Regionalwissenschaft 1. Berlin/Heidelberg. S. 94-123.

Wiswede, Günter (2004): Sozialpsychologie-Lexikon. München. Oldenbourg Verlag.

Wöhler, Karlheinz (1994): Bedingungen ökologischer Verhaltenskonversion – Ergebnisse einer empirischen Studie „Auf die Bahn umsteigen" aus institutionstheoretischer Sicht. In: Zeitschrift für angewandte Umweltforschung 7. Heft 4. S. 512-525.

Wulfhorst, Gebhard; Hunecke, Marcel (2000): Modellkonzept und empirische Untersuchung zum Zusammenhang von Lebensstil, Standortwahl und Verkehrsnachfrage.

Zängler, Thomas (2000): Mikroanalyse des Mobilitätsverhaltens in Alltag und Freizeit. Berlin/Heidelberg/New York.

Zängler, Thomas; Karg, Georg (2002): Ansätze einer nachhaltigen Mobilitätskultur im Berufs-, Einkaufs-, Ausbildungs- und Freizeitverkehr. In: Scherhorn, Gerhard; Weber, Christoph (Hrsg.): Nachhaltiger Konsum - Auf dem Weg zur gesellschaftlichen Verankerung. München. S. 363-375.

Zoche, Peter (2002): Virtuelle Mobilität: ein Phänomen mit physischen Konsequenzen? Berlin u.a.. Springer Verlag.

Zuallaert, Jos; Jones, Peter (2002): Back to the Future: 10 Years of Mobility Management. In: European Conference on Mobility Management. May 5-17, 2002. Gent.

Zumkeller, Dirk; Chlond, Bastian; Ottmann, Peter; Kagerbauer, Martin; Kuhnimhof, Tobias (2008): Panelauswertung 2007 – Deutsches Mobilitätspanel (MOP) – Wissenschaftliche Begleitung und erste Auswertungen. Zwischenbericht. Erhebungswellen zur Alltagsmobilität (Herbst 2007) sowie zu Fahrleistungen und Treibstoffverbräuchen (Frühjahr 2008). Karlsruhe.

Anhang

Abb. 53 Fragebogen zur Befragung der Regionalen Planungsstellen 245

Abb. 54 Hinweisschreiben zur Neubürgerbefragung 255

Abb. 55 Fragebogen zur Neubürgerbefragung 257

Abb. 56 Soziodemografische und -geografische Merkmale der befragten Neubürger 279

Abb. 57 Soziodemografische und -geografische Merkmale der befragten Neubürger (Fortsetzung) 280

Abb. 53 Fragebogen zur Befragung der Regionalen Planungsstellen

Fragebogen

Mobilitätsmarketing für Neubürger in Metropolregionen

- Erhebung zu den Aktivitäten in Deutschland -

Mobilitätsmarketing für Neubürger in Metropolregionen

- Erhebung zu den Aktivitäten in Deutschland -

Unter Mobilitätsmarketing werden Projekte und Maßnahmen zusammengefasst, die der Information, der Aufklärung und der Vermarktung von Mobilitätsdienstleistungen dienen und das Verkehrsverhalten und die Verkehrsmittelwahl in Richtung umweltverträglicher Verkehrsmittel (ÖPNV, Rad- und Fußverkehr) beeinflussen sollen. Mobilitätsmarketing bietet sich insbesondere für die Zielgruppe der Neubürger an, da beispielsweise durch einen Wohnungsumzug routinisierte Mobilitätsmuster neu überdacht bzw. reorganisiert werden müssen.

Ziel des vorliegenden Fragebogens ist insbesondere die **Bestandsaufnahme von Grundlagendaten zu Maßnahmen und Aktivitäten des Mobilitätsmarketings, die sich speziell an Neubürger richten**. Der Fragebogen wendet sich an alle regionalen Planungsstellen in den 11 Metropolregionen Deutschlands und umfasst insgesamt 12 Fragen, die relativ schnell zu beantworten sind.

Wir bedanken uns im Voraus für Ihr Interesse und die Zeit, die Sie für die Bearbeitung des Fragebogens aufbringen. Die Auswertung dieser Befragung wird Ihnen auf Anfrage gerne kostenfrei zur Verfügung gestellt.

Bitte schicken Sie den ausgefüllten Fragebogen bis zum **07. Juli 2006** an folgende Anschrift zurück:

Dipl.-Ing. Sandra Wappelhorst
Universität der Bundeswehr München
Institut für Verkehrswesen und Raumplanung
Werner-Heisenberg-Weg 39
85577 Neubiberg

Diese Befragung wird im Rahmen einer Dissertation zum Thema „Mobilitätsmarketing für Neubürger am Beispiel der Metropolregion München" durchgeführt. Für weitere Informationen, Fragen zur Dissertation oder zum vorliegenden Fragenbogen wenden Sie sich bitte an

Dipl.-Ing. Sandra Wappelhorst
Telefon: 089 6004-2572, Telefax: 089 6004-3825
E-Mail: sandra.wappelhorst@unibw.de

Fragebogen für *(Regionale Planungsstelle eingeben)*

Metropolregion *(Metropolregion eingeben)*

1a. **Bitte grenzen Sie Ihre Metropolregion ein.**
Geben Sie an, welche Gebietskörperschaften (Planungsregionen/Kreise/kreisfreie Städte) der Metropolregion zugeordnet sind.

_____

1b. **Nennen Sie die Anzahl der Einwohner für Ihre gesamte Metropolregion.**

_____

2. **Wurde für Ihre Metropolregion einer der folgenden Pläne ausgearbeitet?**
Kreuzen Sie bitte alles an, was für Ihre Metropolregion zutrifft, und tragen Sie bitte das Jahr ein, in dem der jeweilige Plan fertiggestellt wurde.

☐ Gesamtverkehrsplan/Verkehrsentwicklungsplan

☐ Nahverkehrsplan

☐ andere Pläne mit Bezug zur Mobilität

Bitte führen Sie diese kurz auf, mit Angabe des Jahrs der Fertigstellung.

_____

3. **Zielt die Verkehrspolitik in Ihrer Metropolregion darauf ab, die Nutzung des Umweltverbunds (ÖPNV, Rad- und Fußverkehr) zu fördern?**

   ☐ ja ☐ nein

4. **Werden in Ihrer Metropolregion Werbekampagnen oder sonstige Marketingaktivitäten zur Förderung des Umweltverbunds betrieben?**

   ☐ ja ☐ nein

   Falls ja, skizzieren Sie diese bitte kurz.

   _____
   _____
   _____
   _____
   _____
   _____
   _____
   _____
   _____

5a. **Werden in Ihrer Metropolregion folgende Mobilitätsdienstleistungen zur Förderung des Umweltverbunds angeboten?**
   Kreuzen Sie bitte alles an, was für Ihre Metropolregion zutrifft.

   ☐ Beratung/Informationen zu den Verkehrsmitteln des Umweltverbunds

   ☐ Anreize zur Nutzung des Umweltverbunds

5b. **Richtet sich mindestens eine dieser beiden Mobilitätsdienstleistungen auch an Neubürger?**

   ☐ ja ☐ nein -> *bitte weiter mit Frage 10*

6. **Welche der folgenden beratenden und informatorischen Mobilitätsdienstleistungen zur Nutzung und Förderung des Umweltverbunds richten sich an Neubürger?**
   Kreuzen Sie bitte alles an, was für Ihre Metropolregion zutrifft.

   ☐ Informationspakete/Mobilitätspakete

   ☐ persönliche Mobilitätsberatung in einer Mobilitätszentrale o.ä.

   ☐ persönliche Mobilitätsberatung zu Hause

   ☐ Telefonauskunft

   ☐ Vorträge/Ausstellungen

   ☐ Kurse

   ☐ Internet/SMS

   ☐ sonstige Mobilitätsdienstleistungen für Neubürger

   Bitte führen Sie diese auf.

   _____

   _____

   _____

7. **Welche der folgenden Anreize zur Nutzung und Förderung des Umweltverbunds richten sich an Neubürger?**
   Kreuzen Sie bitte alles an, was für Ihre Metropolregion zutrifft.

   ☐ Schnuppertickets für den öffentlichen Verkehr/kostenlose Testfahrten mit dem Öffentlichen Verkehr

   ☐ Gutscheine für Fahrrad-Check, Reparaturmöglichkeiten etc.

   ☐ Rabatte beim Fahrradkauf, für Ersatzteile und Zubehör etc.

   ☐ günstige Fahrradtarife/Fahrradmitnahme

   ☐ sonstige Anreize für Neubürger

   Bitte führen Sie diese auf.

   _____

   _____

   _____

   →

8. **Werden die in den Fragen 6 und 7 genannten Mobilitätsdienstleistungen und Maßnahmen zur Nutzung und Förderung des Umweltverbunds für Neubürger hauptsächlich in den Kernstädten der Metropolregionen durchgeführt?**

☐ ja ☐ nein

9. **Welche der folgenden Mobilitätsdienstleistungen und Maßnahmen zur Förderung des Umweltverbunds werden für Neubürger außerhalb der Kernstädte angeboten?**
Kreuzen Sie bitte alles an, was für Ihre Metropolregion zutrifft.

☐ Informationspakete/Mobilitätspakete

☐ persönliche Mobilitätsberatung in einer Mobilitätszentrale o.ä.

☐ persönliche Mobilitätsberatung zu Hause

☐ Telefonauskunft

☐ Vorträge/Ausstellungen

☐ Kurse

☐ Internet/SMS

☐ Schnuppertickets für den Öffentlichen Verkehr/kostenlose Testfahrten mit dem öffentlichen Verkehr

☐ Gutscheine für Fahrrad-Check, Reparaturmöglichkeiten etc.

☐ Rabatte beim Fahrradkauf, für Ersatzteile und Zubehör etc.

☐ günstige Fahrradtarife/Fahrradmitnahme

☐ sonstige Mobilitätsdienstleistungen und Anreize für Neubürger

Bitte führen Sie diese auf.

_____

_____

_____

_____

_____

_____

10. Gibt es Strategien, Konzepte oder Ideen, Beratungs- und Marketingmaßnahmen zur Förderung des Umweltverbunds außerhalb der Kernstädte für die Zielgruppe der Neubürger umzusetzen?

☐ ja   ☐ nein

Falls ja, bitte skizzieren Sie diese kurz.

Kommentare, Hinweise, Anregungen, Anmerkungen.

Falls es Studien oder Untersuchungen zu Ihrer Metropolregion gibt, die sich insbesondere mit Fragen der Mobilitätsberatung und des Mobilitätsmarketings für Neubürger befassen, würde es uns sehr helfen, wenn Sie uns diese zusammen mit dem ausgefüllten Fragebogen mitschicken könnten oder uns die Bezugsquellen nennen könnten.

Welche Stellen/Institutionen außerhalb Ihrer Regionalen Planungsstelle befassen sich in Ihrer Metropolregion mit Fragen der Mobilitätsberatung und des Mobilitätsmarketings für Neubürger?

Können Sie uns Kontaktpersonen nennen, die sich in Ihrer Metropolregion schwerpunktmäßig mit diesem Themenbereich befassen?

Name/Funktion

Institution

Adresse

Telefon/Telefax/E-Mail

Name/Funktion

Institution

Adresse

Telefon/Telefax/E-Mail

Wir bedanken uns herzlich für Ihre Angaben. Um Sie bei Interesse über die Ergebnisse der Arbeit zu informieren, bitten wir Sie um die Angabe Ihrer Kontaktadresse, sofern diese von der Anschrift unseres Briefes abweicht.

Name/Funktion

Institution

Adresse

Telefon/Telefax/E-Mail

Abb. 54 Hinweisschreiben zur Neubürgerbefragung

Institut für Verkehrswesen und Raumplanung — Universität der Bundeswehr München

Befragung zur Verbesserung der Verkehrsverhältnisse in der Region München

Sehr geehrte Damen und Herren,

das Institut für Verkehrswesen und Raumplanung der Universität der Bundeswehr München führt eine Forschungsarbeit zur Verbesserung der Verkehrsverhältnisse in der Region München durch.

Ziel der Arbeit ist es, Daten zum Alltagsverkehr zu erhalten und den Bedarf verschiedener Mobilitätsangebote zu ermitteln.

Hierzu werden bis zum 29. Februar 2008 persönliche Interviews mit Personen durchgeführt, die neu in die Gemeinde Ottobrunn ziehen. Die Interviews dauern jeweils ca. 20 Minuten und werden von Seiten des Instituts für Verkehrswesen und Raumplanung individuell vereinbart. Die Teilnahme an der Befragung ist selbstverständlich freiwillig. Alle Vorschriften des Datenschutzes werden strikt eingehalten und alle Angaben werden nur in anonymisierter Form ausgewertet.

Wenn Sie Interesse haben, einen Beitrag zur bedarfsgerechten Weiterentwicklung der Verkehrsangebote in Ihrer Gemeinde zu leisten, teilen Sie uns bitte unverbindlich Ihre Adresse und Telefonnummer mit, damit wir in den nächsten Tagen einen individuellen Interviewtermin mit Ihnen vereinbaren können.

Für weitere Fragen stehen wir Ihnen gerne unter der Telefonnummer 089 / 6004 2572 zur Verfügung.

Wir bedanken uns schon jetzt für Ihre Mithilfe und verbleiben mit freundlichen Grüßen

Dipl.-Ing. Sandra Wappelhorst
Universität der Bundeswehr München
Institut für Verkehrswesen und Raumplanung
Werner-Heisenberg-Weg 39, 85577 Neubiberg
E-Mail: sandra.wappelhorst@unibw.de
Tel. +49 (0)89 6004-2572 / Fax. -3825
http://www.unibw.de/ivr/raumplanung

☐ Ja, ich möchte an der Befragung zur Verbesserung der Verkehrsverhältnisse in der Region München teilnehmen!

Bitte geben Sie an, unter welcher Adresse, Telefonnummer und E-Mail-Adresse Ihr Haushalt erreicht werden kann.

Vorname, Name
_____

Straße, Hausnummer
_____

Postleitzahl, Wohnort
_____

Telefonnummer (tagsüber erreichbar)
_____

weitere Telefonnummer
_____

Mobilfunknummer
_____

E-Mail-Adresse
_____

- Sie können dieses Formular direkt bei Ihrem Sachbearbeiter im Einwohnermeldeamt abgeben.
- Gerne können Sie uns auch unter der Telefonnummer 089 / 6004 2572 kontaktieren.
- Oder schreiben Sie uns einfach eine E-Mail unter Angabe Ihrer Adresse und Telefonnummer an sandra.wappelhorst@unibw.de

Vielen Dank für diese Vorabinformationen und Ihr Interesse!

Institut für Verkehrswesen und Raumplanung — Universität der Bundeswehr München

Befragung zur Verbesserung der Verkehrsverhältnisse in der Region München

Sehr geehrte Damen und Herren,

das Institut für Verkehrswesen und Raumplanung der Universität der Bundeswehr München führt eine Forschungsarbeit zur Verbesserung der Verkehrsverhältnisse in der Region München durch. In der Gemeinde Unterhaching wird diese Forschung von Seiten der Gemeindeverwaltung unterstützt.

Ziel der Arbeit ist es, Daten zum Alltagsverkehr zu erhalten und den Bedarf verschiedener Mobilitätsangebote zu ermitteln.

Hierzu werden bis zum 31. Januar 2008 persönliche Interviews mit Personen durchgeführt, die neu in die Gemeinde Unterhaching ziehen. Die Interviews dauern jeweils ca. 20 Minuten und werden von Seiten des Instituts für Verkehrswesen und Raumplanung individuell vereinbart. Die Teilnahme an der Befragung ist selbstverständlich freiwillig. Alle Vorschriften des Datenschutzes werden strikt eingehalten und alle Angaben werden nur in anonymisierter Form ausgewertet.

Wenn Sie Interesse haben, einen Beitrag zur bedarfsgerechten Weiterentwicklung der Verkehrsangebote in Ihrer Gemeinde zu leisten, teilen Sie uns bitte unverbindlich Ihre Adresse und Telefonnummer mit, damit wir in den nächsten Tagen einen individuellen Interviewtermin mit Ihnen vereinbaren können.

Für weitere Fragen stehen wir Ihnen gerne unter der Telefonnummer 089 / 6004 2572 zur Verfügung.

Wir bedanken uns schon jetzt für Ihre Mithilfe und verbleiben mit freundlichen Grüßen

Dipl.-Ing. Sandra Wappelhorst
Universität der Bundeswehr München
Institut für Verkehrswesen und Raumplanung
Werner-Heisenberg-Weg 39, 85577 Neubiberg
E-Mail: sandra.wappelhorst@unibw.de
Tel. +49 (0)89 6004-2572 / Fax. -3825
http://www.unibw.de/ivr/raumplanung

☐ Ja, ich möchte an der Befragung zur Verbesserung der Verkehrsverhältnisse in der Region München teilnehmen!

Bitte geben Sie an, unter welcher Adresse, Telefonnummer und E-Mail-Adresse Ihr Haushalt erreicht werden kann.

Vorname, Name
_____

Straße, Hausnummer
_____

Postleitzahl, Wohnort
_____

Telefonnummer (tagsüber erreichbar)
_____

weitere Telefonnummer
_____

Mobilfunknummer
_____

E-Mail-Adresse
_____

- Sie können dieses Formular direkt bei Ihrem Sachbearbeiter im Einwohnermeldeamt abgeben.
- Gerne können Sie uns auch unter der Telefonnummer 089 / 6004 2572 kontaktieren.
- Oder schreiben Sie uns einfach eine E-Mail unter Angabe Ihrer Adresse und Telefonnummer an sandra.wappelhorst@unibw.de

Vielen Dank für diese Vorabinformationen und Ihr Interesse!

Abb. 55 Fragebogen zur Neubürgerbefragung

Fragebogen

Förderung umweltverträglicher Verkehrsmittel durch Mobilitätsmarketing für Neubürger

- Mündliche Befragung von Neubürgerhaushalten in der Metropolregion München -

Mobilitätsmarketing für Neubürger — - 1 - — Face-to-Face-Interviews

Zunächst habe ich einige allgemeine Fragen zur **Ihrer Wohnsituation an Ihrem alten Wohnort.**

1a. An welchem Ort haben Sie vor Ihrem Umzug gewohnt?

PLZ, Ort

1b. Wie viele Personen lebten vor Ihrem Umzug ständig in Ihrem Haushalt, Sie selbst eingeschlossen?
Bitte Anzahl eintragen.

1c. Und wie viele Haushaltsmitglieder davon waren Kinder unter 18 Jahren?
Bitte Anzahl eintragen.

1d. Wie lange haben Sie an Ihrem alten Wohnort gelebt?
Bitte Monate bzw. Jahre eintragen.

1e. In was für einer Wohnung / in was für einem Haus haben Sie dort gelebt?
Bitte nur eine Antwort ankreuzen.

☐ Mietwohnung
☐ gemieteten Haus
☐ Eigentumswohnung
☐ eigenem Haus

1f. Wie viele Einwohner hatte Ihr alter Wohnort?

☐ Großstadt (> 100.000 Einwohner)
☐ Mittelstadt (20.000 bis 100.000 Einwohner)
☐ Kleinstadt (5.000 bis 20.000 Einwohner)
☐ kleine Gemeinde (< 5.000 Einwohner)

1g. Wie gut kannten Sie die Region München schon vor Ihrem Umzug?
Bitte nur eine Antwort ankreuzen.

	sehr gut	gut	etwas	gar nicht	weiß nicht / keine Angabe
Kenntnis Region München	☐	☐	☐	☐	☐

Mobilitätsmarketing für Neubürger — - 2 - — Face-to-Face-Interviews

Als nächstes habe ich einige Fragen zur Ihrer **Verfügbarkeit von Verkehrsmitteln** und Ihrer **Verkehrsmittelnutzung an Ihrem alten Wohnort.**

2a. Wie viele der folgenden Fahrzeuge gab es vor Ihrem Umzug in Ihrem Haushalt?
Tragen Sie bitte jeweils die Anzahl ein! Wenn keines der aufgeführten Fahrzeuge im Haushalt vorhanden war, bitte eine „0" vermerken.

| | verkehrstüchtige Fahrräder | | Motorräder, Mopeds, Mofas |

| | Privat-Pkw (auch Kombi/Van/Kleinbus/Wohnmobil) | | sonstige motorisierte Fahrzeuge (z. B. Lkw, Traktor etc.) |

| | Geschäfts-/Dienstwagen |

2b. Wie oft stand Ihnen persönlich an Ihrem alten Wohnort ein Pkw zur Verfügung, ganz gleich ob als Fahrer oder als Mitfahrer?
Bitte nur eine Antwort ankreuzen.

☐ jederzeit
☐ gelegentlich
☐ nie
☐ weiß nicht/keine Angabe

2c. Wie häufig haben Sie in der Regel die folgenden Verkehrsmittel an Ihrem alten Wohnort benutzt?
Bitte jeweils nur eine Antwort ankreuzen.

	(fast) täglich	an 3 - 4 Tagen pro Woche	an 1- 2 Tagen pro Woche	an 1- 3 Tagen pro Monat	selten	(fast) nie	trifft auf mich nicht zu
Auto (als Fahrer)	☐	☐	☐	☐	☐	☐	☐
Auto (als Mitfahrer)	☐	☐	☐	☐	☐	☐	☐
Fahrrad	☐	☐	☐	☐	☐	☐	☐
zu Fuß	☐	☐	☐	☐	☐	☐	☐
ÖV in Ihrer Region (Umkreis von 100 km)	☐	☐	☐	☐	☐	☐	☐
ÖV auf längeren Strecken (Umkreis ab 100 km)	☐	☐	☐	☐	☐	☐	☐

2d. Welches Verkehrsmittel haben Sie an Ihrem alten Wohnort hauptsächlich für die folgenden Wegezwecke benutzt?
Bitte jeweils nur eine Antwort ankreuzen.

	zu Fuß	Fahrrad	Auto (als Fahrer)	Auto (als Mitfahrer)	ÖV	sonstige	trifft auf mich nicht zu
Arbeitsplatz	☐	☐	☐	☐	☐	☐	☐
dienstlich/geschäftlich	☐	☐	☐	☐	☐	☐	☐
Ausbildung (Berufsausbildung, Schule, Hochschule)	☐	☐	☐	☐	☐	☐	☐
Einkauf	☐	☐	☐	☐	☐	☐	☐
Holen/Bringen von Personen	☐	☐	☐	☐	☐	☐	☐
Freizeit	☐	☐	☐	☐	☐	☐	☐
sonstige private Erledigungen (z. B. Arzt, Bank etc.)	☐	☐	☐	☐	☐	☐	☐

2e. Wie groß war die Entfernung von Ihrem alten Wohnort zu Ihrem Arbeitsplatz/Ausbildungsplatz bzw. Ihrer Schule/Hochschule und wie viele Minuten haben Sie für die Fahrt dorthin benötigt?
Nur abfragen wenn berufstätig oder in Ausbildung.
Bei zwei oder mehr Arbeits- bzw. Ausbildungsstätten die wichtigsten (bzgl. Verdienst oder Arbeitszeit) auswählen.
Minuten Weg bezogen auf das hauptsächlich benutzte Verkehrsmittel.

km	Minuten	weiß nicht/ keine Angabe	trifft auf mich nicht zu
		☐	☐

2f. An welchem Ort lag Ihr Arbeitsplatz/Ausbildungsplatz bzw. Ihre Schule/Hochschule?
Bitte nur abfragen, wenn berufstätig oder in Ausbildung und bitte nur eine Antwort ankreuzen.

☐ am Wohnort

☐ in der Stadt München

☐ im Umland von München *(Ort angeben)* _____

☐ in der nächsten Stadt *(Ort angeben)* _____

☐ sonstiges, und zwar *(Ort angeben)* _____

☐ keine Angabe

2g. Welche Haltestellen für den öffentlichen Verkehr gab es in Ihrer Nähe, die Sie zu Fuß erreichen konnten?
Nur bei Nachfragen spezifizieren: Entfernung bis ca. 500 m, ca. 10 Minuten Fußweg.
Bitte alles ankreuzen, was zutrifft.

☐ Bushaltestelle

☐ Tram- bzw. Straßenbahnhaltestelle

☐ U-Bahn-Haltestelle

☐ S-Bahn-Haltestelle

☐ Bahnhaltestelle für Züge im Nahverkehr der Deutschen Bahn (oder der Bayerischen Oberlandbahn)

☐ sonstige _____

☐ keine Haltestelle zu Fuß erreichbar

☐ weiß nicht/keine Angabe

2h. Wie hieß die Haltestelle, von der aus Sie in der Regel von zu Hause aus fuhren?
Bitte Namen der Haltestelle und Haltestellentyp (z. B. Bushaltestelle, S-Bahn-Haltestelle, U-Bahn-Haltestelle) eintragen.

2i. Welche öffentlichen Verkehrsmittel hielten an der Haltestelle, von der aus Sie in der Regel von zu Hause aus fuhren?
Bei zwei oder mehreren Haltestellen die Haltestelle auswählen, die am häufigsten genutzt wurde.
Bitte alles ankreuzen, was zutrifft.

☐ Bus   ☐ Züge im Nahverkehr

☐ Tram- bzw. Straßenbahn   ☐ ganz unterschiedlich / kam drauf an

☐ U-Bahn   ☐ fuhr nicht mit dem ÖPNV *(weiter mit Frage 2l)*

☐ S-Bahn   ☐ weiß nicht/keine Angabe

2j. Wie gelangten Sie üblicherweise zu dieser Haltestelle?
Bitte nur eine Antwort ankreuzen.

☐ zu Fuß   ☐ mit dem Auto im Rahmen einer Fahrgemeinschaft

☐ mit dem Fahrrad   ☐ unterschiedlich/je nach Jahreszeit

☐ mit dem Auto oder motorisiertem Zweirad als Fahrer   ☐ weiß nicht/keine Angabe

☐ mit dem Auto oder motorisiertem Zweirad als Mitfahrer

Mobilitätsmarketing für Neubürger — - 5 - — Face-to-Face-Interviews

2k. Und wie oft in der Stunde fuhr von dieser Haltestelle ein öffentliches Verkehrsmittel ab, und zwar zu den Zeiten, wenn Sie normalerweise auch unterwegs waren, ganz egal mit welchem Verkehrsmittel?
Bitte nur eine Antwort ankreuzen.

☐ etwa alle 5 Minuten   ☐ etwa alle 30 Minuten

☐ etwa alle 10 Minuten   ☐ etwa alle 40 Minuten

☐ etwa alle 15 Minuten   ☐ seltener als alle 40 Minuten

☐ etwa alle 20 Minuten   ☐ weiß nicht / keine Angabe

2l. Welche Fahrkarte haben Sie auf häufigsten benutzt, wenn Sie mit öffentlichen Verkehrsmitteln gefahren sind?
Bitte alles ankreuzen, was zutrifft.

☐ Einzelfahrkarte

☐ Mehrfahrtenkarte/Streifenkarte

☐ Tageskarte

☐ Wochenkarte

☐ Monatskarte

☐ Jahreskarte

☐ sonstige _____

☐ weiß nicht/keine Angabe

☐ trifft auf mich nicht zu

2m. Besaßen Sie eine Zeitkarte für den öffentlichen Verkehr bzw. eine Fahrkarte im Abonnement?

☐ ja

☐ nein

Als nächstes habe ich einige allgemeine Fragen zu **Ihrer jetzigen Wohnsituation.**

3a. An welchem Ort wohnen Sie jetzt?
Bitte angeben, ob es sich um einen Haupt- oder Nebenwohnsitz handelt.

PLZ, Ort

3b. Wie viele Personen leben derzeit ständig in Ihrem Haushalt, Sie selbst eingeschlossen?
Bitte Anzahl eintragen.

3c. Und wie viele Haushaltsmitglieder davon sind Kinder unter 18 Jahren?
Bitte Anzahl eintragen.

3d. Wie lange wohnen Sie bereits an Ihrem jetzigen Wohnort?
Bitte Tage bzw. Monate eintragen.

3e. In was für einer Wohnung / in was für einem Haus leben Sie derzeit?
Bitte nur eine Antwort ankreuzen.

☐ Mietwohnung
☐ gemieteten Haus
☐ Eigentumswohnung
☐ eigenem Haus

3f. Warum sind Sie umgezogen?

3g. Für welche Kraftfahrzeugtypen besitzen Sie einen Führerschein?

☐ Mofa/Moped ☐ Pkw
☐ Motorrad ☐ Lkw

Als nächstes habe ich einige Fragen zur Ihrer **Verfügbarkeit von Verkehrsmitteln** und Ihrer **Verkehrsmittelnutzung** an Ihrem jetzigen Wohnort.

4a. Wie viele der folgenden Fahrzeuge gibt es in Ihrem Haushalt?
Tragen Sie bitte jeweils die Anzahl ein! Wenn keines der aufgeführten Fahrzeuge im Haushalt vorhanden war, bitte eine „0" vermerken.

☐	verkehrstüchtige Fahrräder	☐	Motorräder, Mopeds, Mofas
☐	Privat-Pkw (auch Kombi/Van/Kleinbus/Wohnmobil)	☐	sonstige motorisierte Fahrzeuge (z. B. Lkw, Traktor etc.)
☐	Geschäfts-/Dienstwagen		

4b. Wie oft steht Ihnen persönlich ein Pkw zur Verfügung, ganz gleich ob als Fahrer oder als Mitfahrer?
Bitte nur eine Antwort ankreuzen.

☐ jederzeit
☐ gelegentlich
☐ nie
☐ weiß nicht/keine Angabe

4c. Wie häufig benutzen Sie in der Regel die folgenden Verkehrsmittel?
Bitte jeweils nur eine Antwort ankreuzen.

	(fast) täglich	an 3 - 4 Tagen pro Woche	an 1 - 2 Tagen pro Woche	an 1 - 3 Tagen pro Monat	selten	(fast) nie	trifft auf mich nicht zu
Auto (als Fahrer)	☐	☐	☐	☐	☐	☐	☐
Auto (als Mitfahrer)	☐	☐	☐	☐	☐	☐	☐
Fahrrad	☐	☐	☐	☐	☐	☐	☐
zu Fuß	☐	☐	☐	☐	☐	☐	☐
ÖV in der Region (Umkreis von 100 km)	☐	☐	☐	☐	☐	☐	☐
ÖV auf längeren Strecken (Umkreis ab 100 km)	☐	☐	☐	☐	☐	☐	☐

4d. Welches Verkehrsmittel benutzen Sie hauptsächlich für die folgenden Wegezwecke?
Bitte jeweils nur eine Antwort ankreuzen.

	zu Fuß	Fahrrad	Auto (als Fahrer)	Auto (als Mitfahrer)	ÖV	sonstige	trifft auf mich nicht zu
Arbeitsplatz	☐	☐	☐	☐	☐	☐	☐
dienstlich/geschäftlich	☐	☐	☐	☐	☐	☐	☐
Ausbildung (Berufsausbildung, Schule, Hochschule)	☐	☐	☐	☐	☐	☐	☐
Einkauf	☐	☐	☐	☐	☐	☐	☐
Holen/Bringen von Personen	☐	☐	☐	☐	☐	☐	☐
Freizeit	☐	☐	☐	☐	☐	☐	☐
sonstige private Erledigungen (z. B. Arzt, Bank etc.)	☐	☐	☐	☐	☐	☐	☐

4e. Wie groß ist die Entfernung von Ihrem jetzigen Wohnort zu Ihrem Arbeitsplatz/Ausbildungsplatz bzw. Ihrer Schule/Hochschule und wie viele Minuten benötigen Sie für die Fahrt dorthin?
Nur abfragen wenn berufstätig oder in Ausbildung.
Bei zwei oder mehr Arbeits- bzw. Ausbildungsstätten den wichtigsten (bzgl. Verdienst oder Arbeitszeit) auswählen.
Minuten Weg bezogen auf das hauptsächlich benutzte Verkehrsmittel.

km	Minuten	weiß nicht/ keine Angabe	trifft auf mich nicht zu
		☐	☐

4f. An welchem Ort liegt dieser Arbeitsplatz/Ausbildungsplatz bzw. diese Schule/Hochschule?
Bitte nur abfragen, wenn berufstätig oder in Ausbildung und bitte nur eine Antwort ankreuzen.

☐ am Wohnort

☐ in der Stadt München

☐ im Umland von München *(Ort angeben)* _____

☐ sonstiges, und zwar *(Ort angeben)* _____

☐ keine Angabe

4g. Welche Haltestellen für den öffentlichen Verkehr gibt es in Ihrer Nähe, die Sie zu Fuß erreichen können?
Nur bei Nachfragen spezifizieren: Entfernung bis ca. 500 m, ca. 10 Minuten Fußweg.
Bitte alles ankreuzen, was zutrifft.

☐ Bushaltestelle

☐ Tram- bzw. Straßenbahnhaltestelle

☐ U-Bahn-Haltestelle

☐ S-Bahn-Haltestelle

☐ Bahnhaltestelle für Züge im Nahverkehr der Deutschen Bahn oder der Bayerischen Oberlandbahn

☐ sonstige _____

☐ keine Haltestelle zu Fuß erreichbar

☐ weiß nicht/keine Angabe

4h. Wie heißt die Haltestelle, von der aus Sie in der Regel von zu Hause aus fahren?
Bitte Namen der Haltestelle und Haltestellentyp (z. B. Bushaltestelle, S-Bahn-Haltestelle, U-Bahn-Haltestelle) eintragen.

_____

4i. Welche öffentlichen Verkehrsmittel halten an der Haltestelle, von der aus Sie in der Regel von zuhause aus fahren?
Bei zwei oder mehreren Haltestellen die Haltestelle auswählen, die am häufigsten genutzt wird.
Bitte alles ankreuzen, was zutrifft.

☐ Bus ☐ Züge im Nahverkehr

☐ Tram- bzw. Straßenbahn ☐ ganz unterschiedlich / kam drauf an

☐ U-Bahn ☐ fuhr nicht mit dem ÖPNV *(weiter mit Frage 2l)*

☐ S-Bahn ☐ weiß nicht/keine Angabe

4j. Wie gelangen Sie üblicherweise zu dieser Haltestelle?
Bitte nur eine Antwort ankreuzen.

☐ zu Fuß ☐ mit dem Auto im Rahmen einer Fahrgemeinschaft

☐ mit dem Fahrrad ☐ unterschiedlich/je nach Jahreszeit

☐ mit dem Auto oder motorisiertem Zweirad als Fahrer ☐ weiß nicht/keine Angabe

☐ mit dem Auto oder motorisiertem Zweirad als Mitfahrer

4k. Und wie oft in der Stunde fährt von dieser Haltestelle ein öffentliches Verkehrsmittel ab, und zwar zu den Zeiten, wenn Sie normalerweise auch unterwegs sind, ganz egal mit welchem Verkehrsmittel?
Bitte nur *eine Antwort* ankreuzen.

- ☐ etwa alle 5 Minuten
- ☐ etwa alle 10 Minuten
- ☐ etwa alle 15 Minuten
- ☐ etwa alle 20 Minuten
- ☐ etwa alle 30 Minuten
- ☐ etwa alle 40 Minuten
- ☐ seltener als alle 40 Minuten
- ☐ weiß nicht/keine Angabe

4l. Welche Fahrkarte benutzen Sie auf häufigsten, wenn Sie mit öffentlichen Verkehrsmitteln hier im Raum München fahren?
Bitte alles ankreuzen, was zutrifft.

- ☐ Einzelfahrkarte
- ☐ Streifenkarte/U21-Angebot
- ☐ Single-Tageskarte
- ☐ Partner-Tageskarte
- ☐ Kombi-Ticket
- ☐ Bayern-Ticket
- ☐ Schönes-Wochenende-Ticket
- ☐ IsarCard-Woche
- ☐ IsarCard-Monat
- ☐ IsarCard9Uhr
- ☐ IsarCard60
- ☐ IsarCardJob/MVV-Firmenticket
- ☐ Wochenkarte im Ausbildungstarif II
- ☐ Wochenkarte im Ausbildungstarif II in Verbindung mit grüner Jugendkarte
- ☐ Monatskarte/Jahreskarte im Ausbildungstarif II
- ☐ Monatskarte/Jahreskarte im Ausbildungstarif II in Verbindung mit grüner Jugendkarte
- ☐ sonstige _____
- ☐ trifft auf mich nicht zu

4m. Beziehen Sie derzeit eine IsarCard/IsarCard9Uhr/IsarCard60 im Abonnement?

- ☐ ja
- ☐ nein

Als nächstes möchte ich Ihnen einige Fragen zu Ihrer **persönlichen Einschätzung über die Verkehrsprobleme stellen, die durch den Kfz-Verkehr verursacht werden.**

5a. Wie groß bzw. wie gering schätzen Sie persönlich die Verkehrsprobleme ein, die durch den Kfz-Verkehr verursacht werden?
(Auf einer Skala von 1 = sehr groß bis 5 = sehr gering).
Bitte nur <u>eine Antwort</u> ankreuzen.

	1 sehr groß	2 groß	3 mittel	4 gering	5 sehr gering	kann ich nicht beurteilen	weiß nicht/ keine Angabe
Landeshauptstadt München	☐	☐	☐	☐	☐	☐	☐
Region München	☐	☐	☐	☐	☐	☐	☐
Gemeinde	☐	☐	☐	☐	☐	☐	☐

5b. Ist es Ihrer Meinung nach notwendig, den Kfz-Verkehr zu beschränken?
(Auf einer Skala von 1 = absolut notwendig bis 5 = nicht notwendig).
Bitte nur <u>eine Antwort</u> ankreuzen.

	1 absolut notwendig	2 notwendig	3 teils/teils	4 eher nicht notwendig	5 nicht notwendig	kann ich nicht beurteilen	weiß nicht/ keine Angabe
Landeshauptstadt München	☐	☐	☐	☐	☐	☐	☐
Region München	☐	☐	☐	☐	☐	☐	☐
Gemeinde	☐	☐	☐	☐	☐	☐	☐

6a. Haben Sie seit Ihrem Umzug bereits Informationen zu den folgenden Verkehrsmitteln bzw. Verkehrsangeboten eingeholt?
Bitte alles ankreuzen, was zutrifft.

- ☐ ÖPNV in der Region München
- ☐ Fahrradverkehr in der Region München
- ☐ Fußverkehr in der Region München
- ☐ Park & Ride in der Region München
- ☐ Bike & Ride in der Region München
- ☐ Car Sharing (Gemeinschaftsauto) in der Region München
- ☐ Fahrgemeinschaften in der Region München
- ☐ sonstiges _____
- ☐ noch keine Informationen eingeholt

6b. Und haben Sie seit Ihrem Umzug bereits Informationen zu den folgenden Wegezwecken eingeholt?
Bitte alles ankreuzen, was zutrifft.

- ☐ Arbeitsplatz
- ☐ dienstlich/geschäftlich
- ☐ Ausbildung
- ☐ Einkauf
- ☐ Holen/Bringen von Personen
- ☐ Freizeit
- ☐ sonstige private Erledigungen (z. B. Arzt, Bank etc.)
- ☐ noch keine Informationen eingeholt

6c. Darf ich fragen, wieso Sie bisher keine Informationen eingeholt haben?
Nur abfragen, wenn in den Fragen 6a und 6b jeweils „noch keine Informationen eingeholt" angekreuzt wurde.
Bitte alles ankreuzen, was zutrifft.

- ☐ ich kenne mich bereits gut aus
- ☐ ich will/brauche keine Informationen
- ☐ ich möchte mich noch informieren, hatte aber bisher keine Zeit
- ☐ ich weiß nicht, wo ich Informationen bekomme
- ☐ sonstiges _____

6d. Welche Informationsquellen haben Sie dazu genutzt bzw. würden Sie benutzen, um sich über die Verkehrsmittel bzw. Verkehrsangebote in der Region München zu informieren?

6e. Haben Sie auch folgende Informationsquellen genutzt bzw. würden Sie auch folgende Informationsquellen nutzen, um sich über die Verkehrsmittel bzw. Verkehrsangebote in der Region München zu informieren?
Bitte alles ankreuzen, was zutrifft.

- ☐ Internetangebot des MVV
- ☐ Internetangebot der MVG
- ☐ Internetangebot der S-Bahn München
- ☐ Internetangebot Bayerninfo
- ☐ MVV-Infotelefon (telefonische Auskunft)
- ☐ MVG-Hotline (telefonische Auskunft)
- ☐ Service-Dialog der S-Bahn München (telefonische Auskunft)
- ☐ Haltestellen-/Aushangfahrplan
- ☐ Handy/Palm
- ☐ Printmedien (Zeitungen, Zeitschriften)
- ☐ Radio
- ☐ TV
- ☐ Informationsschalter/Kundencenter

6f. Fühlen Sie sich bisher über die Benutzung folgender Verkehrsmittel ausreichend informiert?
(Auf einer Skala von 1 = sehr gut bis 5 = nicht ausreichend).
Bitte nur eine Antwort ankreuzen.

	1 sehr gut	2 gut	3 teils/teils	4 ausreichend	5 nicht ausreichend	weiß nicht/ keine Angabe
ÖPNV in der Region München	☐	☐	☐	☐	☐	☐
Fahrradverkehr in der Region München	☐	☐	☐	☐	☐	☐
Fußverkehr in der Region München	☐	☐	☐	☐	☐	☐
Park & Ride in der Region München	☐	☐	☐	☐	☐	☐
Bike & Ride in der Region München	☐	☐	☐	☐	☐	☐
Car Sharing (Gemeinschaftsauto) in der Region München	☐	☐	☐	☐	☐	☐
Fahrgemeinschaften in der Region München	☐	☐	☐	☐	☐	☐

6g. Wenn Sie sich bisher nicht ausreichend über die Benutzung einzelner Verkehrsmittel informiert fühlen: Was fehlt bzw. was hat gefehlt?
Nur abfragen, wenn in der Frage 6f „nicht ausreichend" oder „weiß nicht/keine Angabe" genannt wurde.

☐ ÖPNV _____

☐ Fahrradverkehr _____

☐ Fußverkehr _____

☐ Park & Ride _____

☐ Bike & Ride _____

☐ Car Sharing _____

☐ Fahrgemeinschaften _____

Mobilitätsmarketing für Neubürger — - 15 - — Face-to-Face-Interviews

Als nächstes möchte ich Ihnen einige Fragen zu **Ihrer Zufriedenheit mit den Leistungen verschiedener Verkehrsanbieter in der Region München** stellen.

7a. Wie zufrieden sind Sie mit den Leistungen des Münchner Verkehrs- und Tarifverbunds (MVV) insgesamt?
(Auf einer Skala von 1 = vollkommen zufrieden bis 5 = unzufrieden).
Bitte nur *eine Antwort* ankreuzen.

	1 vollkommen zufrieden	2 sehr zufrieden	3 zufrieden	4 weniger zufrieden	5 unzufrieden	kann ich nicht beurteilen	weiß nicht/ keine Angabe
MVV (Verbund)	☐	☐	☐	☐	☐	☐	☐

7b. Und wie zufrieden sind Sie mit den Leistungen der folgenden Verkehrsunternehmen innerhalb des MVV?
(Auf einer Skala von 1 = vollkommen zufrieden bis 5 = unzufrieden).
Bitte nur *eine Antwort* ankreuzen.

	1 vollkommen zufrieden	2 sehr zufrieden	3 zufrieden	4 weniger zufrieden	5 unzufrieden	kann ich nicht beurteilen	weiß nicht / keine Angabe
MVG (U-Bahn, Bus, Tram)	☐	☐	☐	☐	☐	☐	☐
S-Bahn München	☐	☐	☐	☐	☐	☐	☐
Deutsche Bahn/DB Regio (RE/RB)	☐	☐	☐	☐	☐	☐	☐
Bayerische Oberlandbahn (BOB)	☐	☐	☐	☐	☐	☐	☐
Regionalverkehr Oberbayern (RVO)/ Regionale Omnibusse/Regionale Verkehrsunternehmen	☐	☐	☐	☐	☐	☐	☐

7c. Aus welchen Gründen sind Sie damit weniger zufrieden bzw. unzufrieden?
Nur abfragen, wenn in den Fragen 7a und/oder 7b „weniger zufrieden" oder „unzufrieden" genannt wurde.

☐ MVV _____

☐ MVG _____

☐ S-Bahn _____

☐ DB _____

☐ BOB _____

☐ RVO _____

Es existieren verschiedene Möglichkeiten, um die Verkehrssituation in München und der Region zu verbessern.

So erhalten Haushalte und Personen, die neu in die Landeshauptstadt München ziehen, ein Informationspaket zum Thema Mobilität (mit Informationen zu Bus, Bahn, Fahrrad- und Fußverkehr, Park & Ride, Bike & Ride, Car Sharing, Fahrgemeinschaften).

Es ist geplant, diese Maßnahme auf die Städte und Gemeinden der Region München auszudehnen.

8a. Haben Sie schon mal von der oben aufgeführten Maßnahme gehört (Informationspakete zum Thema Mobilität für Neubürger)?

☐ ja, woher? _____

☐ nein

8b. Würden Sie sich die Einführung dieser Maßnahme wünschen?
(Auf einer Skala von 1 = sehr wünschen bis 5 = nicht wünschen).
Bitte nur eine Antwort ankreuzen.

	1 sehr wünschen	2 wünschen	3 teils/teils	4 eher nicht wünschen	5 nicht wünschen	weiß nicht/ keine Angabe
in Ihrer Gemeinde	☐	☐	☐	☐	☐	☐
in der gesamten Region München	☐	☐	☐	☐	☐	☐

8c. Wie wirksam wäre Ihrer Meinung nach diese Maßnahme zur Reduzierung des Kfz-Verkehrs?
(Auf einer Skala von 1 = sehr wirksam bis 5 = sehr unwirksam).
Bitte nur eine Antwort ankreuzen.

	1 sehr wirksam	2 wirksam	3 mittel	4 eher unwirksam	5 sehr unwirksam	weiß nicht/ keine Angabe
in Ihrer Gemeinde	☐	☐	☐	☐	☐	☐
in der gesamten Region München	☐	☐	☐	☐	☐	☐

8d. Wenn diese Maßnahme in Ihrer Gemeinde eingeführt würde, hätte dies Einfluss auf Ihre persönliche Verkehrsmittelnutzung?

☐ ja, warum? _____
_____

☐ nein, warum? _____

8e. Wenn Sie an Ihre verschiedenen Wege denken: Welche Materialien sollten in dem geplanten Informationspaket enthalten sein?

8f. Ich habe hier eine Liste mit Informationsmaterialien. Wie sinnvoll finden Sie es, wenn die folgenden Materialien in dem Informationspaket enthalten wären? (Auf einer Skala von 1 = sehr sinnvoll bis 5 = nicht sinnvoll).
Bitte nur eine Antwort ankreuzen.

	1 sehr sinnvoll	2 sinnvoll	3 mittel	4 wenig sinnvoll	5 nicht sinnvoll	weiß nicht/ keine Angabe
Fahrplanheft mit Abfahrtzeiten von U- und S-Bahnen	☐	☐	☐	☐	☐	☐
Fahrplanbuch mit Abfahrtzeiten aller Linien im MVV	☐	☐	☐	☐	☐	☐
Fahrplanheft mit Abfahrtzeiten aller Linien in einem Landkreis	☐	☐	☐	☐	☐	☐
Tarifübersichtsplan mit allen Tarifgebieten, Tickets und Preisen	☐	☐	☐	☐	☐	☐
Informationen zum Fußverkehr (Geh- und Fußwege, Routenplaner, zu Fuß zur Schule etc.)	☐	☐	☐	☐	☐	☐
Informationen zum Fahrradverkehr (Mitnahme in öffentlichen Verkehrsmitteln, Verleih von Fahrrädern etc.)	☐	☐	☐	☐	☐	☐
Informationen zum Car Sharing (Gemeinschaftsauto)	☐	☐	☐	☐	☐	☐
Informationen zur Bildung von Fahrgemeinschaften	☐	☐	☐	☐	☐	☐
Freizeittipps mit dem MVV (Wandermöglichkeiten, Radstrecken, Anfahrt, Sehenswürdigkeiten etc.)	☐	☐	☐	☐	☐	☐
Schnupperticket für den Öffentlichen Verkehr	☐	☐	☐	☐	☐	☐
Gutscheine für Fahrradcheck, Reparaturmöglichkeiten, Rabatte beim Fahrradkauf etc.	☐	☐	☐	☐	☐	☐

Als letztes möchte ich einige Angaben zu Ihrer Person/Ihrem Haushalt abfragen.

9a. Geschlecht?
- [ ] männlich
- [ ] weiblich

9b. Wie alt sind Sie?
Jahre

9c. Welche Staatsangehörigkeit besitzen Sie?
- [ ] deutsch
- [ ] sonstige, und zwar _____

9d. Wann haben Sie Ihren jetzigen Wohnsitz angemeldet?
Tag   Monat   Jahr

9e. Was ist Ihr höchster allgemeinbildender Abschluss?
Bitte nur eine Antwort ankreuzen.
- [ ] kein Schulabschluss
- [ ] Volks- oder Hauptschule ohne abgeschlossene Lehre
- [ ] Volks- oder Hauptschule mit abgeschlossener Lehre
- [ ] Weiterbildende Schule ohne Abitur
- [ ] Abitur, Hochschulreife, Fachhochschulreife
- [ ] abgeschlossenes Studium (Uni, Akademie, FH, Technikum)
- [ ] keine Angabe

9f. Was trifft derzeit auf Sie zu?
Bitte nur eine Antwort ankreuzen.
- [ ] Vollzeit erwerbstätig (35 Stunden pro Woche und mehr)
- [ ] Teilzeit erwerbstätig (15 bis unter 35 Stunden pro Woche)
- [ ] Teilzeit erwerbstätig (unter 15 Stunden pro Woche)
- [ ] Auszubildende(r)
- [ ] Schüler(in)
- [ ] Student(in)
- [ ] zurzeit arbeitslos
- [ ] vorübergehend freigestellt (z. B. Mutterschafts-/Erziehungsurlaub)
- [ ] Hausmann/Hausfrau
- [ ] Rentner(in)
- [ ] Wehr- oder Zivildienstleistender
- [ ] sonstiges _____

9g. Wie hoch ist ungefähr das monatliche Nettoeinkommen Ihres Haushalts in €, d. h. das verfügbare Einkommen nach Abzug von Steuern und Sozialversicherungsabgaben, das Ihrem Haushalt für alle Bereiche zur Verfügung steht?
Bitte nur eine Antwort ankreuzen.

☐ bis unter 2.500 € pro Monat

☐ 2.500 € bis unter 3.000 € pro Monat

☐ 3.000 € bis unter 3.500 € pro Monat

☐ 3.500 € bis unter 4.500 € pro Monat

☐ 4.500 € und mehr pro Monat

☐ keine Angabe

9h. Welche der folgenden technischen Einrichtungen gibt es in Ihrem Haushalt?
Bitte alles ankreuzen, was zutrifft, auch wenn nur ein Haushaltsmitglied darüber verfügt.

☐ Telefon Festnetz

☐ Handy

☐ Computer

☐ Internet-Anschluss

9i. Über welche Telefonnummer sind Sie am besten zu erreichen (z.B. für eventuelle Rückfragen)?
Bitte vollständige Nummer eintragen.

9j. Haben Sie sonstige Anregungen, Hinweise oder Wünsche zum Thema Verkehr in München und der Region?

Interview mit Dank beenden!

Bitte Folgefragen ohne den Befragten einstufen.

A. **Wurde das Interview mit der Befragungsperson allein durchgeführt oder waren Dritte anwesend?**
Bitte alles ankreuzen, was zutrifft.

☐ Interview wurde mit Befragungsperson allein durchgeführt
☐ Ehegatte(in)/Partner(in) anwesend
☐ Kinder anwesend
☐ andere Familienangehörige anwesend
☐ sonstige Personen anwesend

B. **Falls Dritte anwesend waren, hat jemand von diesen Personen in das Interview eingegriffen?**
Bitte nur eine Antwort ankreuzen.

☐ ja, häufig
☐ ja, manchmal
☐ nein
☐ trifft nicht zu

C. **Wie war die Bereitschaft der Befragungsperson, die Fragen zu beantworten?**
Bitte nur eine Antwort ankreuzen.

☐ gut
☐ mittelmäßig
☐ schlecht
☐ anfangs gut, später schlecht
☐ anfangs schlecht, später gut

D. **Wie sind die Angaben der Befragungsperson insgesamt einzuschätzen?**
Bitte nur eine Antwort ankreuzen.

☐ insgesamt zuverlässig
☐ insgesamt weniger zuverlässig
☐ bei einigen Fragen weniger zuverlässig, und zwar bei Fragen _____

E. **Angaben zum Interview.**

Interviewnummer

Datum des Interviews (Tag/Monat/Jahr)

Beginn des Interviews (Uhrzeit)

Ende des Interviews (Uhrzeit)

Dauer des Interviews (in Minuten)

Name des Interviewers (Vor- und Zuname)

Abb. 56 Soziodemografische und -geografische Merkmale der befragten Neubürger

Merkmal		Ottobrunn (n=15)	Unterhaching (n=25)
Geschlecht (nach Umzug)	männlich	53%	56%
	weiblich	57%	47%
Staatsangehörigkeit (nach Umzug)	deutsch	93%	88%
	sonstige	7%	12%
Alter (nach Umzug)	18 bis 24 Jahre	7%	4%
	25 bis 29 Jahre	20%	16%
	30 bis 39 Jahre	20%	48%
	40 bis 49 Jahre	33%	4%
	50 bis 64 Jahre	0%	20%
	ab 65 Jahre	20%	8%
Haushaltsgröße (nach Umzug)	1 Person	47%	32%
	2 Personen	40%	48%
	3 Personen	0%	12%
	4 Personen und mehr	13%	8%
Lebensform (nach Umzug)	Ehepaare, Lebensgemeinschaft mit Kind(er)	7%	16%
	Ehepaare, Lebensgemeinschaft ohne Kind(er)	40%	40%
	Alleinstehende in Ein-Personen-Haushalten	47%	32%
	Alleinstehende in Mehr-Personen-Haushalten	0%	8%
	Alleinerziehende	7%	4%
höchster allgemeinbildender Abschluss (nach Umzug)	Volks- oder Hauptschule mit abgeschlossener Lehre	7%	16%
	weiterbildende Schule ohne Abitur	20%	16%
	Abitur, Hochschulreife, Fachhochschulreife	0%	24%
	abgeschlossenes Studium	73%	44%
Berufsstatus (nach Umzug)	Vollzeit erwerbstätig (35 Std./Woche und mehr)	73%	72%
	Teilzeit erwerbstätig (15 bis unter 35 Std./Woche)	13%	0%
	Teilzeit erwerbstätig (unter 15 Std./Woche)	0%	4%
	Student(in)	0%	4%
	Rentner(in)	13%	16%
Haushaltsnettoeinkommen (nach Umzug)	bis unter 2.500 € pro Monat	47%	40%
	2.500 bis unter 3.000 € pro Monat	13%	28%
	3.000 bis unter 3.500 € pro Monat	7%	4%
	3.500 bis unter 4.500 € pro Monat	7%	20%
	4.500 € und mehr pro Monat	20%	0%
	keine Angabe	7%	8%
Wohnungstyp (nach Umzug)	Mietwohnung	80%	72%
	gemietetes Haus	7%	4%
	Eigentumswohnung	7%	16%
	eigenes Haus	7%	8%

Basis: Angaben von 40 Personen. Quelle: Eigene Darstellung.

Abb. 57 Soziodemografische und -geografische Merkmale der befragten Neubürger (Fortsetzung)

Merkmal		Ottobrunn (n=15)	Unterhaching (n=25)
Wohnort (vor Umzug)	Landeshauptstadt München	33%	60%
	Region München (ohne Landeshauptstadt München)	7%	16%
	übriges Bayern (ohne Region München)	20%	8%
	übriges Bundesgebiet (ohne Bayern)	27%	16%
	europäisches Ausland	13%	0%
Gemeindegrößenklasse (vor Umzug)	Großstadt (> 100.000 Einwohner)	53%	72%
	Mittelstadt (20.000 bis 100.000 Einwohner)	0%	4%
	Kleinstadt (5.000 bis 20.000 Einwohner)	27%	20%
	kleine Gemeinde (< 5.000 Einwohner)	20%	4%
Kenntnis der Region München (nach Umzug)	sehr gut	40%	48%
	gut	27%	28%
	etwas	27%	16%
	gar nicht	7%	8%
Arbeitsplatzstandort[1] (nach Umzug)	Landeshauptstadt München	33%	79%
	Region München (ohne Landeshauptstadt München)	58%	21%
	übriges Bayern (ohne Region München)	9%	0%
Arbeitsplatzwechsel[2]	Arbeitsplatz beibehalten	42%	75%
	regionaler Arbeitsplatzwechsel	0%	6%
	überregionaler Arbeitsplatzwechsel	58%	19%
Wanderungsmotive	persönliche Gründe	40%	40%
	wohnungsbezogene Gründe	20%	68%
	wohnumfeldbezogene Gründe	7%	12%
	berufliche Gründe	53%	20%
	verkehrliche Gründe	13%	12%

[1] Arbeitsplatzstandort nach erfolgtem Umzug von erwerbstätigen Personen mit einem Arbeitsplatz außerhalb der Wohnung (Ottobrunn n=12, Unterhaching n=19).
[2] Arbeitsplatzwechsel nach erfolgtem Umzug von erwerbstätigen Personen mit einem Arbeitsplatz außerhalb der Wohnung (Ottobrunn n=12, Unterhaching n=16).
Basis: Angaben von 40 Personen. Quelle: Eigene Darstellung.

VDM Verlagsservicegesellschaft mbH

Die VDM Verlagsservicegesellschaft sucht für wissenschaftliche Verlage abgeschlossene und herausragende

Dissertationen, Habilitationen, Diplomarbeiten, Master Theses, Magisterarbeiten usw.

für die kostenlose Publikation als Fachbuch.

Sie verfügen über eine Arbeit, die hohen inhaltlichen und formalen Ansprüchen genügt, und haben Interesse an einer honorarvergüteten Publikation?

Dann senden Sie bitte erste Informationen über sich und Ihre Arbeit per Email an *info@vdm-vsg.de*.

Sie erhalten kurzfristig unser Feedback!

VDM Verlagsservicegesellschaft mbH
Dudweiler Landstr. 99   Telefon +49 681 3720 174
D - 66123 Saarbrücken   Fax   +49 681 3720 1749
www.vdm-vsg.de

Die VDM Verlagsservicegesellschaft mbH vertritt

Printed by Books on Demand GmbH, Norderstedt / Germany